Handbuch NOTAM, SNOWTAM, GRF, RCC

Afshin Montazeri · Elham Montazeri

Handbuch NOTAM, SNOWTAM, GRF, RCC

Methoden und Arbeitshilfen für die Praxis im Flugbetrieb

Afshin Montazeri
Geschäftsbereich Aviation
Köln Bonn Airport
Köln, Nordrhein-Westfalen, Deutschland

Elham Montazeri
Technische Hochschule Köln
Köln, Nordrhein-Westfalen, Deutschland

ISBN 978-3-658-44619-2   ISBN 978-3-658-44620-8 (eBook)
https://doi.org/10.1007/978-3-658-44620-8

Die Deutsche Nationalbibliothek verzeichnet diese Publikation in der Deutschen Nationalbibliografie; detaillierte bibliografische Daten sind im Internet über https://portal.dnb.de abrufbar.

© Der/die Herausgeber bzw. der/die Autor(en), exklusiv lizenziert an Springer Fachmedien Wiesbaden GmbH, ein Teil von Springer Nature 2024, korrigierte Publikation 2025

Das Werk einschließlich aller seiner Teile ist urheberrechtlich geschützt. Jede Verwertung, die nicht ausdrücklich vom Urheberrechtsgesetz zugelassen ist, bedarf der vorherigen Zustimmung des Verlags. Das gilt insbesondere für Vervielfältigungen, Bearbeitungen, Übersetzungen, Mikroverfilmungen und die Einspeicherung und Verarbeitung in elektronischen Systemen.
Die Wiedergabe von allgemein beschreibenden Bezeichnungen, Marken, Unternehmensnamen etc. in diesem Werk bedeutet nicht, dass diese frei durch jedermann benutzt werden dürfen. Die Berechtigung zur Benutzung unterliegt, auch ohne gesonderten Hinweis hierzu, den Regeln des Markenrechts. Die Rechte des jeweiligen Zeicheninhabers sind zu beachten.
Der Verlag, die Autoren und die Herausgeber gehen davon aus, dass die Angaben und Informationen in diesem Werk zum Zeitpunkt der Veröffentlichung vollständig und korrekt sind. Weder der Verlag noch die Autoren oder die Herausgeber übernehmen, ausdrücklich oder implizit, Gewähr für den Inhalt des Werkes, etwaige Fehler oder Äußerungen. Der Verlag bleibt im Hinblick auf geografische Zuordnungen und Gebietsbezeichnungen in veröffentlichten Karten und Institutionsadressen neutral.

Planung/Lektorat: David Imgrund
Springer Vieweg ist ein Imprint der eingetragenen Gesellschaft Springer Fachmedien Wiesbaden GmbH und ist ein Teil von Springer Nature.
Die Anschrift der Gesellschaft ist: Abraham-Lincoln-Str. 46, 65189 Wiesbaden, Germany

Das Papier dieses Produkts ist recycelbar.

Vorwort

Am Flughafen Köln/Bonn bekleide ich die Positionen als Verkehrsleiter vom Dienst und Flughafenbeauftragter für Flugunfalluntersuchungen. Mein Studium der Luft- und Raumfahrttechnik an der Fachhochschule Aachen bildet das solide Fundament meiner langjährigen beruflichen Expertise. Gemeinsam mit meiner Schwester, Elham Montazeri, einer Absolventin der Betriebswirtschaftslehre, Bachelor of Science (Technische Hochschule Köln), Wirtschaftspädagogik, Master of Education (Universität zu Köln) und des Online-Journalismus, Bachelor of Arts (Technische Hochschule Köln), haben wir dieses Handbuch konzipiert. Die Vereinigung unserer akademischen Ausbildung und substantiellen beruflichen Erfahrung ermöglicht es uns, den Anforderungen sowohl im akademischen als auch im praxisorientierten Kontext gerecht zu werden. Dieses Buch repräsentiert daher eine symbiotische Verknüpfung von Theorie und praktischer Anwendung aus unserer langjährigen beruflichen Tätigkeit und akademischen Ausrichtung.

Eine Haftung der Autoren oder des Verlages und seiner Beauftragten für Personen-, Sach- und Vermögensschäden ist ausgeschlossen.

Dieses Buch ist denjenigen gewidmet, die ein Interesse am Flugbetrieb, der Flugvorbereitung und an das Luftverkehrsmanagement hegen und beabsichtigen, Fachwissen zu erzielen und in diesem Bereich zu vertiefen. Eine besondere Widmung gilt allen Kolleginnen und Kollegen sowie Mitarbeiterinnen und Mitarbeitern des Köln Bonn Flughafens.

Afshin Montazeri, der Autor, beabsichtigt, seine Ehefrau und Kinder besonders hervorzuheben und sie als Repräsentanten dieses Kreises zu würdigen, indem er ihnen eine spezielle Widmung ausspricht.

Die Autorin Elham Montazeri beabsichtigt, dieses Buch als Widmung ebenso ihrer gesamten Familie zu überreichen. Ganz besonders möchte sie ihren Neffen

Kurosh Montazeri hervorheben, der den Beruf des Fluglotsen anstreben möchte. In dieser Widmung gedenkt sie ebenso ihrem verstorbenen Freund Taner Ay, der leider die Fertigstellung dieses Buches nicht mehr miterleben konnte.

Elham Montazeri
Afshin Montazeri

Die Originalversion des Buchs wurde revidiert. Ein Erratum ist verfügbar unter https://doi.org/10.1007/978-3-658-44620-8_11

Inhaltsverzeichnis

1	**Einleitung**			1
2	**Die Funktion von NOTAM**			7
	2.1	NOTAM Briefing		10
		2.1.1	Der Aufbau und die Konfiguration von NOTAM	10
		2.1.2	Die NOTAM-Serien von A bis Z	14
			2.1.2.1 NOTAM-A-Serie	15
			2.1.2.2 NOTAM-B-Serie	22
			2.1.2.3 NOTAM-C-Serie	28
			2.1.2.4 NOTAM-D-Serie	29
			2.1.2.5 NOTAM-E-Serie	30
			2.1.2.6 NOTAM-F-Serie	31
			2.1.2.7 NOTAM-R-Serie	34
			2.1.2.8 NOTAM-S-Serie	40
	2.2	ASHTAM		41
		2.2.1	Vulkanische Asche und ihre Auswirkungen auf den Flugbetrieb	41
		2.2.2	ASHTAM – Format und Inhalt	42
		2.2.3	Status der Vulkanaktivität	45
		2.2.4	BIRDTAM	47
	Literatur			48

3	**GRF Global Reporting Format**	49
3.1	SNOWTAM	49
	3.1.1 ICAO Global Reporting Format (GRF)	51
	3.1.2 Runway Condition Code (RWYCC)	54
	3.1.2.1 Dry (trocken) RWYCC 6	55
	3.1.2.2 Wet (nass) RWYCC 5	56
	3.1.2.3 Slippery Wet (rutschig, nass) RWYCC	56
	3.1.2.4 Contaminated (Kontaminierte Piste) RWYCC abhängig von Kontamination und Belagstiefe und Temperatur	56
	3.1.2.5 Angaben über die Kontaminationstiefe	57
3.2	Verfahrensdarstellung von Prozentual-Angaben für den RCR (Pistenzustandsmeldung)	61
3.3	Pistenzustandsmeldung (RCR)	63
3.4	Oberflächenbedingung der Start- und Landebahn	65
3.5	Chemische Behandlung auf der Start- und Landebahn	68
	3.5.1 Enteisung	68
	3.5.2 Steigerung des Bremskoeffizienten	69
	3.5.3 Reinigung der Landebahnoberfläche	69
	3.5.4 Taxiway and Apron Conditions (Rollwegbeschaffenheit)	69
3.6	Friction Messfahrten (Measured friction coefficient)	70
	Literatur	71
4	**Anhebung des Runway Condition Codes (RWYCC)**	73
4.1	Modifizierung des Runway Condition Codes (RWYCC)	73
	4.1.1 Die Absenkung des Runway Condition Codes (RWYCC)	74
	4.1.2 Die Erhöhung des Runway Condition Codes (RWYCC)	74
4.2	Pilot Reports (AIREP)	74
	Literatur	75
5	**Kommunikationspfad RCR (Flughafenbetreiber)**	77
5.1	Sprechfunkmeldungen (RCC)	78
5.2	Der vollständige Pistenzustandsbericht/ATIS	79
	Literatur	80

6	**SNOWTAM-FORMAT (NEU)**		**83**
	6.1 Tabellenbeschreibung des SNOWTAM-Formats		85
	6.1.1 Allgemeines		85
	6.1.2 Element E/ Prozentualer Anteil der Bedeckung/ Start- und Landebahn		87
	Literatur		94
7	**NOTAM-zu-AIP-Veröffentlichungen und Trigger-NOTAM**		**95**
	7.1 Trigger-NOTAM und dazugehörige Verfahren		101
	7.2 Funktion von Supplements und Amendments		102
	7.3 NOTAM zu Lufträumen und Navigationseinrichtungen		108
	Literatur		110
8	**NOTAM/Navigationsinfrastruktur**		**111**
	8.1 Grundlegende Regeln für die Erstellung von NOTAM		112
	8.2 NOTAM-FORMAT		113
	8.3 NOTAM-CODE (Q-Zeile)		113
	8.4 NOTAM-CODE: QFAXX		124
	8.4.1 PURPOSE (Zweck)		130
	8.4.2 Qualifier „Traffic" (Verkehr)		133
	8.4.3 Qualifier „Purpose" (Zweck)		134
	8.4.4 Qualifier „Scope" (Anwendungsbereich)		135
	8.4.5 Qualifiers 'LOWER/UPPER'		137
	8.5 Allgemeine Regeln über die geografische Referenz		139
	8.5.1 Koordinaten – Die geographische Referenz		139
	8.5.2 Der geographische Radius als Referenzpunkt		140
	8.5.2.1 NOTAM Zeile Item A) Fluginformationsgebiet		140
	8.5.2.2 Startzeit des NOTAM (Unter Zeile Item B) Startzeit des NOTAM		141
	8.5.2.3 Endzeit des NOTAM (Unter Zeile Item C)		141
	8.5.2.4 NOTAM Zeile Item D Tages/Zeitplan Allgemeine Regeln		142
	8.5.3 NOTAM Zeile Item D Tages/Zeitplan Allgemeine Regeln		144
	8.6 Angaben von SR (Sunrise) und SS (Sunset in der Notam Item D) Zeile		150
	8.7 Abschnitt E) – NOTAM-Text Abschnitt E)		150
	Literatur		151

9	„Umsetzung der EASA-Verordnung 2148/2020 in Verbindung mit der EU-Verordnung 139/2014: Verfahren und Prozesse für Flughafenbetreiber"	153
	9.1 Sachgerechte Umsetzung der EASA-Richtlinien für die Veröffentlichung von NOTAM durch Flughafenbetreiber	158
	9.2 Signifikante Abkürzungen in der NOTAM-Erstellung	161
	Literatur	166
10	**NOTAM Test – Lernzielkontrolle**	169
	Literatur	221
	Erratum zu: Handbuch NOTAM, SNOWTAM, GRF, RCC	E1

Abkürzungsverzeichnis[1]

A	Amber
A/A	Air-to-air
AAD	Assigned altitude deviation
AAIM	Aircraft autonomous integrity monitoring
AAL	Above aerodrome level
ABI	Advance boundary information
ABM	Abeam
ABN	Aerodrome beacon
ABT	About
ABV	Above
AC	Altocumulus
ACARS	Aircraft communication addressing and reporting system
ACAS	Airborne collision avoidance system
ACC	Area control centre or area control
ACCID	Notification of an aircraft accident
ACFT	Aircraft
ACK	Acknowledge
ACL	Altimeter check location
ACN	Aircraft classification number
ACP	Acceptance
ACPT	Accept or accepted
ACT	Active or activated or activity
AD	Aerodrome

---

[1] Nachstehend sind sämtliche Abkürzungen aufgeführt, die erforderlich sind, um NOTAM zu generieren, sowie die Abkürzungen in umgekehrter Weise zu dekodieren.

ADA	Advisory area
ADC	Aerodrome chart
ADDN	Addition or additional
ADF	Automatic direction-finding equipment
ADIZ	Air defence identification zone
ADJ	Adjacent
ADO	Aerodrome office
ADR	Advisory route
ADS	The address
ADS-B	Automatic dependent surveillance – broadcast
ADS-C	Automatic dependent surveillance – contract
ADSU	Automatic dependent surveillance unit
ADVS	Advisory service
ADZ	Advise
AES	Aircraft earth station
AFIL	Flight plan filed in the air
AFIS	Aerodrome flight information service
AFM	Yes or affirm or affirmative or that is correct
AFS	Aeronautical fixed service
AFT	After
AFTN	Aeronautical fixed telecommunication network
A/G	Air-to-ground
AGA	Aerodromes, air routes and ground aids
AGL	Above ground level
AGN	Again
AIC	Aeronautical information circular
AIDC	Air traffic services interfacility data communications
AIP	Aeronautical information publication
AIRAC	Aeronautical information regulation and control
AIREP	Air-report
AIRMET	Information concerning en-route weather phenomena which may affect the safety of low-level aircraft operations
AIS	Aeronautical information services
ALA	Alighting area
ALERFA	Alert phase
ALR	Alerting
ALRS	Alerting service
ALS	Approach lighting system
ALT	Altitude

ALTN	Alternate or alternating
ALTN	Alternate
AMA	Area minimum altitude
AMD	Amend or amended
AMDT	Amendment
AMS	Aeronautical mobile service
AMSL	Above mean sea level
AMSS	Aeronautical mobile satellite service
ANC	Aeronautical chart
ANCS	Aeronautical navigation chart small scale
ANS	Answer
AOC	Aerodrome obstacle chart
AP	Airport
APAPI	Abbreviated precision approach path indicator
APCH	Approach
APDC	Aircraft parking/docking chart
APN	Apron
APP	Approach control office
APR	April
APRX	Approximate or approximately
APSG	After passing
APV	Approve or approved or approval
ARC	Area chart
ARNG	Arrange
ARO	Air traffic services reporting office
ARP	Aerodrome reference point
ARP	Air-report
ARQ	Automatic error correction
ARR	Arrival
ARR	Arrive or arrival
ARS	Special air-report
ARST	Arresting
AS	Altostratus
ASC	Ascend to or ascending to
ASDA	Accelerate-stop distance available
ASE	Altimetry system error
ASHTAM	Special series NOTAM
ASPH	Asphalt
ATA	Actual time of arrival

ATC	Air traffic control
ATCSMAC	Air traffic control surveillance minimum altitude chart
ATD	Actual time of departure
ATFM	Air traffic flow management
ATIS	Automatic terminal information service
ATM	Air traffic management
ATN	Aeronautical telecommunication network
ATS	Air traffic services
ATTN	Attention
AT-VASIS	Abbreviated T visual approach slope indicator system
ATZ	Aerodrome traffic zone
AUG	August
AUTH	Authorized or authorization
AUW	All up weight
AUX	Auxiliary
AVBL	Available or availability
AVG	Average
AVGAS	Aviation gasoline
AWTA	Advise at what time able
AWY	Airway
AZM	Azimuth
B	Blue
BA	Braking action
BARO-VNAV	Barometric vertical navigation
BASE	Cloud base
BCFG	Fog patches
BCN	Beacon
BCST	Broadcast
BDRY	Boundary
BECMG	Becoming
BFR	Before
BKN	Broken
BL	Blowing
BLDG	Building
BLO	Below clouds
BLW	Below
BOMB	Bombing
BR	Mist
BRF	Short

BRG	Bearing
BRKG	Braking
BS	Commercial broadcasting station
BTL	Between layers
BTN	Between
BUFR	Binary universal form for the representation of meteorological data
C	Degrees Celsius
CA	Course to an altitude
CAT	Category
CAT	Clear air turbulence
CAVOK	cloud, and present weather better than prescribed values or conditions
CB	Cumulonimbus
CC	Cirrocumulus
CD	Candela
CDN	Coordination
CF	Change frequency to
CF	Course to a fix
CFM	Confirm or I confirm
CGL	Circling guidance light(s)
CH	Channel
CHEM	Chemical
CHG	Modification
CI	Cirrus
CIT	Near or over large towns
CIV	Civil
CK	Check
CL	Centre line
CLA	Clear type of ice formation
CLBR	Calibration
CLD	Cloud
CLG	Calling
CLR	Clear
CLRD	cleared
CLSD	Close or closed or closing
CM	Centimetre
CMB	Climb to or climbing to
CMPL	Completion or completed or complete

CNL	Cancel or cancelled
CNL	Flight plan cancellation
CNS	Communications, navigation and surveillance
COM	Communications
CONC	Concrete
COND	Condition
CONS	Continuous
CONST	Construction or constructed
CONT	Continue(s) or continued
COOR	Coordinate or coordination
COORD	Coordinates
COP	Change-over point
COR	Correct or correction or corrected
COT	At the coast
COV	Cover or covered or covering
CPDLC	Controller-pilot data link communications
CPL	Current flight plan
CRC	Cyclic redundancy check
CRM	Collision risk model
CRZ	Cruise
CS	Call sign
CS	Cirrostratus
CTA	Control area
CTAM	Climb to and maintain
CTC	Contact
CTL	Control
CTN	Caution
CTR	Control zone
CU	Cumulus
CUF	Cumuliform
CUST	Customs
CVR	Cockpit voice recorder
CW	Continuous wave
CWY	Clearway
D	Danger area followed by identification
DA	Decision altitude
D-ATIS	Data link automatic terminal information service
DCD	Double channel duplex
DCKG	Docking

DCP	Datum crossing point
DCPC	Direct controller-pilot communications
DCS	Double channel simplex
DCT	Direct
DEC	December
DEG	Degrees
DEP	Depart or departure
DEP	Departure
DEPO	Deposition
DER	Departure end of the runway
DES	Descend to or descending to
DEST	Destination
DETRESFA	Distress phase
DEV	Deviation or deviating
DF	Direction finding
DFDR	Digital flight data recorder
DFTI	Distance from touchdown indicator
DH	Decision height
DIF	Diffuse
DIST	Distance
DIV	Divert or diverting
DLA	Delay or delayed
DLA	Delay
DLIC	Data link initiation capability
DLY	Daily
DME	Distance measuring equipment
DNG	Danger or dangerous
DOM	Domestic
DP	Dew point temperature
DPT	Depth
DR	Dead reckoning
DR	drifting
DRG	During
DS	Duststorm
DSB	Double sideband
DTAM	Descend to and maintain
DTG	Date-time group
DTHR	Displaced runway threshold
DTRT	Deteriorate or deteriorating

DTW	Dual tandem wheels
DU	Dust
DUC	Dense upper cloud
DUPE	This is a duplicate message
DUR	Duration
D-VOLMET	Data link VOLMET
DVOR	Doppler VOR
DW	Dual wheels
DZ	Drizzle
E	East or eastern longitude
EAT	Expected approach time
EB	Eastbound
EDA	Elevation differential area
EEE	Error
EET	Estimated elapsed time
EFC	Expect further clearance
EFIS	Electronic flight instrument system
EGNOS	European geostationary navigation overlay service
EHF	Extremely high frequency
ELBA	Emergency location beacon aircraft
ELEV	Elevation
ELR	Extra long range
ELT	Emergency locator transmitter
EM	Emission
EMBD	Embedded in a layer
EMERG	Emergency
END	Stop-end (related to RVR)
ENE	East-North-East
ENG	Engine
ENR	En route
ENRC	Enroute chart
EOBT	Estimated off-block time
EQPT	Equipment
ESE	East-south-east
EST	Estimate or estimated or estimation
ETA	Estimated time of arrival or estimating arrival
ETD	Estimated time of departure or estimating departure
ETO	Estimated time over significant point
EUR	RODEX European regional OPMET data exchange

EV	Every
EVS	Enhanced vision system
EXC	Except
EXER	Exercises or exercising or to exercise
EXP	Expect or expected or expecting
EXTD	Extend or extending
F	Fixed
FA	Course from a fix to an altitude
FAC	Facilities
FAF	Final approach fix
FAL	Facilitation of international air transport
FAP	Final approach point
FAS	Final approach segment
FATO	Final approach and take-off area
FAX	Facsimile transmission
FBL	Light
FC	Funnel cloud
FCST	Forecast
FCT	Friction coefficient
FDPS	Flight data processing system
FEB	February
FEW	few
FG	Fog
FIC	Flight information centre
FIR	Flight information region
FIS	Flight information service
FISA	Automated flight information service
FL	Flight level
FLD	Field
FLG	Flashing
FLR	Flares
FLT	Flight
FLTCK	Flight check
FLUC	Fluctuating or fluctuation or fluctuated
FLW	Follow(s) or following
FLY	or flying
FM	From
FMC	Flight management computer
FMS	Flight management system

FMU	Flow management unit
FNA	Final approach
FPAP	Flight path alignment point
FPL	Filed flight plan
FPM	Feet per minute
FPR	Flight plan route
FR	Fuel remaining
FREQ	Frequency
FRI	Friday
FRNG	Firing
FRONT	Front
FROST	Frost
FRQ	Frequent
FSL	Full stop landing
FSS	Flight service station
FST	First
FT	Feet
FTE	Flight technical error
FTP	Fictitious threshold point
FTT	Flight technical tolerance
FU	Smoke
FZ	Freezing
FZDZ	Freezing drizzle
FZFG	Freezing fog
FZRA	Freezing rain
G	Green
G	gusts METAR
GA	Go ahead, resume sending (to be used in AFS as a procedure signal)
G/A	Ground-to-air
G/A/G	Ground-to-air and air-to-ground
GAGAN	GPS and geostationary earth orbit augmented navigation
GAIN	Airspeed or headwind gain
GAMET	Area forecast for low-level flights
GARP	GBAS azimuth reference point
GBAS	Ground-based augmentation system
GCA	Ground controlled approach system or ground-controlled approach
GEN	General

GEO	Geographic or true
GES	Ground earth station
GLD	Glider
GLONASS	Global orbiting navigation satellite system
GLS	GBAS landing system
GMC	Ground movement chart
GND	Ground
GNDCK	Ground check
GNSS	Global navigation satellite system
GP	Glide path
GPA	Glide path angle
GPIP	Glide path intercept point
GPS	Global positioning system
GPWS	Ground proximity warning system
GR	Hail
GRAS	Ground based regional augmentation system
GRASS	landing area
GRVL	Gravel
GS	Ground speed
GS	Small hail and/or snow pellets
GUND	Geoid undulation
H	High pressure area or the centre of high pressure
H24	Continuous day and night service
HA	Holding/racetrack to an altitude
HAPI	Helicopter approach path indicator
HBN	Hazard beacon
HDF	High frequency direction-finding station
HDG	Heading
HEL	Helicopter
HF	High frequency
HF	Holding/racetrack to a fix
HGT	Height or height above
HJ	Sunrise to sunset
HLDG	Holding
HM	Holding/racetrack to a manual termination
HN	Sunset to sunrise
HO	Service available to meet operational requirements
HOL	Holiday
HOSP	Hospital aircraft

HPA	Hectopascal
HR	Hours
HS	Service available during hours of scheduled operations
HUD	Head-up display
HURCN	Hurricane
HVDF	High and very high frequency directionfinding stations
HVY	Heavy
HVY	Heavy (e.g., HVY RA = heavy rain)
HX	No specific working hours
HYR	Higher
HZ	Haze
HZ	Hertz (cycle per second)
IAC	Instrument approach chart
IAF	Initial approach fix
IAO	In and out of clouds
IAP	Instrument approach procedure
IAR	Intersection of air routes
IAS	Indicated airspeed
IBN	Identification beacon
IC	Ice crystals
ICE	Icing
ID	Identifier or identify
IDENT	Identification
IF	Intermediate approach fix
IFF	Identification friend/foe
IFR	Instrument flight rules
IGA	International general aviation
ILS	Instrument landing system
IM	Inner marker
IMC	Instrument meteorological conditions
IMG	Immigration
IMI	Interrogation sign
IMPR	Improve or improving
IMT	Immediate or immediately
INA	Initial approach
INBD	Inbound
INC	In cloud
INCERFA	Uncertainty phase
INFO	Information

INOP	Inoperative
INP	If not possible
INPR	In progress
INS	Inertial navigation system
INSTL	Install or installed or installation
INSTR	Instrument
INT	Intersection
INTL	International
INTRG	Interrogator
INTRP	Interrupt or interruption or interrupted
INTSF	Intensify or intensifying
INTST	Intensity
IR	Ice on runway
IRS	Inertial reference system
ISA	International standard atmosphere
ISB	Independent sideband
ISOL	Isolated
JAN	January
JTST	Jet stream
JUL	July
JUN	June
KG	Kilograms
KHZ	Kilohertz
KIAS	Knots indicated airspeed
KM	Kilometers
KMH	Kilometers per hour
KPA	Kilopascal
KT	Knots
KW	Kilowatts
L	Left
L	Locator
L	Low pressure area or the centre of low pressure
LAM	Logical acknowledgement
LAN	Inland
LAT	Latitude
LCA	Local or locally or location or located
LDA	Landing distance available
LDAH	Landing distance available, helicopter
LDG	Landing

LDI	Landing direction indicator
LEN	Length
LF	Low frequency
LGT	Light or lighting
LGTD	Lighted
LIH	Light intensity high
LIL	Light intensity low
LIM	Light intensity medium
LINE	used in SIGMET
LM	Locator, middle
LMT	Local mean time
LNAV	Lateral navigation
LNG	Long
LO	Locator, outer
LOC	Localizer
LONG	Longitude
LORAN	long range air navigation system
LOSS	Airspeed or headwind loss
LPV	Localizer performance with vertical guidance
LRG	Long range
LS	last message
LTD	Limited
LTP	Landing threshold point
LTT	Landline teletypewriter
LV	Light and variable relating to wind
LVE	Leave or leaving
LVL	Level
LVP	Low visibility procedures
LYR	Layer or layered
M	Metres
M	Mach number
M	Minimum value of runway visual range
MAA	Maximum authorized altitude
MAG	Magnetic
MAHF	Missed approach holding fix
MAINT	Maintenance
MAP	Aeronautical maps and charts
MAPT	Missed approach point
MAR	At sea

MAR	March
MAS	Manual A1 simplex
MATF	Missed approach turning fix
MAX	Maximum
MAY	MAY
MBST	Microburst
MCA	Minimum crossing altitude
MCW	Modulated continuous wave
MDA	Minimum descent altitude
MDF	Medium frequency direction-finding station
MDH	Minimum descent height
MEA	Minimum en-route altitude
MEHT	Minimum eye height over threshold
MET	Meteorological or meteorology
METAR	Aerodrome routine meteorological report
MET	REPORT Local routine meteorological report
MF	Medium frequency
MHDF	Medium and high frequency directionfinding stations
MHVDF	Medium, high and very high frequency direction-finding stations
MHZ	Megahertz
MID	Mid-point
MIFG	Shallow fog
MIL	Military
MIN	Minutes
MIS	Missing
MKR	Marker radio beacon
MLS	Microwave landing system
MM	Middle marker
MNM	Minimum
MNPS	Minimum navigation performance specifications
MNT	Monitor or monitoring or monitored
MNTN	Maintain
MOA	Military operating area
MOC	Minimum obstacle clearance
MOCA	Minimum obstacle clearance altitude
MOD	Moderate (e.g. MODRA = moderate rain)
MON	Above mountains
MON	Monday

MOPS	Minimum operational performance standards
MOV	Move or moving or movement
MPS	Metres per second
MRA	Minimum reception altitude
MRG	Medium range
MRP	ATS/MET reporting point
MS	Minus
MSA	Minimum sector altitude
MSAS	Multifunctional transport satellite
MSAW	Minimum safe altitude warning
MSG	Message
MSL	Mean Sea level
MSR	Message misrouted
MSSR	Monopulse secondary surveillance radar
MT	Mountain
MTU	Metric units
MTW	Mountain waves
MVDF	Medium and very high frequency direction- finding stations
MWO	Meteorological watch office
MX	Mixed type of ice formation
N	North or northern latitude
NADP	Noise abatement departure procedure
NASC	National AIS system centre
NAT	North Atlantic
NAV	Navigation
NB	Northbound
NBFR	Not before
NC	No change
NCD	No cloud detected
NDB	Non-directional radio beacon
NDV	No directional variations available
NE	North-east
NEB	North-eastbound
NEG	No or negative or permission not granted or that is not correct
NGT	Night
NIL	None or I have nothing to send to you
NM	Nautical miles
NML	Normal
NN	No name, unnamed

NNE	North-north-east
NNW	North-north-west
NOF	International NOTAM office
NOSIG	No significant change
NOV	November
NOZ	Normal operating zone
NPA	Non-precision approach
NR	Number
NRH	No reply heard
NS	Nimbostratus
NSC	Nil significant cloud
NSE	Navigation system error
NSW	Nil significant weather
NTL	National
NTZ	No transgression zone
NW	North-west
NWB	North-westbound
NXT	Next
OAC	Oceanic area control centre
OAS	Obstacle assessment surface
OBS	Observe or observed or observation
OBSC	Obscure or obscured or obscuring
OBST	Obstacle
OCA	Obstacle clearance altitude
OCA	Oceanic control area
OCC	Occulting (light)
OCH	Obstacle clearance height
OCNL	Occasional or occasionally
OCS	Obstacle clearance surface
OCT	October
OFZ	Obstacle free zone
OGN	Originate
OHD	Overhead
OIS	Obstacle identification surface
OK	We agree or It is correct
OLDI	On-line data interchange
OM	Outer marker
OPA	Opaque, white type of ice formation
OPC	Control indicated is operational control

OPMET	Operational meteorological	
OPN	Open or opening or opened	
OPR	Operator or operate or operative or operating or operational	
OPS	Operations	
O/R	On request	
ORD	Order	
OSV	Ocean station vessel	
OTP	On top	
OTS	Organized track system	
OUBD	Outbound	
OVC	Overcast	
P	Prohibited area	
PA	Precision approach	
PALS	Precision approach lighting system	
PANS	Procedures for air navigation services	
PAPI	Precision approach path indicator	
PAR	Precision approach radar	
PARL	Parallel	
PATC	Precision approach terrain chart	
PAX	Passenger(s)	
PBN	Performance-based navigation	
PCD	Proceed or proceeding	
PCL	Pilot-controlled lighting	
PCN	Pavement classification number	
PDC	Pre-departure clearance	
PDG	Procedure design gradient	
PER	Performance	
PERM	Permanent	
PIB	Pre-flight information bulletin	
PJE	Parachute jumping exercise	
PL	Ice pellets	
PLA	Practice low approach	
PLN	Flight plan	
PLVL	Present level	
PN	Prior notice required	
PNR	Point of no return	
POB	Persons on board	
POSS	Possible	
PPI	Plan position indicator	

PPR	Prior permission required	
PPSN	Present position	
PRFG	Aerodrome partially covered by fog	
PRI	Primary	
PRKG	Parking	
PROB	Probability	
PROC	Procedure	
PROV	Provisional	
PRP	Point-in-space reference point	
PS	Plus	
PSG	Passing	
PSN	Position	
PSP	Pierced steel plank	
PSR	Primary surveillance radar	
PSYS	Pressure system(s)	
PTN	Procedure turn	
PTS	Polar track structure	
PWR	Power	
QDM	Magnetic heading	
QDR	Magnetic bearing	
QFE	Atmospheric pressure at aerodrome elevation (or at runway threshold)	
QFU	Magnetic orientation of runway	
QGE	What is my distance to your station?	
QJH	Shall I run my test tape/a test sentence?	
QNH	Altimeter sub-scale setting to obtain elevation when on the ground	
QSP	Will you relay to … free of charge?	
QTA	Shall I cancel telegram number	
QTE	True bearing	
QTF	Will you give me the position of my station according to the bearings taken by the D/F stations which you control?	
QUAD	Quadrant	
QUJ	Will you indicate the TRUE track to reach you?	
R	Right	
R	Rate of turn	
R	Red	
R …	Restricted area (followed by identification)	
R …	Runway (followed by figures in METAR/SPECI)	

R	Received (acknowledgement of receipt)
RA	Rain
RA	Resolution advisory
RAC	Rules of the air and air traffic services
RAG	Ragged
RAG	Runway arresting gear
RAI	Runway alignment indicator
RAIM	Receiver autonomous integrity monitoring
RASC	Regional AIS system centre
RASS	Remote altimeter setting source
RB	Rescue boat
RCA	Reach cruising altitude
RCC	Rescue coordination centre
RCF	Radiocommunication failure
RCH	Reach or reaching
RCL	Runway centre line
RCLL	Runway centre line light(s)
RCLR	Recleared
RCP	Required communication performance
RDH	Reference datum height
RDL	Radial
RDO	Radio
RE	Recent (e.g., RERA = recent rain)
REC	Receive or receiver
REDL	Runway edge light(s)
REF	Reference to ... or refer to ...
REG	Registration
RENL	Runway end light(s)
REP	Report or reporting or reporting point
REQ	Request or requested
RERTE	Re-route
RESA	Runway end safety area
RF	Constant radius arc to a fix
RG	Range (lights)
RHC	Right-hand circuit
RIF	Reclearance in flight
RIME	Rime (used in aerodrome warnings)
RITE	Right (direction of turn)
RL	Report leaving

RLA	Relay to
RLCE	Request level change en route
RLLS	Runway lead-in lighting system
RLNA	Request level not available
RMK	Remark
RNAV	Area navigation
RNG	Radio range
RNP	Required navigation performance
ROBEX	Regional OPMET bulletin exchange
ROC	Rate of climb
ROD	Rate of descent
RON	Receiving only
RPDS	Reference path data selector
RPI	Radar position indicator
RPL	Repetitive flight plan
RPLC	Replace or replaced
RPS	Radar position symbol
RPT	Repeat or I repeat
RQ	Request
RQMNTS	Requirements
RQP	Request flight plan
RQS	Request supplementary flight plan
RR	Report reaching
RSC	Rescue sub-centre
RSCD	Runway surface condition
RSP	Responder beacon
RSR	En-route surveillance radar
RSS	Root sum square
RTD	Delayed
RTE	Route
RTF	Radiotelephone
RTG	Radiotelegraph
RTHL	Runway threshold light(s)
RTN	Return or returned or returning
RTODAH	Rejected take-off distance available, helicopter
RTS	Return to service
RTT	Radioteletypewriter
RTZL	Runway touchdown zone light(s)
RUT	Standard regional route transmitting frequencies

RV	Rescue vessel
RVR	Runway visual range
RVSM	Reduced vertical separation minimum
RWY	Runway
S	South or southern latitude
S	State of the sea
SA	Sand
SALS	Simple approach lighting system
SAN	Sanitary
SAP	As soon as possible
SAR	Search and rescue
SARPS	Standards and Recommended Practices
SAT	Saturday
SATCOM	Satellite communication
SB	Southbound
SBAS	Satellite-based augmentation system
SC	Stratocumulus
SCT	Scattered
SD	Standard deviation
SDBY	Stand by
SDF	Step down fix
SE	South-east
SEA	(used in connection with sea-surface temperature and state of the sea)
SEB	South-eastbound
SEC	Seconds
SECN	Section
SECT	Sector
SELCAL	Selective calling system
SEP	September
SER	Service or servicing or served
SEV	Severe
SFC	Surface
SG	Snow grains
SGL	Signal
SH	Shower
SHF	Super high frequency
SI	International system of units
SID	Standard instrument departure

SIF	Selective identification feature
SIG	Significant
SIGMET	Information concerning en-route weather phenomena
SIMUL	Simultaneous or simultaneously
SIWL	Single isolated wheel load
SKED	Schedule or scheduled
SLP	Speed limiting point
SLW	Slow
SMC	Surface movement control
SMR	Surface movement radar
SN	Snow
SNOCLO	Aerodrome closed due to snow
SNOWTAM	Special series of NOTAM
SOC	Start of climb
SPECI	Aerodrome special meteorological report
SPECIAL	Local special meteorological report
SPI	Special position indicator
SPL	Supplementary flight plan
SPOC	SAR point of contact
SPOT	Spot wind
SQ	Squall
SQL	Squall line
SR	Sunrise
SRA	Surveillance radar approach
SRE	Surveillance radar element of precision approach radar system
SRG	Short range
SRR	Search and rescue region
SRY	Secondary
SS	Sandstorm
SS	Sunset
SSB	Single sideband
SSE	South-south-east
SSR	Secondary surveillance radar
SST	Supersonic transport
SSW	South-south-west
ST	Stratus
STA	Straight-in approach
STAR	Standard instrument arrival
STD	Standard

STF	Stratiform
STN	Station
STNR	Stationary
STOL	Short take-off and landing
STS	Status
STWL	Stopway light(s)
SUBJ	Subject to
SUN	Sunday
SUP	Supplement
SUPPS	Regional supplementary procedures
SVC	Service message
SVCBL	Serviceable
SW	South-west
SWB	South-westbound
SWY	Stopway
T	Temperature
TA	Traffic advisory
TA	Transition altitude
TAA	Terminal arrival altitude
TACAN	UHF tactical air navigation aid
TAF	Aerodrome forecast
TA/H	Turn at an altitude/height
TAIL	Tail wind
TAR	Terminal area surveillance radar
TAS	True airspeed
TAX	Taxiing or taxi
TC	Tropical cyclone
TCAC	Tropical cyclone advisory centre
TCAS	RA Traffic alert and collision avoidance system resolution advisory
TCH	Threshold crossing height
TCU	Towering cumulus
TDO	Tornado
TDZ	Touchdown zone
TECR	Technical reason
TEL	Telephone
TEMPO	Temporary or temporarily
TF	Track to fix
TFC	Traffic

TGL	Touch-and-go landing
TGS	Taxiing guidance system
THR	Threshold
THRU	Through
THU	Thursday
TIBA	Traffic information broadcast by aircraft
TIL	Until
TIP	Until past
TKOF	Take-off
TL	Till
TLOF	Touchdown and lift-off area
TMA	Terminal control area
TN	Minimum temperature
TNA	Turn altitude
TNH	Turn height
TOC	Top of climb
TODA	Take-off distance available
TODAH	Take-off distance available, helicopter
TOP	Cloud top
TORA	Take-off run available
TOX	Toxic
TP	Turning point
TR	Track
TRA	Temporary reserved airspace
TRANS	Transmits or transmitter
TREND	Trend forecast
TRL	Transition level
TROP	Tropopause
TS	Thunderstorm
TSRASN	thunderstorm with rain and snow
TSUNAMI	Tsunami
TT	Teletypewriter
TUE	Tuesday
TURB	Turbulence
T-VASIS	T visual approach slope indicator system
TVOR	Terminal VOR
TWR	Aerodrome control tower or aerodrome control
TWY	Taxiway
TWYL	Taxiway-link

TX	Maximum temperature
TXT	Text
TYP	Type of aircraft
TYPH	Typhoon
U	Upward
UA	Unmanned aircraft
UAB	Until advised by
UAC	Upper area control centre
UAR	Upper air route
UAS	Unmanned aircraft system
UDF	Ultra high frequency direction-finding station
UFN	Until further notice
UHDT	Unable higher due traffic
UHF	Ultra high frequency
UIC	Upper information centre
UIR	Upper flight information region
ULR	Ultra long range
UNA	Unable
UNAP	Unable to approve
UNL	Unlimited
UNREL	Unreliable
UP	Unidentified precipitation
U/S	Unserviceable
UTA	Upper control area
UTC	Coordinated Universal Time
VA	Heading to an altitude
VA	Volcanic ash
VAAC	Volcanic ash advisory centre
VAC	Visual approach chart
VAL	In valleys
VAN	Runway control van
VAR	Magnetic variation
VAR	Visual-aural radio range
VASIS	Visual approach slope indicator systems
VC	Vicinity
VCY	Vicinity
VDF	Very high frequency direction-finding station
VER	Vertical
VFR	Visual flight rules

VHF	Very high frequency
VI	Heading to an intercept
VIP	Very important person
VIS	Visibility
VLF	Very low frequency
VLR	Very long range
VM	Heading to a manual termination
VMC	Visual meteorological conditions
VNAV	Vertical navigation
VOLMET	Meteorological information for aircraft in flight
VOR	VHF omnidirectional radio range
VORTAC	VOR and TACAN combination
VOT	VOR airborne equipment test facility
VPA	Vertical path angle
VPT	Visual manoeuvre with prescribed track
VRB	Variable
VSA	By visual reference to the ground
VSP	Vertical speed
VTF	Vector to final
VTOL	Vertical take-off and landing
VV	Vertical visibility
W	West or western longitude
W	White
W	Sea-surface temperature
WAAS	Wide area augmentation system
WAC	World Aeronautical Chart
WAFC	World area forecast centre
WB	Westbound
WBAR	Wing bar lights
WDI	Wind direction indicator
WDSPR	Widespread
WED	Wednesday
WEF	With effect from or effective from
WGS-84	World Geodetic System – 1984
WI	Within
WID	Width or wide
WIE	With immediate effect or effective immediately
WILCO	Will comply
WIND	wind

WIP	Work in progress
WKN	Weaken or weakening
WNW	West-north-west
WO	Without
WPT	Way-point
WRNG	Warning
WS	Wind shear
WSPD	Wind speed
WSW	West-south-west
WT	Weight
WTSPT	Waterspout
WWW	Worldwide web
WX	Weather
X	Cross
XBAR	Crossbar
XNG	Crossing
XS	Atmosphereics
Y	Yellow
YCZ	Yellow caution zone
YES	Yes
YR Y	our
Z	Coordinated Universal Time
Quelle:	AIP/DSF NOF

Abbildungsverzeichnis

Abb. 2.1	Der Aufbau eines NOTAM. (Quelle: Eigene Darstellung)	11
Abb. 2.2	Der Aufbau eines NOTAM. (Quelle: Eigene Darstellung)	11
Abb. 2.3	Drei exemplarische Beispiele für Fluginformationsgebiete in Deutschland. (Quelle: Eigene Darstellung)	13
Abb. 2.4	Fluginformationsgebiete in Frankreich. (Quelle: DFS/NOF)	13
Abb. 2.5	In NOTAM verwendete Kennungen von Fluginformationsgebieten (EDGG) FIR	13
Abb. 2.6	Abkürzungen im NOTAM nach ICAO Doc 8400. (Quelle: Eigene Darstellung)	18
Abb. 2.7	Instrument Approach Chart ICAO. (Quelle: Luftfahrthandbuch Deutschland AIP Germany, (Stand: 03.11.2022))	19
Abb. 2.8	Instrument Approach Chart ICAO. (Quelle: Luftfahrthandbuch Deutschland AIP Germany, (Stand: 01.12.2022))	20
Abb. 2.9	ICAO Code Letter ACFT. (Quelle Annex 14 Volume I Aerodrome Design and Operations)	21
Abb. 2.10	ICAO Code Letter ACFT (A,B,C,D,E,F). (Quelle: Annex 14 Volume I Aerodrome Design and Operations Tab. 2.1–2.2 Aerodrome reference code)	22
Abb. 2.11	Eigene Darstellung	22

Abb. 2.12	ASHTAM – Format und Inhalt. (Quelle: ICAO DOC 10066 – Chapter 5, 5.2.51.5 Appendix 5)	44
Abb. 3.1	Runway Condition Assessment Matrix (RCAM). (Quelle: ICAO Doc 9981 (PANS-Aerodrome), Part II, Chapter 1, 2016; EUR Doc 041 Guidance on the Issuance of SNOWTAM, 2021)	53
Abb. 3.2	Der Bericht über den Zustand der Landebahn. (Quelle: Eigene Darstellung)	54
Abb. 3.3	(ICAO 4 Letter Code für Köln Bonn Flughafen) – Datum (MM/DD) – (UTC) – Pistenbezeichnung – (Runway Condition Report) – (Bedeckungsgrad) – (Belagstiefe) – (Belagsart). (Quelle: Eigene Darstellung)	55
Abb. 3.4	Runway Condition Assessment Matrix (RCAM). (Quelle: ICAO Doc 9981 (PANS-Aerodrome), Part II, Chapter 1, 2016; EUR Doc 041 Guidance on the Issuance of SNOWTAM, 2021)	58
Abb. 3.5	Runway Condition Assessment Matrix (RCAM). (Quelle: ICAO Doc 9981 (PANS-Aerodrome), Part II, Chapter 1, 2016; EUR Doc 041 Guidance on the Issuance of SNOWTAM, 2021)	59
Abb. 3.6	RCC (Runway Condition Code). (Quelle: Eigene Darstellung)	60
Abb. 3.7	Prozentuale Bedeckungsmeldungen. (Quelle: Eigene Darstellung)	61
Abb. 3.8	Start-/Landeleistungen. (Quelle: ICAO Circular 355 Assessment, Measurement and Reporting of Runway Surface Conditions, 2019)	64
Abb. 3.9	Oberflächenbedingung der Start- und Landebahn. (Quelle/Bildzitat: ICAO Circular 355 Assessment, Measurement and Reporting of Runway Surface Conditions, 2019)	64
Abb. 6.1	SNOWTAM (Neu). (Quelle: ICAO DOC 10066 – Chapter 5, 5.2.51.4 Appendix 4)	84
Abb. 7.1	AIP Supplement VFR 40/23. (Quelle: DFS/AIP, Stand 21.09.2023, © DFS Deutsche Flugsicherung GmbH)	98

Abb. 7.2	AIP AMDT 1023 IFR. (Quelle: DFS/AIP, Stand 05.10. 2023, © Deutsche Flugsicherung GmbH)	99
Abb. 7.3	AIP AMDT 1023 AD 2 EDDK 1–14. (Quelle: DFS/ AIP, Stand 05.10.2023, © Deutsche Flugsicherung GmbH)	100
Abb. 7.4	AIP SUP IFR 24/22. (Quelle AIP IFR DFS DEUTSCHLAND SUP 24/22, Stand 08.09.2022, © Deutsche Flugsicherung GmbH)	103
Abb. 7.5	AIP IFR DFS DEUTSCHLAND SUP 14/23 Neubau Rollweg B Verkehrsflughafen Köln/Bonn (EDDK) (31 MAY-OCT 2023). (Quelle: AIP IFR DFS DEUTSCHLAND SUP 14/23 Neubau Rollweg B Verkehrsflughafen Köln/Bonn (EDDK) (31 MAY-OCT 2023), Stand 18.05.2023, © Deutsche Flugsicherung GmbH)	104
Abb. 7.6	AIP SUP 14/23. (Quelle: AIP IFR DFS DEUTSCHLAND SUP 14/23 Neubau Rollweg B Verkehrsflughafen Köln/Bonn (EDDK) (31 MAY-OCT 2023), Stand 18.05.2023, © Deutsche Flugsicherung GmbH)	105
Abb. 7.7	AIP SUP IFR 19/23. (Quelle: AIP IFR DFS DEUTSCHLAND, Stand 13.07.2023, © Deutsche Flugsicherung GmbH)	106
Abb. 7.8	AIP IFR DFS DEUTSCHLAND SUP 19/23 Baumaßnahmen am Flughafen Stuttgart (EDDS) (07 AUG-26 OCT 2023). (Quelle: AIP IFR DFS DEUTSCHLAND, Stand 13.07.2023, © Deutsche Flugsicherung GmbH)	107
Abb. 8.1	NOTAM Selection Criteria NSC. (Quelle: Eigene Darstellung)	115
Abb. 8.2	NSC ICAO Doc 8126. (Quelle: Aeronautical Information Service Manuel ICAO Doc 8126)	124
Abb. 8.3	NSC ICAO Doc 8126. (Quelle: Aeronautical Information Service Manuel ICAO Doc 8126)	125
Abb. 8.4	NSC ICAO Doc 8126. (Quelle: Aeronautical Information Service Manuel ICAO Doc 8126)	127
Abb. 8.5	NSC ICAO Doc 8126. (Quelle: Aeronautical Information Service Manuel ICAO Doc 8126)	128

Abb. 8.6	NSC ICAO Doc 8126. (Quelle Aeronautical Information Service Manuel ICAO Doc 8126)	129
Abb. 8.7	NSC ICAO Doc 8126. (Quelle Aeronautical Information Service Manuel ICAO Doc 8126)	130
Abb. 8.8	NSC ICAO Doc 8126. (Quelle Aeronautical Information Service Manuel ICAO Doc 8126)	131
Abb. 8.9	NSC ICAO Doc 8126. (Quelle Aeronautical Information Service Manuel ICAO Doc 8126)	132
Abb. 8.10	NSC ICAO Doc 8126. (Quelle Aeronautical Information Service Manuel ICAO Doc 8126)	133
Abb. 8.11	NSC ICAO Doc 8126. (Quelle Aeronautical Information Service Manuel ICAO Doc 8126)	134
Abb. 8.12	NOTAM Zeile Item D. (Quelle: Eigene Darstellung)	142
Abb. 8.13	NOTAM Zeile Item D. (Quelle: Eigene Darstellung)	143
Abb. 8.14	DAILY 0500-1200 (Repetitive event active every day). (Quelle: Eigene Darstellung)	146
Abb. 8.15	DAILY 0800-1600 (Repetitive event active every day). (Quelle: Eigene Darstellung)	146
Abb. 8.16	DAILY 1000-1800 (Repetitive event active every day). (Quelle: Eigene Darstellung)	146
Abb. 8.17	DAILY von 0000-2359 every Thursday. (Quelle: Eigene Darstellung)	147
Abb. 8.18	DAILY 0000-2359 05.09.23, 10.09.23, 14.09.23,16.09.23. (Quelle: Eigene Darstellung)	147
Abb. 8.19	DAILY Verschiedene Tageszeiträume. (Quelle: Eigene Darstellung)	148
Abb. 8.20	DAILY Kombination aus Tag und Zeiträumen. (Quelle: Eigene Darstellung)	148
Abb. 8.21	DAILY Kombination aus Tag und Zeiträume. (Quelle: Eigene Darstellung)	148
Abb. 8.22	DAILY Verschiedene Tage. (Quelle: Eigene Darstellung)	149
Abb. 9.1	Aeronautical Information Services Manual. (Quelle: Aeronautical Information Service Manuel ICAO Doc 8126, Chapter 6. NOTAM -Chapter 11)	154
Abb. 9.2	ICAO Doc 8400, Abbreviations and Codes, THE NOTAM CODE, Use of NOTAM Code Groups. (Quelle: ICAO Doc 8400, Abbreviations and Codes, THE NOTAM CODE, Use of NOTAM Code Groups)	155

Abb. 10.1	NSC ICAO Doc 8126. (Quelle: Aeronautical Information Service Manuel ICAO Doc 8126)	175
Abb. 10.2	NSC ICAO Doc 8126. (Quelle: Aeronautical Information Service Manuel ICAO Doc 8126)	176

Tabellenverzeichnis

Tab. 2.1	Beispiele für Code Letter F ACFT. (Quelle: Boeing.com; Airbus.com; Cessna.com; Beechcraft by Textron Aviation.com; Bombardier.com)	23
Tab. 2.2	Beispiele für Code Letter E ACFT. (Quelle: Boeing.com; Airbus.com; Cessna.com; Beechcraft by Textron Aviation.com; Bombardier.com)	23
Tab. 2.3	Beispiele für Code Letter D ACFT. (Quelle: Boeing.com; Airbus.com; Cessna.com; Beechcraft by Textron Aviation.com; Bombardier.com)	24
Tab. 2.4	Beispiele für Code Letter C ACFT. (Quelle: Boeing.com; Airbus.com; Cessna.com; Beechcraft by Textron Aviation.com; Bombardier.com)	25
Tab. 2.5	Beispiele für Code Letter B ACFT. (Quelle: Boeing.com; Airbus.com; Cessna.com; Beechcraft by Textron Aviation.com; Bombardier.com)	26
Tab. 2.6	Beispiele für Code Letter A ACFT. (Quelle: Eigene Darstellung Quelle: Boeing.com; Airbus.com; Cessna.com; Beechcraft by Textron Aviation.com; Bombardier.com)	26
Tab. 2.7	Beispiele für Code Letter A ACFT. (Quelle: Eigene Darstellung) (Quelle: Boeing.com; Airbus.com; Cessna.com; Beechcraft by Textron Aviation.com; Bombardier.com)	45
Tab. 8.1	Purpose (Zweck). (Quelle: Eigene Darstellung)	129
Tab. 8.2	Qualifier "Scope". (Quelle: Eigene Darstellung)	137

Einleitung 1

Bauaktivitäten auf dem Vorfeld eines Flughafens, nicht funktionierende Navigationsanlagen oder außer Betrieb gesetzte Landebahnen sind Situationen, die erheblichen Einfluss auf die sichere Durchführung eines Fluges ausüben können. Das NOTAM (Notice to Airman) ermöglicht es Piloten, Flugdienstberatern, Fluglotsen und allen weiteren Beteiligten des Flugbetriebspersonals, an kurzfristige Informationen zu gelangen. In der Luftverkehrsbranche fungiert das NOTAM als äquivalente Informationsquelle, die es Piloten und anderen im Flugbetrieb beteiligten Mitarbeitenden ermöglicht, relevante Mitteilungen zu erhalten. Im Rahmen der allgemeinen Flugvorbereitung hinsichtlich der Flugroute, der Start- und Landeplätze sowie alternativer Flughäfen beziehen Piloten ihre Informationen aus der Aeronautical Information Publication (AIP). Die AIP ist ein Handbuch, das in drei Teilen Informationen zu landesspezifischen Luftfahrtvorschriften und -verfahren, Flugrouten sowie Flughäfen bereitstellt. Jedes Land veröffentlicht eine AIP für seinen Luftraum, und in Deutschland ist die DFS (Deutsche Flugsicherung / Büro der Nachrichten für Luftfahrer/innen) für diese Aufgabe verantwortlich. In der Privatfliegerei wird zunehmend eine elektronische Version der AIP verwendet, die bereits seit einigen Jahren in der kommerziellen Luftfahrt einen Standard widerspiegelt. Eine AIRAC (Aeronautical Information Regulation and Control) wird in Abhängigkeit von den jeweiligen Ländern alle 28 oder 56 Tage veröffentlicht. Dieser regelmäßige Veröffentlichungsrhythmus dient dazu, die AIP stets auf dem neuesten Stand zu halten. Ermöglicht wird dies durch die Bereitstellung einzelner neuer Seiten, die bestehende Seiten ersetzen, beispielsweise aufgrund von geänderten Flugrouten oder der Inbetriebnahme eines neuen Terminals an einem Flughafen. Diese AIRAC-Aktualisierungen werden anschließend in die Flugzeugnavigationssoftware integriert. Die Vorlaufzeiten für

© Der/die Autor(en), exklusiv lizenziert an Springer Fachmedien Wiesbaden GmbH, ein Teil von Springer Nature 2024, korrigierte Publikation 2025
A. Montazeri und E. Montazeri, *Handbuch NOTAM, SNOWTAM, GRF, RCC*,
https://doi.org/10.1007/978-3-658-44620-8_1

die Vorbereitung eines AIRAC sind in der Regel recht ausgedehnt. Manche Ereignisse sind jedoch zeitlich äußerst begrenzt und betreffen nur einen einzigen Tag, wie beispielsweise Luftraumsperrungen aus besonderem Anlass. In solchen Fällen kommen NOTAM zum Einsatz. NOTAM sind Kurznachrichten im Telegrammformat, die dazu dienen, alle beteiligten Parteien im Flugbetrieb und Flugverkehr über aktuelle Entwicklungen auf dem Laufenden zu halten. In Deutschland werden diese Telegramm-Nachrichten von der DFS (Deutsche Flugsicherung) bereitgestellt. Üblicherweise ist beabsichtigt, dass sämtliche Modifikationen des AIP in Form von NOTAM öffentlich gemacht werden. Bei umfangreichen Bauprojekten, die grafische Darstellungen einschließen, erfolgt je nach Bedarf die Veröffentlichung in der Regel in Form von Supplements oder gegebenenfalls auch in Form von Amendments. Piloten beispielsweise erhalten diese NOTAM vor ihrem Flug, zusammen mit ihrem Flugplan und den aktuellen Wetterberichten, um sich auf ihren Flug vorzubereiten. Es gibt drei relevante Kategorien von NOTAM. Die erste Kategorie betrifft Informationen zu Flughäfen, sowohl für Start-, Lande- als auch Ausweichflughäfen. Die zweite Kategorie betrifft Informationen für die geplante Flugroute. Die dritte Kategorie, bekannt als "Company", beinhaltet Informationen von Fluggesellschaften für ihre Piloten, beispielsweise Beschränkungen im Zusammenhang mit Betankungsvorgängen.

Ein weiterer facettenreicher Aspekt in der Familie der NOTAM manifestiert sich in Form des SNOWTAM. Das SNOWTAM ist primär dazu bestimmt, detaillierte Informationen beispielsweise über Schnee- und Vereisungsbedingungen sowie stehendes Wasser auf der Start- und Landebahn bereitzustellen, und gewinnt unter anderem während der kälteren Jahreszeiten an erheblicher Bedeutung. Weiter stellt die Serie S der NOTAM eine äußerst bedeutende und relevante Serie dar, die im Verlauf des Buches detailliert behandelt wird. Seit dem 5. November 2020, 00:00 UTC, sind die neuesten Verfahren der Internationalen Zivilluftfahrtorganisation (ICAO) für die Feststellung und Berichterstattung über den Zustand von Start- und Landebahnen, das sogenannte „Global Reporting Format (GRF)", verbindlich anzuwenden. Diese Verfahren wurden entwickelt, um die Methoden zur Ermittlung des Zustands von Start- und Landebahnen, die Kommunikationswege für die Meldung sowie die Berücksichtigung im Flugbetrieb bei der Festlegung der erforderlichen Start- und Landebahnstrecken international zu vereinheitlichen.

Die Bewertung und Meldung des Zustands der Bewegungsflächen und der dazugehörigen Einrichtungen sind von grundlegender Bedeutung, um den Piloten die notwendigen Informationen für einen sicheren und effizienten Betrieb ihrer Flugzeuge zur Verfügung zu stellen. Die ermittelten Zustandsbedingungen der

1 Einleitung

Start- und Landebahnen werden künftig, falls erforderlich, als „Runway Condition Report (RCR)" über das ATIS-System (Automatic Terminal Information Service) sowie über den Sprechfunk verbreitet und gegebenenfalls auch über eine SNOWTAM-Meldung kommuniziert.

Im Gegensatz dazu fungiert das ASHTAM als bedeutendes Instrument zur Früherkennung von Vulkanasche und entsprechender Warnung vor deren potenziellen Gefahren. Eine weitere spezifische Form ist das BIRDTAM, das erhöhte Aktivitäten von Vögeln beschreibt und auf diese hinweist.

Des Weiteren wird in dem Handbuch vermittelt, wie NOTAM verfasst werden. Dabei ist beispielsweise der Betreiber eines Flughafens verpflichtet, nach der EU-Verordnung 139/2014 in Bezug auf die Pistensicherheit und Luftfahrtdaten Verfahren zu etablieren und anzuwenden, die es ermöglichen, NOTAM zu generieren, die vom zuständigen Anbieter von Flugberatungsdiensten (DFS) herausgegeben werden. Diese NOTAM sollten Informationen umfassen, die für das Personal, das in den Flugbetrieb involviert ist, von wesentlicher Bedeutung sind, einschließlich Angaben über den Bau, den Zustand oder Änderungen in Luftfahrtanlagen, -diensten, -verfahren oder Gefahren, die von vorübergehender oder kurzer Dauer sind oder signifikante und dauerhafte Veränderungen im Flugbetrieb kurzfristig betreffen, ausgenommen umfangreiche Texte oder Grafiken. Grafiken und Texte werden grundsätzlich über Supplements veröffentlicht. In Supplements dürfen Bilder, Grafiken oder jegliche Art von Darstellungen dokumentiert werden. Diese Möglichkeit besteht über NOTAM nicht.

Durch den Einsatz dieses didaktisch strukturierten Handbuchs können gemäß den Normen der EASA die folgenden Kompetenzen weiterentwickelt werden: Fortgeschrittene erweitern ihren Wissensstand, während Anfänger einen Einstieg in die recht komplexe Thematik erhalten. Das Handbuch ist didaktisch konzipiert, um die Komplexität des Themas zu vereinfachen und in kompakter Form darzustellen. Nach EASA-Norm ist es verpflichtend, dass ein Flughafenbetreiber NOTAM erstellen muss, die seinen Zuständigkeitsbereich betreffen. Dementsprechend ist dieses Handbuch eine Grundlage, Flughafenpersonal zu schulen und in die Thematik einzuführen. Vorteile, die sich dadurch ergeben, sind folgende:

1. Das Flughafenpersonal kann geschult werden, sodass es mit erfolgreichem Abschluss einer Schulung und dem Nachweis einer Qualifikation dazu befähigt ist, NOTAM zu erstellen und relevante Informationen für Flugberatungsdienstleister und alle weiteren Beteiligten, die im Flugbetrieb involviert sind, bereitzustellen.
2. Es kann gewährleistet werden, dass das sonstige Flughafenpersonal, das lediglich die Aufgabe zur Nutzung von NOTAM hat, relevante Schulungen

erfolgreich abschließt und dementsprechend die Kompetenzen des Lesens und Verstehens von NOTAM nachweisen kann.

Es wird weiter ausführlich erörtert, dass NOTAM Informationen in Bezug auf eine breite Palette von Aspekten umfassen müssen. Folgende Punkte sind dabei von Relevanz, die ebenso von der EASA (European Union Aviation Safety Agency) und der ICAO (International Civil Aviation Organisation) empfohlen werden:

- Aufnahme, Beendigung oder wesentliche Änderungen im Betrieb von Flughäfen, Hubschrauberlandeplätzen oder Landebahnen.
- Aufnahme, Einstellung oder wesentliche Änderungen im Betrieb von Flughafendiensten.
- Herstellung, Einstellung oder wesentliche Änderungen in der Betriebsfähigkeit von Funknavigationsdiensten und Boden-Luft-Kommunikationsdiensten, die vom Flughafenbetreiber verwaltet werden.
- Nichtverfügbarkeit von Backup- und Sekundärsystemen mit direkten betrieblichen Auswirkungen.
- Errichtung, Stilllegung oder wesentliche Änderungen in optischen Hilfsmitteln.
- Unterbrechung oder Wiederinbetriebnahme wichtiger Komponenten von Flugplatzbefeuerungssystemen.
- Festlegung, Aufhebung oder wesentliche Änderungen in den Verfahren für Flugsicherungsdienste, für die der Flughafenbetreiber zuständig ist.
- Auftreten oder Beseitigung größerer Mängel oder Hindernisse auf der Start- und Landebahn.
- Änderungen und Einschränkungen in der Verfügbarkeit von Kraftstoff, Öl und Sauerstoff.
- Errichtung, Außerbetriebsetzung oder Wiederinbetriebnahme von Gefahrenfeuern, die Luftfahrthindernisse markieren.
- Geplante Laserlichtemissionen, Laserdisplays und Suchscheinwerfer in der Umgebung des Flughafens, die potenziell die Nachtsichtfähigkeit der Piloten beeinflussen könnten.
- Errichtung oder Beseitigung oder Änderung von Luftfahrthindernissen in den Start-/Steigflug-, Fehlanflug- und Anflugbereichen sowie auf Pistenstreifen.
- Änderungen in den Rettungs- und Brandschutzkategorien des Flughafens oder Hubschrauberlandeplatzes.
- Vorhandensein, Beseitigung oder wesentliche Änderungen gefährlicher Bedingungen aufgrund von Schnee, Schneematsch, Eis, radioaktiven Stoffen,

1 Einleitung

toxischen Chemikalien, Vulkanascheablagerungen oder Wasser auf der Bewegungsfläche.
- Gänzlich oder teilweise rutschige und nasse Landebahnen.
- Start- und Landebahnen, deren Verfügbarkeit für den Flugbetrieb beispielsweise durch laufende Markierungsarbeiten beeinträchtigt sind. Eine weitere Notwendigkeit für die Veröffentlichung von NOTAM ist, dass für Start- und Landebahnen Informationen über die Zeitspanne angegeben werden müssen.
- Vorhandensein von Gefahren, die sich auf die Flugsicherung auswirken, wie Wildtiere, Hindernisse, Schauflüge und Großveranstaltungen.

Ein weiterer Aspekt, den die Autoren in ihrem Handbuch ausführen, ist, dass NOTAM rechtzeitig und nach gesetzlichen Vorgaben erstellt werden müssen, um den betroffenen Parteien ausreichend Zeit für die Implementierung erforderlicher Maßnahmen zu gewähren, es sei denn, es handelt sich um unvorhersehbare Ereignisse wie Funktionsstörungen oder die Freisetzung von radioaktiven Stoffen oder toxischen Chemikalien. Wenn NOTAM Störungen von Einrichtungen, Diensten und Flugnavigationshilfen am Flughafen melden, müssen sie eine Schätzung der Dauer der Störung oder den erwarteten Zeitpunkt für die Wiederherstellung des Dienstes enthalten. Zusätzlich müssen Informationen in dauerhaften NOTAM innerhalb von drei Monaten in die relevanten Luftfahrtinformationsprodukte integriert werden. Bei Informationen in NOTAM von längerer Dauer (NOTAM PERM/PERMANENT) müssen diese ebenfalls innerhalb von drei Monaten in eine AIP-Ergänzung aufgenommen werden. Sollte ein NOTAM überraschend den Zeitraum von drei Monaten überschreiten, so ist der Betreiber dazu verpflichtet, Ersatz-NOTAM zu erstellen, es sei denn, es kann vernünftigerweise angenommen werden, dass der Zustand für mehr als drei Monate anhalten wird. In solchen Fällen müssen die Informationen in einer AIP-Ergänzung veröffentlicht werden. Zusammenfassend ist darauf aufmerksam zu machen, dass es sich um recht komplexe Fragestellungen handelt, die allerdings in diesem Handbuch verständlich, kompakt und pragmatisch dargelegt werden. Mit diesem Lehrbuch beabsichtigen die Autoren, sämtlichen Fachkräften im Bereich des Flugbetriebs eine Hilfestellung bereitzustellen, die es ihnen ermöglicht, NOTAM zu verstehen, zu interpretieren und sogar selbst zu verfassen. Das Buch präsentiert systematisch alle relevanten Informationen, um jedem Leser / jeder Leserin ein vertieftes Verständnis von NOTAM zu gewähren.

Im abschließenden Abschnitt des Handbuchs ist außerdem ein Test mit Übungsaufgaben und dazugehörigen Lösungshinweisen vorzufinden, um erworbenes Wissen überprüfen und unmittelbar anwenden zu können. Ebenso werden im

Verlauf des gesamten Handbuchs kontinuierlich weiterführende Literaturhinweise bereitgestellt.

Zahlreiche Praxisbeispiele dienen der Veranschaulichung des gesamten Themas und erleichtern dem Leser, die theoretischen Konzepte effizienter nachzuvollziehen. Klare Formulierungen und die Erklärung von Fachbegriffen tragen ebenfalls zur Verbesserung des Verständnisses bei.

Die Funktion von NOTAM 2

Die Bezeichnung „NOTAM" (Notice to Airman) leitet sich aus der englischen Sprache ab, die in der Luftfahrt als die Standardkommunikationssprache etabliert ist. NOTAM sind integraler Bestandteil jeder Flugvorbereitung und dienen primär als unterstützendes Element zur Entscheidungsfindung für Piloten, die auf diesen Informationsdienst bei der Planung ihrer Flüge angewiesen sind. Die Abfassung von NOTAM erfolgt unter Verwendung standardisierter Abkürzungen gemäß den Vorgaben der International Civil Aviation Organisation (ICAO). Die wichtigsten Grundsätze für die Veranlassung und Durchführung eines NOTAM sind im ICAO Annex 15, 5.1.1. eindeutig festgelegt und beschrieben. Für die europäischen Flugplätze sind alle Regelungen zur Generierung von NOTAM in der Verordnung 2020/2148 (Ergänzungsverordnung zur EU-Verordnung 139/2014) im Unterpunkt ADR.OPS.A.057 definiert. NOTAM beinhalten wichtige und aktuelle Informationen; sie stellen so eine bedeutende Ressource in Bezug auf die Sicherheit im Bereich der Luftfahrt dar und unterstützen Piloten und Flugdienstberater bei der Planung und Umsetzung von Flugplänen. Zentraler Bestandteil ist dabei, dass mit der Veröffentlichung eines NOTAM innerhalb kürzester Zeit Informationen zur Verfügung gestellt werden, die im Zusammenhang mit Änderungen im Flugbetrieb stehen, zum Beispiel über bauliche Maßnahmen. Weiter ist zu beachten, dass NOTAM bei geplanten Baumaßnahmen mit einer Vorlaufzeit von mindestens 24 h veröffentlicht werden müssen. In Sonderfällen ist darauf hinzuweisen, dass bei jeder Variation einer Kontamination auf Flugbetriebsflächen die Veröffentlichung eines neuen SNOWTAM einer speziellen Serie erforderlich ist. Die Gültigkeitsdauer eines SNOWTAM beträgt 8 h. Die Thematik rund um SNOWTAM wird

© Der/die Autor(en), exklusiv lizenziert an Springer Fachmedien Wiesbaden GmbH, ein Teil von Springer Nature 2024, korrigierte Publikation 2025
A. Montazeri und E. Montazeri, *Handbuch NOTAM, SNOWTAM, GRF, RCC*,
https://doi.org/10.1007/978-3-658-44620-8_2

ab dem Abschn. 2.1 ausführlich dargelegt und näher erläutert. Informationen, die NOTAM enthalten müssen, sind unter anderem die Gültigkeitsdauer des NOTAM beziehungsweise der darin beschriebene Zustand. Jedes NOTAM beinhaltet nur einen Gegenstand und beschreibt nur einen Zustand des Gegenstands (one subject – one NOTAM), das heißt, es wird in jedem NOTAM explizit immer nur ein Thema berücksichtigt. Sei es, wenn es um eine Pistensperrung am Zielflughafen geht oder militärische Übungen in der Nähe der Flugroute angesetzt sind. Ein charakteristisches Merkmal eines NOTAM ist die Fähigkeit, Informationen zu verbreiten, die entweder zeitlich begrenzt sind oder ad hoc in eine permanente Form umgewandelt werden können. Es ist weiter auf das AIP (Aeronautical Information Publication) hinzuweisen, das eine wichtige Funktion in dem gesamten Prozess einnimmt. Hierbei handelt es sich um ein Handbuch, dass alle internationalen und nationalen Flughäfen für den Flugbetrieb vorschriftsgemäß bereitstellen müssen. Meist besteht es aus drei Hauptabschnitten mit Unterteilungen: 1. ENR-Strecke, 2. AD Flugplätze und 3. SUP Supplements. Diese beinhalten Informationen über länderspezifische Luftfahrtregeln und Verfahren als auch Routen. Unterteilungen des ersten Hauptabschnitts der (ENR-Strecke):

1. Allgemeine Regeln und Verfahren
2. ATS Luftraum
3. ATS Strecken
4. Funknavigationsanlagen/Systeme
5. Navigationswarnungen
6. Streckenkarte

Der zweite Hauptabschnitt (AD Flugplätze) ist wie folgt unterteilt:

1. Flugplätze/Hubschrauberflugplätze-Einführung
2. Flugplätze
3. Hubschrauberflugplätze
4. Militärische Landeplätze 1
5. Militärische Landeplätze 2

Der dritte Hauptabschnitt stellt die Supplements dar, die nach Jahren aufgelistet sind.
  Jeder Luftraum ist seitens eines AIPs vertreten. In Deutschland liegt der Auftrag bei der DFS (Deutsche Flugsicherung), die die NOTAM für den zivilen Luftverkehr bereitstellt. Eine der wichtigen Funktionen von NOTAM ist die Zurverfügungstellung von Informationen über die Errichtung, den Zustand

und die Veränderungen von jeglichen flugbetrieblichen Einrichtungen und Services. Dabei handelt es sich um die in der AIP veröffentlichten Prozesse und um Gefahren, deren zeitgerechte Zustellung elementar für alle im Flugbetrieb tätigen Personen ist. Der Schwerpunkt liegt bei der Unterstützung im Hinblick auf die Entscheidungsfindung für Piloten bei flugrelevanten Fragestellungen. Für die Planung der gesamten Flugvorbereitung und Durchführung ist der Einsatz von NOTAM essenziell – sie vereinfachen nicht nur den gesamten Prozessverlauf und dessen Abwicklung, sondern spiegeln eine Sicherheitsfunktion für die gesamte Flugplanung wider. Um alle gesetzlichen Sicherheitsmaßnahmen zu erfüllen, erfolgt der Einsatz von SNOWTAM in Verbindung mit dem Global Reporting Format (GRF). Das SNOWTAM vertritt eine wichtige NOTAM-Serie, er informiert beispielsweise Piloten über eine Kontaminierung der Flugbetriebsflächen. Hier findet eine Kategorisierung statt, wo NOTAM Spezialgebieten zugeordnet werden. SNOWTAM sollen daher vor Unwetterverhältnissen warnen. Der Schwerpunkt liegt auf der Kontaminierung von Pisten, da Witterungsverhältnisse Unfälle verursachen können. In den letzten Jahren ist die Gefahr aufgrund von Unwettersituationen in Form von Schnee und Eis und stehendem Wasser stark gestiegen. Statistisch sind die Unfälle bedingt durch Unwetterumstände im Laufe der Jahre gestiegen. An dieser Stelle ist ein effizientes Reporting von Relevanz, um über die Zustände an den Pisten zu berichten. Gezielt geht es dabei darum, das Risiko vor Unfallgefahren zu reduzieren. An der Stelle spielt das Global Reporting Format (GRF) ebenso eine wichtige Funktion, da es ein einheitliches Übermittlungsformat der ICAO (International Civil Aviation Organisation) ist. Um das Risiko beispielsweise von Runway Excursions zu reduzieren, ist ein gezieltes Reporting von Pistenzuständen von hoher Relevanz. Der Flughafenbetreiber hat über den Zustand der Start- und Landebahn und der sonstigen Flugbetriebsflächen zu berichten und diese Informationen an die Deutsche Flugsicherung weiterzuleiten. Dabei ist darauf zu achten, dass die maximale Gültigkeit von einem SNOWTAM 8 h beträgt. Ein neues SNOWTAM kommt aber auch dann zum Einsatz, sobald sich Änderungen bezüglich der Kontamination auf der Start- und Landebahn ergeben; dieser ersetzt dann den alten. Im SNOWTAM kommen metrische Einheiten zum Einsatz. Im Rollfeld können Frost, Chemikalien oder stehendes Wasser ein Risiko darstellen und sind als Gefahr einzustufen und somit ebenfalls im SNOWTAM zu veröffentlichen. Ebenso müssen Gefahren, die den Luftverkehr und das Flugsicherungsverfahren durch besondere Ereignisse beeinflussen können, in Planungen mitberücksichtigt werden. Weitere NOTAM-Serien sind mit spezifischen Namen versehen, die auf bestimmte Gefahrensituationen aufmerksam machen sollen. BIRDTAM sind in dem Fall eine Warnung vor Vogelschlag. Weiter kann eine Gefahr durch die Beeinträchtigung durch Vulkanasche entstehen – hier ist der Einsatz von ASHTAM von Bedeutung.

2.1 NOTAM Briefing

Auf Verlangen des Flugplanaufgebers werden Flugpläne, die über das Internet übermittelt werden, automatisch analysiert, um flugstreckenbezogene PIBs (Pre-Flight Information Bulletins) zu erstellen. Diese PIBs basieren auf den Angaben zur geplanten Flugstrecke im Flugplan und werden dann an die im Flugplan angegebene Kontaktperson übermittelt. Die erstellten PIBs enthalten immer alle zum Zeitpunkt der Anforderung gültigen NOTAM für einen definierten Gültigkeitszeitraum. Dieser Zeitraum erstreckt sich von der erwarteten Abflugzeit (EOBT) bis zu 4 h nach der erwarteten Ankunftszeit (ETA) des geplanten Fluges. Zusätzlich werden auch die NOTAM erfasst, die während dieses Zeitraums in Kraft treten. Unabhängig von der Einreichung eines Flugplans besteht die Möglichkeit, flugstreckenbezogene PIBs für bestimmte geografische Gebiete und Flugplätze weltweit abzurufen. Diese PIBs enthalten alle zum Zeitpunkt der Anforderung gültigen NOTAM, die sich auf den angegebenen Flugtag beziehen, sowie diejenigen NOTAM, die in den nächsten 24 h nach dem Flugtag in Kraft treten werden.

Durch Verwendung geeigneter Filteroptionen können beispielsweise Piloten oder andere Mitarbeitende, die mit flugbetrieblichen Prozessen in Kontakt kommen, bestimmte Informationen aus den PIBs herausfiltern, sofern sie nicht relevant sind, beispielsweise Hinweise auf Hindernisse oder Hindernisbeleuchtungen, die nicht für das geplante Flugvorhaben von Bedeutung sind.

2.1.1 Der Aufbau und die Konfiguration von NOTAM

Zum Aufbau von NOTAM lässt sich grundsätzlich festhalten, dass sie eine fortlaufende vierstellige Nummer tragen, die mit einem Querstrich und der zweistelligen Jahreszahl versehen ist. Vor der Nummer stehen Buchstaben von (A-Z), die die jeweiligen NOTAM-Serien angeben. Die NOTAM-Serien geben Informationen über die Art des Flugverkehrs und dessen Verbreitung bekannt. Sie verweisen unter anderem auch auf das GPS-Verfahren. Zu beachten ist dabei, dass jedes NOTAM sich auf einen Flugplatz oder Fluginformationsgebiet (FIR) bezieht, worin beiden eine vierstellige ICAO-Kennung zugeordnet wird.

2.1 Notam Briefing

So hat zum Beispiel der Verkehrsflughafen Köln/Bonn die Kennung EDDK und die Kennung EDGG für Langen, als Fluginformationsgebiet (FIR). Das Datum wird in dem Format Jahr, Monat, Tag angegeben. Die Uhrzeit wird in UTC (Universal Time Central) vermerkt. Wie in Abb. 2.1 zu sehen ist, beginnt jede NOTAM-Serie am 01. Januar mit der Nummer 0001 (Abb. 2.2).

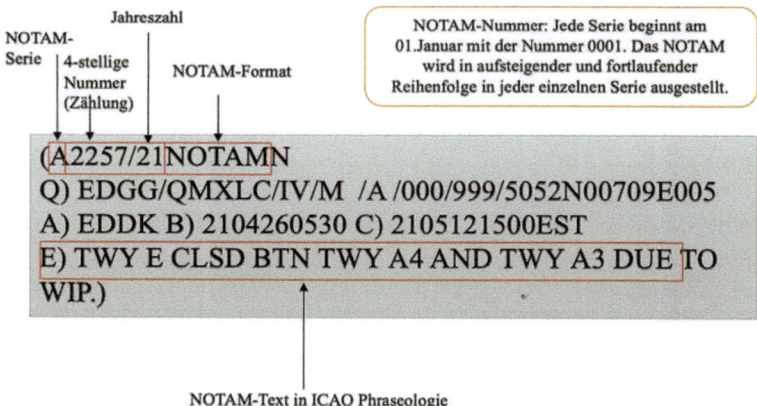

Abb. 2.1 Der Aufbau eines NOTAM. (Quelle: Eigene Darstellung)

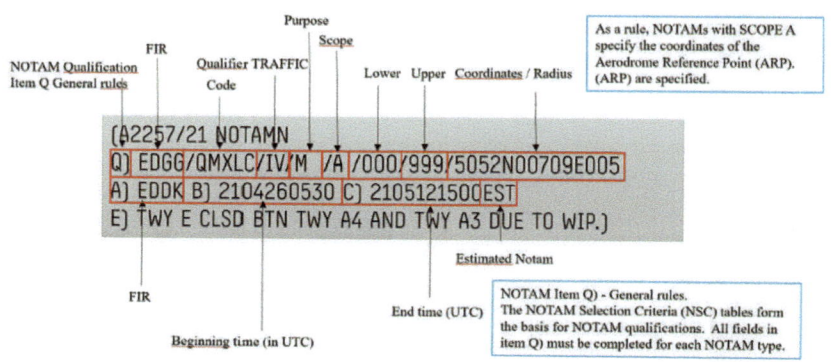

Abb. 2.2 Der Aufbau eines NOTAM. (Quelle: Eigene Darstellung)

In Abb. 2.1 sind alle Bestandteile skizziert, um einen Überblick für die Konfiguration und den Aufbau eines NOTAM zu verdeutlichen.

Fluginformationsgebiete in Deutschland und Nachbarstaaten
Österreich:

1. LOVV, Wien FIR

Schweiz:

1. LSAS, Switzerland FIR

Frankreich:

1. LFBB Bordeaux FIR
2. LFRR Brest FIR
3. LFMM Marseille FIR
4. LFFF Paris FIR
5. LFEE Reims FIR

Belgien:

1. EBBU Brussels FIR

Niederlande:

1. EHAA Amsterdam FIR

Ein NOTAM kann auch mehrere FIR betreffen

Abb. 2.3 und 2.5 stellen alle wichtigen Kennungen von Fluginformationsgebieten (FIR) in Deutschland und den Nachbarstaaten dar. Beispielsweise fällt das NOTAM für den Flughafen Köln/Bonn oder Flughafen Düsseldorf auf das Fluginformationsgebiet Langen, dass in Abb. 2.5 rot markiert ist. Die dargestellten Fluginformationsgebiete sind ICAO konform. Ein NOTAM kann mehrere

Fluginformationsdienste (FIR) betreffen. Wenn mehr als ein Fluginformationsgebiet (FIR) desselben Landes betroffen ist, werden in der Q-Zeile des NOTAM die letzten beiden Buchstaben mit der Länderkennung XX angegeben (Bsp. LFXX). Abb. 2.4 macht auf diesen Umstand aufmerksam.

Zu beachten ist, dass wenn mehr als ein Fluginformationsgebiet (FIR) bei der Veröffentlichung von NOTAM in Bezug auf verschiedene Länder betroffen ist, muss das jeweilige Land, das die Verantwortung hat und die Veröffentlichung beauftragt hat, die ICAO-Kennung des eigenen Landes und die letzten beiden Buchstaben, die für den ICAO-Ländercode stehen, mit XX angeben. Folgende Beispiele werden hier in den unten dargestellten Abbildungen aufgeführt:

Deutschland:
1. EDWW Bremen FIR
2. EDGG Langen FIR   Erscheint bei Notam Aufgabe — über NOF
3. EDMM München FIR

Abb. 2.3 Drei exemplarische Beispiele für Fluginformationsgebiete in Deutschland. (Quelle: Eigene Darstellung)

Q) LFXX/QXXXX/IV/NBO/E/000/999/4504N00053E999
A) LFMM LFRR LFBB LFEE LFFF B)1404100400 C) 1404101800
E) FRENCH CIV AVIATION SERVICES AFFECTED BY STRIKE. SOME DISTURBANCES MIGHT AFFECT ATS, AIS AND COM SERVICES: 1- MINIMUM SERVICE WILL BE ENSURED IN ACC. (Area Control Center)

Abb. 2.4 Fluginformationsgebiete in Frankreich. (Quelle: DFS/NOF)

A3845/17 NOTAMN Q) EDGG/QMPLC/IV/BO/A/000/999/5052N00709E005 A) EDDK B)1707201445 C)1707211200 E) ACFT STNDS V33 AND V330 CLSD.

Abb. 2.5 In NOTAM verwendete Kennungen von Fluginformationsgebieten (EDGG) FIR

Beispiel 1)

Q) LI**XX**/QWELW
A) **LIRR LIBB LATI…**

Beispiel 2)

(B0359/21 NOTAMN
Q) ED**XX**/QAFXX/IV/NBO/E /000/999/5123N01019E262
A) **EDWW EDGG EDMM** B) 2103311944 C) 2105122159
E) COVID-19: CARRIERS/CREWS/PASSENGERS REQUIREMENTS
1. REQUIREMENTS
NOTE 1:
CARRIERS MUST PROVIDE INFORMATION OF THE GERMAN FEDERAL MINISTRY OF HEALTH TO ALL PAX.
NOTE 2:
PLEASE ADVISE PAX TO CHECK TRAVEL RESTRICTIONS, TESTING AND QUARANTINE OBLIGATIONS PRIOR TO DEPARTURE.
NOTE 3
ON ALL FLIGHTS TO GERMANY PAX – INCLUDING TRANSIT PAX – MUST PRESENT PROOF OF NEGATIVE TEST FOR SARS-COV-2 BEFORE DEPARTURE TO THE CARRIER. THE SAMPLE COLLECTION FOR THE TEST MUST NOT BE OLDER THAN 48HR BEFORE ENTRY. CREWS ENTERING GERMANY AND WHO HAVE STAYED IN A NON-RISK AREA ARE EXEMPTED FROM MANDATORY SARS-COV-2 TESTING.MANDATORY SARS-COV-2 TESTING DOES NOT APPLY FOR CHILDREN YOUNGER THAN SIX YEARS.)

2.1.2 Die NOTAM-Serien von A bis Z

Ein wichtiger Punkt, der bei NOTAM zu berücksichtigen ist: Sie sind immer Teil einer NOTAM-Serie. Dabei sind mehrere NOTAM-Serien von Relevanz. Diese umfassen NOTAM-Serien der Kategorien A bis Z. Bezogen auf den Flugbetrieb clustern die einzelnen Serien Informationen über einen bestimmten Anwendungsbereich. In den folgenden Abschnitten werden die wichtigsten NOTAM-Serien dargelegt und näher veranschaulicht.

Bei der NOTAM Serie A sieht der Anwendungsbereich so aus, dass Informationen beispielsweise für den zivilen und internationalen Flugverkehr (IFR &

2.1 Notam Briefing

VFR) von der Deutschen Flugsicherung (DFS) bereitgestellt werden. In der Praxis werden temporäre Änderungen bezüglich eines geänderten Navigationsverfahren beispielsweise beim An- und Abflug auf einen Flugplatz durch ein NOTAM der A-Serie bekannt gegeben. Weiter beinhaltet das NOTAM der A-Serie Informationen über Funknavigationsanlagen, die das An- und Abflugverfahren der Flughäfen Berlin/Brandenburg, Düsseldorf, Hamburg, Köln/Bonn, Frankfurt Main, München, Dresden und Hannover betreffen.

Die nachfolgenden Beispiele machen dies ersichtlich. Die meistverwendeten NOTAM-Serien werden im folgenden Kapitel vorgestellt.

2.1.2.1 NOTAM-A-Serie

Serie **A NOTAM:** Informationen für den zivilen internationalen Flugverkehr (IFR & VFR)

A5630/21 – AD NOT AVBL AS PLANNED ALTN AD. DAILY 2000-0400, 30 SEP 08:14 2021 UNTIL 25 DEC 04:00 2021 ESTIMATED. CREATED: 30 SEP 08:14 2021

Das NOTAM der A-Serie beinhaltet die Information, dass der Flughafen nicht zur Verfügung steht für die Angabe im Flugplan, als Umleitung. Die Zeitangabe ist täglich von 2000 Uhr UTC bis 0400 Uhr UTC. Das NOTAM gilt im Zeitraum vom 30. SEP. 2021 bis 25. DEC. 2021. Weiter handelt es sich bei diesem NOTAM um ein ESTIMATED NOTAM.

A5564/21 – RWY 06/24 CLSD DUE TO WIP. 13 OCT 06:00 2021 UNTIL 13 OCT 15:00 2021. CREATED: 28 SEP 07:14 2021

Das NOTAM der A-Serie beinhaltet die Information, dass die Start- und Landebahn 06/24 aufgrund von Bauarbeiten im Zeitraum vom 13 OCT. 2021 ab 0600 Uhr UTC bis 13 OCT. 2021 bis 1500 Uhr UTC gesperrt ist.

A5203/23 – TWY S7 RESTRICTED TO ACFT ICAO CODE LETTER C. 11 OCT 21:00 2023 UNTIL 07 NOV 17:00 2023. CREATED: 10 OCT 14:02 2023

Das NOTAM beinhaltet die Information, dass der Rollweg S7 bis ICAO Code Letter C eingeschränkt funktionsfähig ist im Zeitraum vom 11. OCT. 2023 2100 UTC bis zum 07. NOV. 2023, 1700 UTC.

A5204/23 – TWY W2 CLSD ABM ACFT STAND 224 DUE TO WIP. 11 OCT 21:00 2023 UNTIL 07 NOV 17:00

2023. CREATED: 10 OCT 14:04 2023

Das NOTAM besagt, dass der Rollweg W2 querab der Position 224 aufgrund von Instandsetzungsarbeiten im Zeitraum von 11 OCT. 2023, 2100 UTC bis 07 NOV. 2023, 1700 Uhr UTC gesperrt ist.

A5205/23 – TWY C02 ABM ACFT STAND 224 RESTRICTED TO ACFT ICAO CODE LETTER C. 11 OCT 21:00 2023 UNTIL 07 NOV 17:00 2023. CREATED: 10 OCT 14:05 2023

Das NOTAM besagt, dass der Rollweg C02 querab der Parkposition 224 bis zu ICAO Code Letter Charlie Luftfahrtzeuge im Zeitraum 11 OCT. 2023, 2100 UTC bis 07 NOV. 2023, 1700 UTC eingeschränkt wird.

A5364/23 – MOBILE CRANE IN DEP SECTOR RWY 08R FOR ALL IFR DEP. PSN 482053N 0115010E. ELEV 1568FT/101FT AGL. NOT MARKED, NOT LIGHTED. 19 OCT 06:00 2023 UNTIL 19 JAN 23:59 2024. CREATED: 17 OCT 09:52 2023

Das NOTAM ist in dem Zeitraum vom 19. OCT. 2023, 0600 UTC bis 19. JAN. 2024, 2359 UTC gültig. Es enthält Angaben darüber, dass sich ein mobil einsetzbarer Kran in der Abflugroute der Start- und Landebahn 08R befindet und für alle Instrumentenabflüge von Bedeutung ist. Die dazugehörigen geografischen Koordinaten sowie Höhenangaben sind spezifiziert. Zusätzlich wird darauf hingewiesen, dass der mobile Kran weder beleuchtet noch markiert ist.

A6974/21 – RWY 14L NOT AVBL FOR TKOF BTN TWY A7 AND TWY A5. ONLY PUBLISHED INTERSECTION TKOF POSS. LDG RWY 32R: LAST EXIT TWY A5. 13 DEC 16:45 2021 UNTIL 28 FEB 23:59 2022. CREATED: 13 DEC 17:09 2021

Das NOTAM der A-Serie beinhaltet die Information, dass die Start- und Landebahn 14L zwischen Rollweg A 7 und Rollweg A 5 für Starts nicht zur Verfügung steht. Es sind nur Starts möglich über die veröffentlichten Kreuzungsbereiche der Piste 14L. Des Weiteren beinhaltet das NOTAM die Information, dass bei Landungen auf der Piste 32R der letzte Abrollweg A5 dargestellt wird. Die Gültigkeit des NOTAM ist im Zeitraum 13. DEC 2021 bis 28. FEB 2022.

2.1 Notam Briefing

A0348/22 – RWY 32R CLSD. DRG THIS TIME A6974/21 SUSPENDED. DAILY 0630-1600, 31 JAN 06:30 2022 UNTIL 04 FEB 16:00 2022. CREATED: 26 JAN 10:26 2022

Das NOTAM der A-Serie beinhaltet die Information, dass die Start- und Landebahn 32R gesperrt ist und in dem folgenden Zeitraum, dass NOTAM A6974/21 keine Gültigkeit aufweist. Die Gültigkeit des NOTAM ist im Zeitraum 31 JAN. 2022 bis 04. FEB. 2022, täglich von 0630 bis 1600 UTC.

A0347/22 – RWY 14L CLSD. TAKE-OFF RWY 14L OUT OF TWY A5 POSS (TORA 3587M).

DRG THIS TIME A6974/21 SUSPENDED. DAILY 0630-1600, 31 JAN 06:30 2022 UNTIL 04 FEB 16:00 2022. CREATED: 26 JAN 10:21 2022, täglich von 0630 bis 1600 UTC.

Das NOTAM der A-Serie besagt, dass die Start- und Landebahn 14L gesperrt ist mit einem Sonderfall, wobei Starts über die Piste 14L aus dem Rollweg A 5 möglich sind. TORA beträgt für die Startphase auf der Piste 14L 3587 Meter. Während dieser Zeit ist das NOTAM A6974/21 nicht gültig. Die Gültigkeit des NOTAM ist im Zeitraum 31 JAN. 2022 bis 04 FEB. 2022, täglich von 0630 bis 1600 UTC (Abb. 2.6).

> **Beispiel für ein NOTAM der A-Serie**
> A2929/23 – RWY 32R ILS/LOC/NDB APCH FM IAF NVO TEMPO SUSPENDED DUE TO LTD NAVAID COVERAGE OF NVO VOR. EXP VECTORING TO FINAL. RNP APCH UNAFFECTED.
>   REF AIP AD 2 EDDK 4-2-3 DATED 01 DEC 2022, 4-4-2 DATED 03 NOV 2022. 23 JUN 10:17 2023 UNTIL 23 SEP 23:59 2023 ESTIMATED. CREATED: 23 JUN 10:17 2023

Die kürzere Darstellung von *„Navigational Aids"* (NAVAID) lautet Navigationshilfen. Dieser Begriff umfasst technische Einrichtungen, die sowohl Funk- als auch optische Signale am Boden bereitstellen und Flugzeugen bei der Navigation helfen. Dazu gehören Funkfeuer wie NDB (Non-directional radio beacon), VOR (VHF omnidirectional range) und DVOR (Doppler/Dopplereffekt)-VOR).

Das NOTAM A2929/23 gehört zur A-Serie der NOTAM und informiert über eine temporäre Beeinträchtigung oder Aussetzung des Funkfeuers NVO VOR. Weiter verweist dieses NOTAM auf die zwei Abschnitte im AIP AD 2 EDDK 4-2-3 und AIP EDDK 4-4-2.

Notam A Serie	
Start Landebahn 32R Flughafen Köln/Bonn	
ILS	INSTRUMENT LANDING SYSTEM
LOC	LOCALIZER
NDB	NON-DIRECTION RADIO BEACON
APCH	APPROACH
FM	FROM
IAF	INITIAL APPROACH FIX
NVO	NOERVENICH 116.20 NVO VOR
TEMPO	TEMPORARY
LTD	LIMITED
VOR	OMNIDIRECTIONAL RADIO RANGE
EXP	EXPECT
RNP	REQUIRED NAVIGATION PERFORMANCE
REF	REFERENCE TO
AIP	AERONAUTICAL INFORMATION PUBLICATION
AD	AERODROME
NAVAID	NAVIGATIONAID

Abb. 2.6 Abkürzungen im NOTAM nach ICAO Doc 8400. (Quelle: Eigene Darstellung)

Die Beeinträchtigungen des Funkfeuers NVO VOR dauern voraussichtlich vom 23. Juni um 10:17 UTC bis zum 23. September um 23:59 UTC an. Es handelt sich hierbei um ein geschätztes (ESTIMATED) NOTAM, weitere Erklärungen dazu finden sich im Abschn. 7.2 (Abb. 2.7 und 2.8).

Ein weiteres NOTAM-Beispiel der NOTAM-A-Serie

A3849/17 NOTAMN
Q) EDGG/QMXLT//IV/M/A/000/999/5052N00709E005
A) EDDK B) 1707210500 C) 1707211200
E) TWY T BTN TWY T2 AND TWY B CLSD DUE TO WIP. TWY T BTN TWY T2 AND TWY B RESTRICTED TO ICAO CODE LETTER C ACFT.

2.1 Notam Briefing

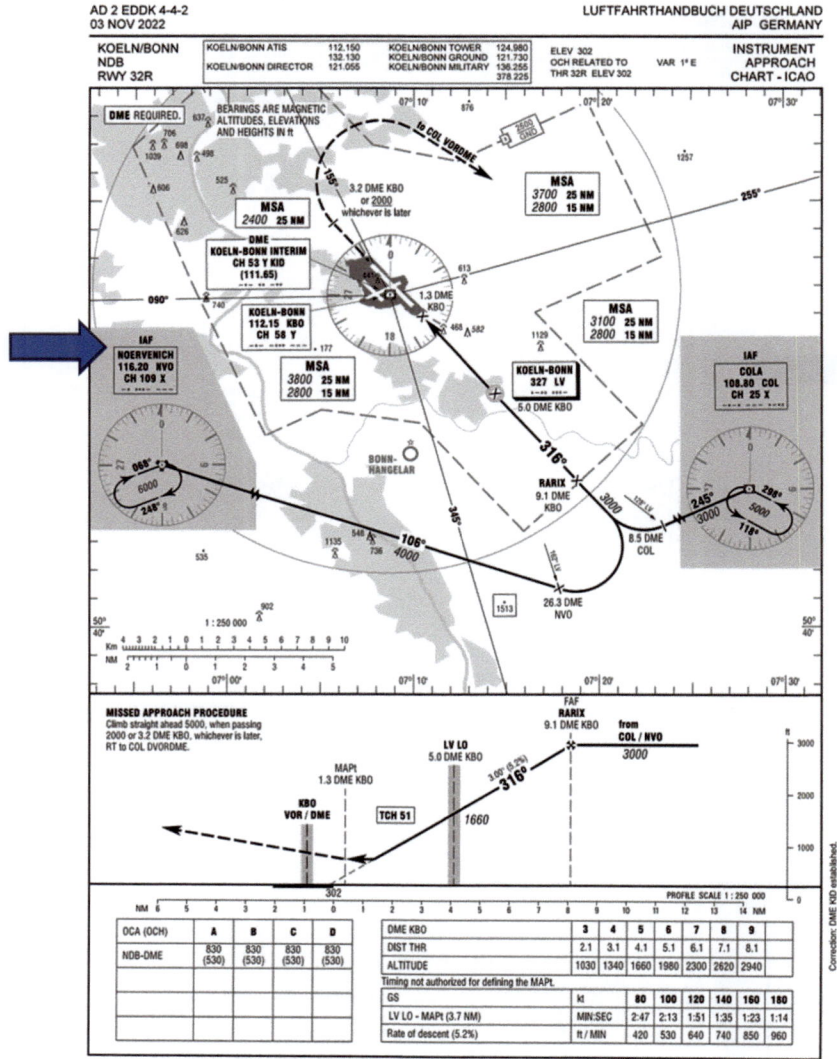

Abb. 2.7 Instrument Approach Chart ICAO. (Quelle: Luftfahrthandbuch Deutschland AIP Germany, (Stand: 03.11.2022))

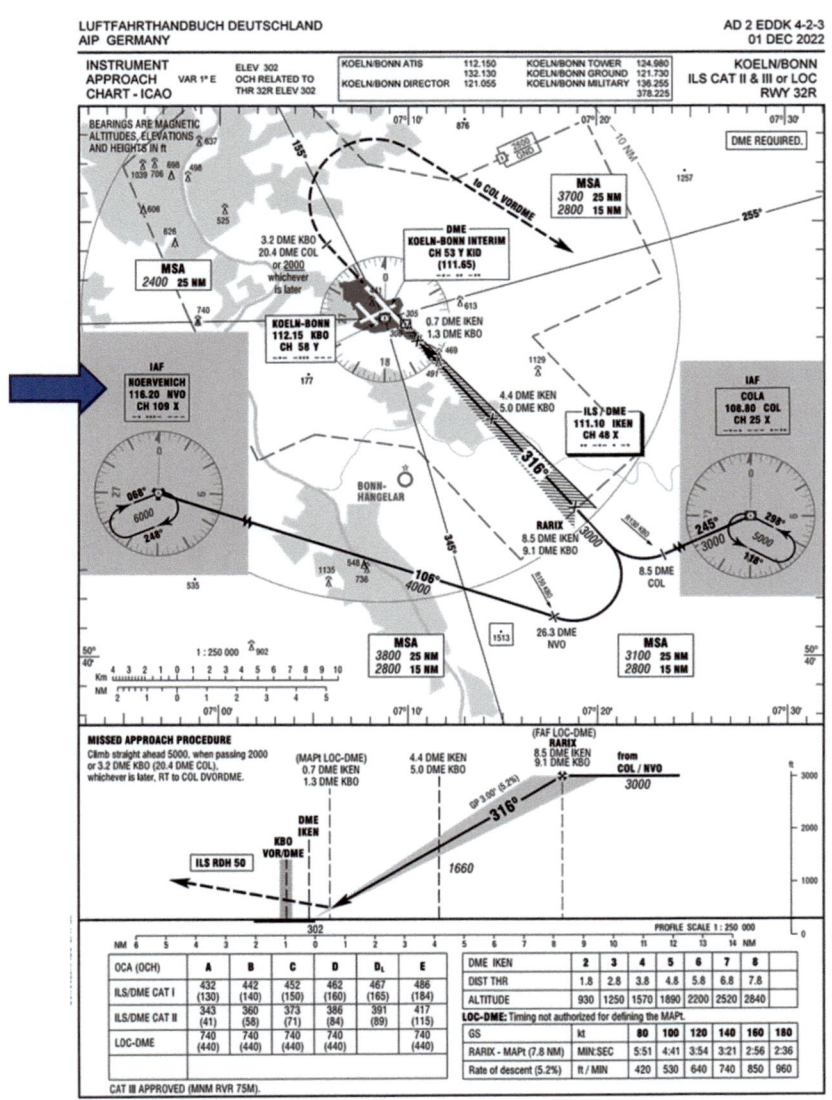

Abb. 2.8 Instrument Approach Chart ICAO. (Quelle: Luftfahrthandbuch Deutschland AIP Germany, (Stand: 01.12.2022))

TWY: TAXIWAY
BTN: BETWEEN
CLSD: CLOSED
WIP: WORK IN PROGRESS
ACFT: AIRCRAFT
ICAO CODE LETTER C Luftfahrtzeuge: (z.B.: A320, A321, 737-800, 737-700, 737-MAX)

Der Rollweg T, der sich zwischen den Rollwegen T2 und B befindet, wurde aufgrund von Bauarbeiten vorübergehend gesperrt. Darüber hinaus wurde der Rollweg T in diesem Bereich bis zu den Luftfahrzeugen der ICAO CODE LETTER C eingeschränkt, das bedeutet konkret, dass ICAO Code Letter C in diesem Bereich rollen dürfen und alle anderen größeren Klassen wie beispielsweise ICAO Code letter D, E, F nicht. Die entsprechenden Angaben und Daten für Luftfahrzeuge mit verschiedenen ICAO CODE LETTER finden sich im Anhang, wie sie in ICAO ANNEX 14 Volume I Aerodrome Design and Operations und im EASA ACCESS RULES FOR AERODROMES REGULATION EU NO 139/2014 unter CS ADR-DSN.D.245 WIDTH OF TAXIWAYS angegeben sind (Abb. 2.9, 2.10 und 2.11) (Tab. 2.3, 2.4, 2.5 und 2.6).
ICAO CODE LETTER OMGWS (Outer Main Gear Wheel span)

ICAO CODE LETTER (WINGSPAN)

Mindestangaben für die Breite eines Rollwegs (Design Criteria for Taxiway)

ICAO CODE LETTER ACFT	OUTERN MAIN GEAR WHEEL SPAN
A	UP to but not including 4.5 m
B	4.5 m up to but not including 6 m
C	6 m up to but not including 9 m
D	9 m up to but not including 15 m
E	9 m up to but not including 15 m
F	9 m up to but not including 15 m

Abb. 2.9 ICAO Code Letter ACFT. (Quelle Annex 14 Volume I Aerodrome Design and Operations)

ICAO CODE LETTER ACFT	Wingspan
A	Up to but not including 15 m
B	Up to but not including 24 m
C	Up to but not including 36 m
D	Up to but not including 52 m
E	Up to but not including 65 m
F	Up to but not including 80 m

Abb. 2.10 ICAO Code Letter ACFT (A,B,C,D,E,F). (Quelle: Annex 14 Volume I Aerodrome Design and Operations Tab. 2.1–2.2 Aerodrome reference code)

ICAO CODE LETTER A	ICAO CODE LETTER B	ICAO CODE LETER C	ICAO CODE LETTER D	ICAO CODE LETTER E	ICAO CODE LETTER F
Outer main gear wheel span Up to but not including 4.5m	Outer main gear wheel span 4.5m up to but not including 6m	Outer main gear wheel span 6m up to but not including 9m	Outer main gear wheel 9m up to but not including 15m	Outer main gear wheel 9m up to but not including 15m	Outer main gear wheel 9m up to but not including 15m
Minimum width of taxiway pavement 7.5m	Minimum width of taxiway pavement 10.5m	Minimum width of taxiway pavement 17m	Minimum width of taxiway pavement 23m	Minimum width of taxiway pavement 23m	Minimum width of taxiway pavement 23m
Graded portion of taxiway strip 20.5m	Graded portion of taxiway strip 22m	Graded portion of taxiway strip 25m	Graded portion of taxiway strip 37m	Graded portion of taxiway strip 38m	Graded portion of taxiway strip 44m
Minimum clearance distance of outer main wheel to taxiway edge 1.5m	Minimum clearance distance of outer main wheel to taxiway edge 2.25m	Minimum clearance distance of outer main wheel to taxiway edge 4.0m	Minimum clearance distance of outer main wheel to taxiway edge 4.0m	Minimum clearance distance of outer main wheel to taxiway edge 4.0m	Minimum clearance distance of outer main wheel to taxiway edge 4.0m

Abb. 2.11 Eigene Darstellung

2.1.2.2 NOTAM-B-Serie

Die Serien setzen sich fort, so steht die B-Serie des NOTAM für Informationen für IFR-Streckenflüge, dabei kommen die Flugnavigationsanlagen zum Einsatz, die explizit für den IFR-Streckenflug essenziell sind. In der B-Serie des NOTAM werden dann Streckeninformationen, Navigationswarnungen und besondere Informationen auf Anforderung der Behörden veranschaulicht.

Tab. 2.1 Beispiele für Code Letter F ACFT. (Quelle: Boeing.com; Airbus.com; Cessna.com; Beechcraft by Textron Aviation.com; Bombardier.com)

Beispiele für Code Letter F ACFT (Luftfahrzeuge):	WINGSPAN	MAIN GEAR WHEEL SPAN
Airbus A380-800	**80,00 m**	**14,34 m**
Boeing 747/8	**68,40 m**	**12,73 m**
Antonov 124-100	**73,30 m**	**9,42 m**

Tab. 2.2 Beispiele für Code Letter E ACFT. (Quelle: Boeing.com; Airbus.com; Cessna.com; Beechcraft by Textron Aviation.com; Bombardier.com)

Beispiele für Code Letter E ACFT (Luftfahrzeuge):	WINGSPAN	MAIN GEAR WHEEL SPAN
Boeing 777-300	60,93 m	12,90 m
Boeing 777-300ER	64,80 m	12,90 m
Boeing 777-200	60,90 m	12,90 m
Boeing 777-200ER	60,93 m	12,90 m
Boeing 777-200	60,90 m	12,90 m
Boeing 777-200ER	60,93 m	12,90 m
Boeing 777-200LR	64,80 m	12,90 m
Boeing 787-10	60,12 m	11,90 m
Boeing 787-8	60,12 m	11,60 m
Boeing 787-9	60,12 m	11,90 m
Airbus A330-200	60,30 m	12,60 m
Airbus A330-300	60,30 m	12,60 m
Airbus A330-800	64,00 m	12,60 m
Airbus A330-900	64,00 m	12,60 m
Airbus A340-200	60,30 m	12,60 m
Airbus A340-300	60,00 m	12,60 m
Airbus A340-600	63,45 m	12,60 m
Airbus A350-800	64,75 m	12,86 m
Airbus A350-900	64,75 m	12,86 m

Tab. 2.3 Beispiele für Code Letter D ACFT. (Quelle: Boeing.com; Airbus.com; Cessna.com; Beechcraft by Textron Aviation.com; Bombardier.com)

Beispiele: ICAO CODE LETTER D ACFT:	WINGSPAN	MAIN GEAR WHEEL SPAN
Boeing 767-200	47,57 m	10,60 m
Boeing 767-300	47,57 m	10,90 m
Airbus A310-200	43,89 m	10,48 m
Airbus A310-300	43,89 m	10,93 m
Boeing C 17 Globemaster III	51,77 m	10,27 m
Airbus A300-B2	44,84 m	10,88 m
Mcdonell Douglas MD-11	51,97 m	10,7 m
Boeing KC-135	39,88 m	8 m
Airbus A300-600	44,84 m	10,88 m
Airbus A400M	45,40 m	7,60 m
Boeing 707-320B	44,42 m	8,03 m
Boeing E 3 AWACS	44,42 m	8,03 m
Boeing 757-200	38,05 m	8,59 m

Im Folgenden ein Beispiel der Serie **B NOTAM** auf Anforderung der Behörden:

(**B**0359/21 NOTAMN
Q) EDXX/QAFXX/IV/NBO/E /000/999/5123N01019E262
A) EDWW EDGG EDMM B) 2103311944 C) 2105122159
E) COVID-19: CARRIERS/CREWS/PASSENGERS REQUIREMENTS
1. REQUIREMENTS
NOTE 1:
CARRIERS MUST PROVIDE INFORMATION OF THE GERMAN FEDERAL MINISTRY OF HEALTH TO ALL PAX.
NOTE 2:
PLEASE ADVISE PAX TO CHECK TRAVEL RESTRICTIONS, TESTING AND QUARANTINE OBLIGATIONS PRIOR TO DEPARTURE.
NOTE 3
ON ALL FLIGHTS TO GERMANY PAX – INCLUDING TRANSIT PAX – MUST PRESENT PROOF OF NEGATIVE TEST FOR SARS-COV-2

Tab. 2.4 Beispiele für Code Letter C ACFT. (Quelle: Boeing.com; Airbus.com; Cessna.com; Beechcraft by Textron Aviation.com; Bombardier.com)

Beispiele: ICAO CODE LETTER C ACFT:	WINGSPAN	MAIN GEAR WHEEL SPAN
Boeing 737-800	34,32 m	7,0 m
Boeing 737-700	34,32 m	6,99 m
Boeing 737-8MAX	35,92 m	7,0 m
Boeing 737-9MAX	35,92 m	7,0 m
Boeing 737-7MAX	35,92 m	6,99 m
Boeing 737-400	28,89 m	6,39 m
Airbus A320-200	34,10 m	8,98 m
Airbus A320-NEO	35,80 m	8,98 m
Airbus A321-200	34,10 m	8,98 m
Airbus A319	34,10 m	8,95 m
Airbus A318	34,10 m	8,95 m
Bombardier Aerospace CRJ-1000ER	26,10 m	4,99 m
Airbus A220-100	35,10 m	7,51 m
Airbus A220-300	35,10 m	7,51 m
Antonov AN 74	31,89 m	4,53 m

BEFORE DEPARTURE TO THE CARRIER. THE SAMPLE COLLECTION FOR THE TEST MUST NOT BE OLDER THAN 48HR BEFORE ENTRY. CREWS ENTERING GERMANY AND WHO HAVE STAYED IN A NON-RISK AREA ARE EXEMPTED FROM MANDATORY SARS-COV-2 TESTING.MANDATORY SARS-COV-2 TESTING DOES NOT APPLY FOR CHILDREN YOUNGER THAN SIX YEARS.)

Das oben dargelegte NOTAM bezieht sich auf die Zeit zwischen 2020 bis Ende 2020. Dieser Zeitraum betrifft die Phase der COVID-19-Pandemie und beinhaltet folgende Information:

Auf allen Flügen nach Deutschland müssen Passagiere – einschließlich Transitpassagiere – vor dem Abflug dem Beförderer einen Nachweis eines negativen Tests auf SARS-CoV-2 vorlegen. Die Probenentnahme für den Test darf nicht älter als 48 h vor der Einreise sein. Besatzungsmitglieder, die nach Deutschland einreisen und sich in einem Nicht-Risikogebiet aufgehalten haben, sind von der verpflichtenden SARS-CoV-2-Testung befreit. Die verpflichtende SARS-CoV-2-Testung gilt nicht für Kinder unter sechs Jahren.

Tab. 2.5 Beispiele für Code Letter B ACFT. (Quelle: Boeing.com; Airbus.com; Cessna.com; Beechcraft by Textron Aviation.com; Bombardier.com)

Beispiele: ICAO CODE LETTER B ACFT	WINGSPAN	MAIN GEAR WHEEL SPAN
Bombardier Aerospace Challenger 300	19,46 m	3,93 m
Bombardier Aerospace Challenger 605	19,61 m	3,76 m
Bombardier Aerospace Challenger 870	23,23 m	4,99 m
Bombardier Aerospace CRJ-100	21,23 m	4,0 m
Beechcraft BCH 1900C	16,61 m	5,67 m
Beechcraft BCH 2000 STARSHIP	16,58 m	5,55 m
Beechcraft BCH 200T	16.61 m	5,67 m
Beechcraft BCH 300LW	17,65 m	5,67 m
Beechcraft KING AIR 200	16,61 m	5,67 m
Beechcraft KING AIR 350	17,65 m	5,67 m
Beechcraft KING AIR C90B	15,32 m	4,07 m
Beechcraft SUPER KING AIR 200	16,61 m	5,67 m
Beechcraft SUPER KING AIR 300LW	16,61 m	5,67 m
Bombardier Aerospace Continental	19,46 m	3,93 m
Bombardier Aerospace CRJ-100ER	21,23 m	4,0 m
Bombardier Aerospace CRJ-100LR	21,23 m	4,0 m

Tab. 2.6 Beispiele für Code Letter A ACFT. (Quelle: Eigene Darstellung Quelle: Boeing.com; Airbus.com; Cessna.com; Beechcraft by Textron Aviation.com; Bombardier.com)

Beispiele: ICAO CODE LETTER A ACFT:	WINGSPAN	MAIN GEAR WHEEL SPAN
Beechcraft BCH C 99	13,98 m	4,40 m
Beechcraft E33 Bonanza	10,00 m	3,01 m
Beechcraft PREMIER 1A	13,56 m	3,03 m
Cessna 340A	11,61 m	4,11 m
Cessna T303	11,90 m	3,97 m
Cessna 172R Skyhawk	10,92 m	2,53 m
Cessna Skylane 182T	10,97 m	2,74 m

Ein weiteres Beispiel der B-Serie wird wie folgt aufgeführt

(B1949/20 NOTAM)
Q) EDXX/QAFXX/IV/NBO/E /000/999/5123N01019E999
A) EDGG EDWW EDMM B) 2012210000 C) 2012312359
E) COVID-19: FLIGHT RESTRICTIONS
1. RESTRICTIONS
NOTE 1:
FLIGHTS FROM THE UNITED KINGDOM OF GREAT BRITAIN AND NORTHERN IRELAND ARE PROHIBITED TO LAND IN THE FEDERAL REPUBLIC OF GERMANY. NOTE 2:
EXEMPTED FROM THESE RESTRICTIONS ARE:
A) FLIGHTS FOR REPOSITIONING OF AIRCRAFTS INCLUDING CREWS
B) CARGO OR POSTAL OR FERRY FLIGHTS
C) FLIGHTS WITH MEDICAL PERSONNEL IN THE INTEREST OF PUBLIC HEALTH.

Das NOTAM B1949/20 enthält Informationen über Flugbeschränkungen im Zusammenhang mit der COVID-19-Pandemie. Es betrifft den Luftraum über Deutschland und umfasst den Zeitraum vom 21. DEC. 2020 um 0000 Uhr bis zum 31. DEC. 2020 um 2359 Uhr UTC. Flüge aus dem Vereinigten Königreich von Großbritannien und Nordirland dürfen nicht in der Bundesrepublik Deutschland landen. Flüge, die der Umsetzung von Umläufen einschließlich der Besatzungen dienen, sind von diesen Beschränkungen ausgenommen. Ebenfalls ausgenommen sind Fracht- oder Postflüge sowie Überführungsflüge. Des Weiteren dürfen Flüge mit medizinischem Personal im Interesse der öffentlichen Gesundheit durchgeführt werden.

2.1.2.3 NOTAM-C-Serie

In der NOTAM Serie C werden Informationen bereitgestellt, die alle anderen IFR-Verkehrsflughäfen betreffen, die nicht in den vorläufigen NOTAM Serien A erläutert wurden. Das betrifft den IFR- als auch den VFR-Flugbetrieb von und zu diesen Flughäfen. Des Weiteren steht das NOTAM der C-Serie, für die Funknavigationsanlagen, die das An-/Abflugverfahren von und zu diesen Flughäfen beinhalten. Allerdings werden sie dann veröffentlicht, wenn sie nicht bereits schon in der NOTAM Serie A vertreten sind.

Beispiel für die **NOTAM Serie C:**

C1215/23 – TWY B EDGE LIGHTS U/S. 14 APR 18:00 2023 UNTIL 30 JUN 23:59 2023. CREATED: 14 APR 07:15 2023

Das NOTAM beinhaltet die Information, dass die Randbefeuerung auf dem Rollweg Bravo nicht funktionsfähig ist. Das NOTAM gilt im Zeitraum 14. APR. 2023 1800 Uhr bis 30. JUN. 2023 2359 Uhr.

C1213/23 – RWY 04/22 CLSD FOR FIXED WING ACFT. 13 APR 15:42 2023 UNTIL 27 APR 12:00 2023 ESTIMATED. CREATED: 13 APR 15:43 2023

Das NOTAM übermittelt die Information, dass die Start- und Landebahn 04/22 für (FIXED WING) Luftfahrzeuge gesperrt ist. Es ist im Zeitraum 13. APR. 2023 1542 Uhr bis 27. APR. 2023 1200 Uhr gültig.

C4398/21 – ILS RWY 31 (ISIW) LOC USABLE
UP TO 18 NM IN SECTOR 08DEG(L)- 07DEG(R) IN RELATION TO THE RCL.
UP TO 10 NM IN SECTOR 15DEG(L)- 14DEG(S) IN RELATION TO THE RCL.
MIN INTERCEPTION ALTITUDE IN THESE AREAS 3900FT MSL. 30 DEC 10:06 2021 UNTIL
PERM. CREATED: 30 DEC 10:06 202

Das NOTAM trägt die Information, dass die ILS-Start- und Landebahn der Piste 31 der Landekurssender funktioniert. Dabei werden folgende Informationen für die Flugnavigation angegeben: Die zulässige Mindestabfanghöhe in dem Bereich beträgt 3900 FT MSL. Weiter handelt es sich hier um ein PERMANENT NOTAM, also um eine dauerhafte Änderung.

2.1.2.4 NOTAM-D-Serie

Die NOTAM-D-Serie bezieht sich ausschließlich auf den VFR-Flugbetrieb (Visual Flight Rules). Als Beispiel kann hier aufgeführt werden, dass Kunstflugaktivitäten, Hindernisse im unteren Luftraum in der NOTAM-D-Serie ihre Anwendung finden. Folgendes Beispiel der Notam-D-Serie wird veranschaulicht:

Serie **D NOTAM** ausschließlich für VFR-Streckeninformationen
Beispiel: Streckeninformationen FIR München EDMM
D0675/21 NOTAMN-EDMM

AEROBATIC TRAINING AREA ESTABLISHED FOR POWER-DRIVEN AEROBATIC
FLIGHTS 1NM RADIUS CENTERED ON 480200N 0114600E,
(9NM SSW OTTERSBERG-ROTENBURG AD VOR/DME OTT). GND –
FL080, DAILY SR-SS, 23 APR 04:08 2021 UNTIL 22 JUL 19:01 2021.
CREATED: 22 APR 12:54 2021
Das NOTAM besagt, dass ein Gebiet für motorisierte Kunstflugflüge mit einem Radius von 1 Seemeile um den Punkt 480200N 0114600E eingerichtet wurde. Folgender Navigationspunkt wird ebenfalls angegeben: VOR/DME (VHF Omnidirectional Range / Distance Measuring Equipment) –Navigationsanlage im Abstand von 9 Seemeilen südsüdwestlich des Ottersberg-Rotenburg-Flugplatzes gibt. Das NOTAM gilt von Sonnenaufgang bis Sonnenuntergang.

D0148/21 NOTAMN-EDMM
MODEL FLIGHT ACTIVTY IN CONTROLLED AIRSPACE AT MODEL FLYING SITE
WEILHEIM, 1NM RADIUS CENTERED ON 475230N 0110648E
(14NM SW OBERPFAFFENHOFEN NDB/DME OBI). GND – 4400FT AMSL, DAILY SR – SS, 05 FEB
06:37 2021 UNTIL 04 MAY 18:33 2021. CREATED: 04 FEB 12:58 2021

Dieses NOTAM trägt die Information, dass Modellflugaktivitäten in kontrolliertem Luftraum am Modellflugplatz Weilheim stattfinden, mit einem Bereich von 1 Seemeile (NM) Radius um den Punkt 475230N 0110648E, der sich auf der Karte in dieser Position befindet. Zusätzlich wird für Navigationshilfen NDB/DME angegeben. Das NOTAM gilt von Sonnenaufgang bis Sonnenuntergang.

2.1.2.5 NOTAM-E-Serie

NOTAM Serie E: Informationen ausschließlich für VFR-Landeplätze und Hubschrauberlandeplätze, die für die NOTAM Serie E bereitgestellt werden, beziehen sich ausschließlich auf Landeplätze mit VFR-Flugbetrieb. Dabei ist das NOTAM über Hubschrauber-Landeplätze und dessen Landebereiche für Hubschrauber auf VFR-Landeplätze relevant.

Informationen für VFR Landeplatz EDKA Aachen Merzbrück.

E1384/21 NOTAMN
Q)EDKA/QMRLC/V/NBO/A/000/999/5004N01137E250

RWY 07/25 CLSD, DUE TO WIP. 30 APR 06:45 2021 UNTIL 30 JUL 23:59 2021 EST. CREATED: 30 APR 06:46 2021
Das NOTAM trägt die Information, dass die Start-/Landebahn 07/25 gesperrt ist. Weiter besagt das NOTAM, dass diese im Zeitraum 30. APR. 2021 0645 Uhr UTC bis 30. JUL. 2021 2359 Uhr UTC voraussichtlich gesperrt ist (daher erfolgt aus diesem Grund die Angabe: EST).

E1383/21 NOTAMN
Q)EDKA/QMRLC/V/NBO/A/000/999/5004N01137E250
AD CLSD FOR GLIDER AND POWERED GLIDER. 30 APR 06:42 2021 UNTIL 30 JUL 23:59 2021 EST. CREATED: 30 APR 06:42 2021

Das NOTAM besagt, dass der Flugplatz für Segelflugzeuge und Motorsegler gesperrt ist. Dies bezieht sich auf den Zeitraum 30. APR. 2021 0642 Uhr UTC bis 30. JUL 2021 2359 Uhr UTC (daher erfolgt aus diesem Grund die Angabe: EST).

E3182/23 – ACFT STAND 6 CLSD DUE TO WIP. 04 OCT 08:35 2023 UNTIL 26 DEC 19:00 2023.
CREATED: 04 OCT 08:35 2023

Das NOTAM besagt, dass die Parkposition 6 aufgrund von Bauarbeiten gesperrt ist. Der Zeitraum der Sperrung beginnt vom 04. OCT. 2023 0835 Uhr UTC bis zum 26. DEC. 2023 1900 Uhr UTC.

E3112/23 – SAFETY DISTANCE ON TWY A NOT GIVEN. 27 SEP. 13:30 2023 UNTIL 26 DEC. 18:00 2023.
CREATED: 27 SEP 13:31 2023

Das NOTAM trägt die Information, dass die Sicherheitsabstände auf dem Rollweg A nicht gegeben sind. Der Zeitraum der Einschränkungen ist vom 27. SEP 2023 bis 26. DEC. 2023 1800 Uhr UTC.

E3110/23 – WIP ON GRASS AREA BTN TWY C, TWY A AND MAIN APN. 27 SEP 13:20 2023 UNTIL 26 DEC 18:00 2023. CREATED: 27 SEP 13:26 2023

Das NOTAM besagt, dass Instandsetzungsarbeiten auf der Grasfläche zwischen Rollweg C und Rollweg A und dem Hauptvorfeld stattfinden. Das Ganze findet im Zeitraum vom 27. SEP. 2023 bis 26. DEC. 2023 1800 Uhr UTC statt.

2.1.2.6 NOTAM-F-Serie
NOTAM Serie F: NOTAM über Hindernisse und Hindernisbefeuerungen.
In der NOTAM-F-Serie werden Informationen über Hindernisse und Hindernisbefeuerungen bekannt gegeben.

Die unten aufgeführten Beispiele der NOTAM geben Navigationsangaben zu Hindernissen an:

Wenn die NOTAM-Information auf Hindernisse hinweist, erfolgt die Festlegung der unteren und oberen Grenzen anhand der entsprechenden vertikalen Werte des Hindernisses, sofern das Hindernis nicht ausschließlich als Flugplatzinformation klassifiziert ist. Bei Navigationswarnungen (NOTAM-Codes ‚QW' und ‚QR') müssen die in den Angaben zu ‚Unter' und ‚Ober' angegebenen Werte mit den in den Punkten F) und G) festgelegten Werten übereinstimmen. Die in den Qualifikatoren ‚Unter' eingegebenen Werte werden auf den nächsten 100-Fuß-Schritt abgerundet, während die in den Qualifikatoren ‚Ober' eingegebenen Werte auf den nächsten 100-Fuß-Schritt aufgerundet werden.

F1252/23 – WINDMILL PSN 514457N 0070529E OF TOWN HALTERN AM SEE.
ELEV GND/650FT AGL. DAY AND NIGHT MARKED. 25 APR 13:00 2023 UNTILL 25 JUL 23:59 2023. CREATED: 25 APR 12:16 2023

Dieses NOTAM besagt, dass es eine Windmühle bei 514457N 0070529E in der Nähe der Stadt Haltern am See gibt. Die Höhe der Windmühle über dem Erdboden beträgt 650 Fuß (AGL steht für Above Ground Level). Die Windmühle ist sowohl tagsüber als auch nachts markiert. Der Zeitraum des NOTAM ist vom 25. APR. 2023 1300 UTC bis 25. JUL. 2023 2359 Uhr UTC.

F1244/23 – OBST LGT WINDPARK HALSDORF 495610N 0062154E OUT OF SERVICE.
AIP ENR 5.4 RHEINLAND-PFALZ NR. 53 REFERS. 24 APR 15:09 2023 UNTILL 08 MAY 23:59 2023. CREATED: 24 APR 15:09 2023

Dieses NOTAM besagt, dass die Hindernisbeleuchtung von Windmühlen im Windpark Halsdorf bei 495610N 0062154E außer Betrieb ist. AIP Verweis: AIP ENR 5.4 Rheinlandpfalz NR. 53 REFRES. Das NOTAM ist im Zeitraum 24. APR. 2023 1509 Uhr UTC bis 08. MAY. 2023 23:59 Uhr UTC gültig.

F1235/23 – OBST LGT WINDMILL BAUMHOLDER/BERSCHWEILER 493350N 0071609E OUT OF SERVICE. AIP ENR 5.4 RHEINLAND-PFALZ NR. 256 REFERS. 24 APR 06:04 2023 UNTILL 08 MAY 23:59 2023. CREATED: 24 APR 06:04 2023

Dieses NOTAM besagt, dass die Hindernisbeleuchtung an der Windmühle in Baumholder/Berschweiler bei 493350N 0071609E außer Betrieb ist. AIP Verweis: AIP ENR 5.4 RHEINLAND-PFALZ NR. 256 REFERS. 24. Das NOTAM ist im Zeitraum 24. APR. 2023 0604 Uhr UTC bis 08. MAY. 2023 2359 Uhr UTC gültig.

F1234/23 – OBST LGT WINDPARK PERL/BORG UND WOCHERN 492923N 0062509E OUT OF SERVICE. AIP ENR 5.4 SAARLAND NR. 47 REFERS. 24 APR 06:01 2023 UNTIL 08 MAY 23:59 2023. CREATED: 24 APR 06:00 2023

Dieses NOTAM besagt, dass die Hindernisbeleuchtung in einem Windpark in Perl/Borg und Wochern bei 492923N 0062509E außer Betrieb ist. Das NOTAM ist im Zeitraum 24. APR. 2023 0601 Uhr UTC bis 08. MAY. 2023 2359 Uhr UTC gültig. Das NOTAM wurde erstellt am 24. April 2023.

F1233/23 – OBST LGT WINDPARK PERL/EFT-HELLENDORF 492754N 0062724E OUT OF SERVICE. AIP ENR 5.4 SAARLAND NR. 48 REFERS. 24 APR 06:01 2023 UNTIL 08 MAY 23:59 2023. CREATED: 24 APR 06:02 2023

Dieses NOTAM besagt, dass die Hindernisbeleuchtung im Windpark Perl/Eft-Hellendorf bei 492754N 0062724E außer Betrieb ist. Verweis auf AIP: AIP ENR 5.4 SAARLAND NR. 48 REFERS. Das NOTAM ist im Zeitraum 24. APR. 2023 0601 Uhr UTC bis 08. MAY 2023 2359 Uhr UTC gültig. Das NOTAM wurde am 24. April erstellt.

F1232/23 – OBST LGT WINDPARK FREISEN 493338N 0071602E OUT OF SERVICE.
    AIP ENR 5.4 SAARLAND NR. 33 REFERS. 24 APR 06:00 2023 UNTIL 08 MAY 23:59 2023. CREATED: 24 APR 06:01 2023

Dieses NOTAM besagt, dass die Hindernisbeleuchtung im Windpark Freisen bei 493338N 0071602E außer Betrieb ist. Das NOTAM ist gültig im Zeitraum 24. APR. 2023 0600 Uhr UTC bis 08. MAY 2023 2359 Uhr UTC. AIP Verweis: AIP ENR 5.4 SAARLAND NR. 33 REFERS.

F1231/23 – OBST LGT WINDPARK MERZIG/MERCHINGEN 492617N 0064231E OUT OF SERVICE. AIP ENR 5.4 SAARLAND NR. 38 REFERS. 24 APR 05:59 2023 UNTIL 08 MAY 23:59 2023. CREATED: 24 APR 05:59 2023

Dieses NOTAM besagt, dass die Hindernisbeleuchtung im Windpark Merzig/Merchingen bei 492617N 0064231E außer Betrieb ist. Das NOTAM ist gültig

2.1 Notam Briefing

im Zeitraum 24. APR. 2023 0559 bis zum 08. MAY. 2023 2359 Uhr UTC. AIP Verweis: AIP ENR 5.4 SAARLAND NR. 38 REFERS.

F1230/23 – OBST LGT WINDPARK PERL-BUESCHDORF 492736N 0062857E OUT OF
SERVICE. AIP ENR 5.4 SAARLAND NR. 78 REFERS. 24 APR 05:59 2023 UNTIL 08 MAY 23:59 2023. CREATED: 24 APR 05:59 2023

Dieses NOTAM besagt, dass die Hindernisbeleuchtung im Windpark Perl-Bueschdorf bei 492736N 0062857E außer Betrieb ist. Das NOTAM ist gültig im Zeitraum 24. APR. 2023 0559 Uhr UTC bis zum 08. MAY. 2359 Uhr UTC. AIP Verweis: AIP ENR 5.4 SAARLAND NR. 78 REFERS.

F1225/23 – OBST LGT WINDPARK WORMS-HERRNSHEIM 493911N 0081752E OUT OF SERVICE. AIP ENR 5.4 RHEINLAND-PFALZ NR. 62 REFERS. 23 APR 05:03 2023 UNTIL 09 MAY 23:59 2023. CREATED: 23 APR 05:04 2023

Dieses NOTAM besagt, dass die Hindernisbeleuchtung im Windpark Worms-Herrnsheim bei 493911N 0081752E außer Betrieb ist. Das NOTAM ist gültig im Zeitraum 23. APR. 2023 0503 Uhr UTC bis 09. MAY. 2359 Uhr UTC. AIP Verweis: AIP ENR 5.4 RHEINLAND-PFALZ NR. 62 REFERS.

F1214/23 – OBST LGT WINDPARK GREFRATH 512012N 0061855E OUT OF SERVICE.
AIP ENR 5.4 NORDRHEIN-WESTFALEN NR. 411 REFERS. 21 APR 16:30 2023 UNTIL 18 MAY 23:59 2023. CREATED: 21 APR 16:30 2023

Dieses NOTAM besagt, dass die Hindernisbeleuchtung im Windpark Grefrath bei 512012N 0061855E außer Betrieb ist. Das NOTAM ist im Zeitraum 21. APR. 2023 1630 Uhr UTC bis 18. MAY. 2023 2359 Uhr gültig. AIP-Verweis: AIP ENR 5.4 NORDRHEIN-WESTFALEN NR. 411 REFERS. Das NOTAM wurde am 21. April 2023 erstellt.

F1213/23 – OBST LGT WINDMILL BOCHOLT/HEMDEN 515209N 0063446E OUT OF SERVICE. AIP ENR 5.4 NORDRHEIN-WESTFALEN NR. 763 REFERS. 21 APR 16:19 2023 UNTIL 18 MAY 23:59 2023. CREATED: 21 APR 16:19 2023

Dieses NOTAM besagt, dass die Hindernisbeleuchtung an der Windmühle in Bocholt/Hemden bei 515209N 0063446E außer Betrieb ist. Das NOTAM ist im Zeitraum 21. APR. 2023 1619 Uhr UTC bis 18. MAY. 2023 2359 gültig. AIP-Verweis: AIP ENR 5.4 NORDRHEIN-WESTFALEN NR. 763 REFERS.

2.1.2.7 NOTAM-R-Serie

NOTAM Serie R: NOTAM über zeitlich eingeschränkte Nutzbarkeit von satellitengestützten An- und Abflugverfahren an einem Flughafen. In der NOTAM-R-Serie wird die zeitlich eingeschränkte Nutzbarkeit von satellitengestützten An- und Abflugverfahren an einem Flughafen thematisiert. Weiter werden NOTAM-Informationen in militärischen Serien R, M, N und P veranschaulicht. Das Zentrum Luftoperationen (ZentrLuftOp) ist in Bezug dessen zuständig. Im Militärischen Luftfahrthandbuch Deutschland (MIL AIP Germany) in GEN 3.1 werden diese ebenso zur Verfügung gestellt.

Beispiele für NOTAM-R-Serien werden unten aufgeführt

R3140/23 (Issued for LFPG PART 1 OF 2) – TEMPORARY RESTRICTED AREA OVER PARIS ('ZRT 11 NOVEMBRE') DUE TO COMMEMORATIONS OF 2023 NOVEMBER 11 AND THE CENTENNIAL OF THE FLAME
OF REMEMBRANCE :
1) DESCRIPTION :
AERIAL SECURITY MISSION.
2) LATERAL LIMITS :
LIMITS OF CTR PARIS (CF AIP FRANCE AD-2) EXC AREAS LF-P21, LF-P23,
LF-P25, LF-P47, LF-P82, LF-P226L AND 'ZIT TAVERNY' WHICH KEEP THEIR
USUAL STATUS.
3) STATUS :
TEMPORARY RESTRICTED AREA WHICH CO-EXISTS WITH OVER-LAPPING AIRSPACE
PARTS AND RESTRICTED AREAS.
4) ENTRY CONDITIONS :
– GAT IFR AND OAT I : FOLLOW USUAL CTL AUTHORITY INSTRUCTIONS.
REAL-TIME RESTRICTIONS MAY BE IMPOSED BY MILITARY AUTHORITIES FOR
AIR SECUTITY REASONS.
– GAT VFR AND OAT V : COMPULSORY BY-PASS, EXC FOR FRENCH MIL ACFT,
CUSTOMS, POLICE, 'GENDARMERIE', CIVIL SAFETY OR RESCUE WHEN THEY

2.1 Notam Briefing

CAN'T AVOID THE AREA. THE 'CENTRE NATIONAL DES OPERATIONS AERIENNES' (CNOA) WILL BE INFORMED BY HOLDER 'CDC'.
PART 1 OF 2. 0800-1200 1600-2000, 11 NOV 08:00 2023 UNTIL 11 NOV 20:00 2023.
CREATED: 27 OCT 14:20 2023

Dieses NOTAM informiert über eine zeitweilige Beschränkung des Luftraums über Paris, bezeichnet als „ZRT 11 NOVEMBRE", im Zusammenhang mit den Gedenkfeierlichkeiten am 11. November 2023 und dem 100. Jubiläum der Flamme des Gedenkens.

Zusätzliche Details sind wie folgt:

1. **Zweck:** Die eingeschränkte Flugzone dient der Sicherung des Luftraums.
2. **Geografische Grenzen:** Im Allgemeinen entspricht die eingeschränkte Flugzone den Grenzen des Pariser Kontrollraums (CTR Paris). Es gibt jedoch Ausnahmen für spezifische Bereiche, die weiterhin ihren normalen Flugbetrieb aufrechterhalten, wie in den französischen AIP-Dokumenten beschrieben. Dies betrifft die Gebiete LF-P21, LF-P23, LF-P25, LF-P47, LF-P82, LF-P226L und 'ZIT TAVERNY'.
3. **Status:** Die eingeschränkte Flugzone ist vorübergehend und besteht gleichzeitig mit anderen Lufträumen und eingeschränkten Gebieten.
4. **Eintrittsbedingungen:**
   - **Instrumentenflug (IFR):** Piloten folgen den üblichen Anweisungen der Flugverkehrsüberwachung.
   - **Sichtflug (VFR):** Alle Flugzeuge müssen dieses Gebiet umfliegen, außer französische Militärflugzeuge, Zollflugzeuge, Polizeiflugzeuge, Gendarmerie (französische Militärpolizei), zivile Sicherheits- oder Rettungsflugzeuge, die das Gebiet nicht umgehen können. Das „Centre National des Opérations Aériennes" (CNOA) wird vom Verantwortlichen ('CDC') über die Flugbewegungen informiert.

Diese Beschränkung gilt an zwei Zeiträumen am 11. November 2023: von 08:00 bis 12:00 Uhr und von 16:00 bis 20:00 Uhr. Das NOTAM wurde am 27. Oktober 2023 um 14:20 Uhr erstellt. Zusammengefasst bedeutet dieses NOTAM, dass während der Gedenkfeiern am 11. November 2023 über Paris eine zeitweilige Flugbeschränkung besteht. Piloten müssen die angegebenen Bestimmungen und Beschränkungen befolgen, um den Flugbetrieb sicher und koordiniert durchzuführen.

R3140/23 (Issued for LFPG PART 2 OF 2) – UNMANNED ACFT : COMPULSORY BY-PASS EXC FOR PROFESSIONAL FLIGHTS AUTHORIZED BY 'CNOA'.
5) SPECIFIC PROVISIONS :
EXCEPT FOR URGENT MISSIONS MENTIONED ABOVE :
– GAT VFR LOCAL ACTIVITIES AND TRANSIT ARE SUSPENDED ON PARIS-ISSY
LES MOULINEAUX (LFPI) HLP.
– HELICOPTERS ITINERARIES LOCATED WITHIN CTR PARIS ARE CLOSED.
– MODEL FLYING ACTIVITIES LOCATED WITHIN ZRT ARE SUSPENDED.
– CAPTIVE BALOON ACTIVITY NR885 MAY BE SUSPENDED AT ANY TIME BY THE
MILITARY AUTHORITIES FOR OPERATIONAL REASONS.
– ACTIVITIES SUSPENDED WITHIN LF-R262.
6) AUTHORITY TO CONTACT :
– TIL 10 NOVEMBER INCLUDED : 'CNOA' – TEL +33 4.87.65.50.86
– ON 11 NOVEMBER :
'ZRT' MANAGING AUTHORITY :
'CDC CINQ MARS LA PILE' – TEL +33 2.47.96.21.37 / +33 2 47 96 28 63
'CNOA ': +33 4 78 14 31 35 – +33 4 78 14 31 37. SFC – FL085 PART 2 OF 2, 0800-1200
1600-2000, 11 NOV 08:00 2023 UNTIL 11 NOV 20:00 2023. CREATED: 27 OCT 14:20 2023

1. **Spezielle Bestimmungen:**
   – Mit Ausnahme von dringenden Missionen, die zuvor erwähnt wurden, ist es für unbemannte Luftfahrzeuge obligatorisch, das Gebiet zu umfliegen, es sei denn, sie wurden von der „Centre National des Opérations Aériennes" (CNOA) autorisiert. Das bedeutet, dass professionelle Flüge, die von der CNOA genehmigt wurden, das Gebiet weiterhin überfliegen dürfen.
   Zusätzlich gelten spezielle Vorschriften:
   – Alle VFR-Flugaktivitäten und Durchflüge im Bereich von Paris-Issy
   Les Moulineaux (LFPI) HLP (Hubschrauberlandeplatz) sind ausgesetzt.
   – Die Flugrouten für Hubschrauber innerhalb des Kontrollraums von Paris (CTR Paris) sind gesperrt.

- Modellflugaktivitäten im Bereich von ZRT sind ausgesetzt.
- Die Aktivitäten eines Fesselballons mit der Nummer 885 können aus betrieblichen Gründen von den militärischen Behörden jederzeit ausgesetzt werden.
- Aktivitäten im Bereich von LF-R262 sind ausgesetzt.
2. **Zuständige Behörden für Kontakt:**
   - Bis einschließlich 10. November: Die Kontaktstelle ist die „Centre National des Opérations Aériennes" (CNOA) unter der Telefonnummer +33 4.87.65.50.86.
   - Am 11. November: Die zuständige Behörde für die Verwaltung der „ZRT" ist „CDC Cinq Mars La Pile" unter den Telefonnummern +33 2.47.96.21.37 und +33 2.47.96.28.63. Die CNOA ist unter den Telefonnummern +33 4.78.14.31.35 und +33 4.78.14.31.37 erreichbar.

Zusammengefasst bedeutet dieses NOTAM, dass unbemannte Luftfahrzeuge normalerweise das Gebiet umfliegen müssen, es sei denn, sie sind professionelle Flüge, die von der CNOA genehmigt wurden. Es gibt auch spezielle Einschränkungen für VFR-Flugaktivitäten, Hubschrauberflüge, Modellflugaktivitäten und bestimmte Ballonaktivitäten im betroffenen Bereich. Die Kontaktstellen für Informationen variieren je nach Datum, wobei die CNOA vor dem 10. November und „CDC Cinq Mars La Pile" sowie die CNOA am 11. November kontaktiert werden sollten.

Formularbeginn
Formularende

Beispiele für militärische NOTAM Serien:

M0486/23 – AIRCRAFT STAND TAXILANE ADJ APN WEST CLSD FROM STAND 15 TOWARDS TWR, LENGTH OF CLOSURE 60M. STAND 16 CLSD. DAY MARKING. 01 AUG 04:00 2023 UNTIL 30 SEP 16:30 2023. CREATED: 21 JUL 11:44 2023

Das oben aufgeführte NOTAM beinhaltet die Information, dass die Parkpositionen an der Rollgasse entlang des benachbarten Vorfeld West gesperrt sind. Ab der Parkposition 15 entlang des Towers auf einer Länge von 60 m. Die Parkposition 16 ist ebenso gesperrt. Weiter ist eine Tagesmarkierung durchgeführt wurden. Das NOTAM wurde am 21. JUL. 2023 erstellt.

M0456/23 – TWY J CLSD. TOWING AVBL. 10 JUL 04:49 2023 UNTIL 30 SEP 05:00 2023. CREATED: 10 JUL 04:50 2023

Das NOTAM besagt, dass der Rollweg J mit der Ausnahme, dass Luftfahrzeuge geschleppt werden können, gesperrt ist. Das NOTAM wurde am 10. JUL. erstellt.

M0363/23 – TWY A BTN THR RWY 24 AND TWY B CLSD. 01 JUN 00:00 2023 UNTIL 31 AUG 23:59 2023. CREATED: 30 MAY 13:33 2023

Das NOTAM trägt die Information, dass der Rollweg A zwischen der Schwelle, der Start- und Landebahn 24 und dem Rollweg B gesperrt ist. Das NOTAM wurde am 30. MAY. 2023 erstellt.

P6157/23 – AD EDDK MIL PART: MIL PART CLSD DUE TO MILITARY CEREMONY. LIMITED USE OF TWY B. 22 SEP 08:30 2023 UNTIL 22 SEP 10:30
2023. CREATED: 14 AUG 05:25 2023

Dieses NOTAM beinhaltet die Information, dass der militärische Teil des Flughafens für eine militärische Zeremonie gesperrt ist. Des Weiteren ist der Rollweg B eingeschränkt. Das NOTAM wurde am 14. AUG. 2023 erstellt.

P4016/23 – AD EDDK MIL PART: LIMITED ALTN FUNCTION ONLY QRA AND TAKTLWG 31 AND NAEW/CF E3A COMPONENT. 31 MAY 06:07 2023 UNTIL 31 AUG 06:07 2023 ESTIMATED. CREATED: 31 MAY 06:10 2023

Das NOTAM besagt, dass der militärische Teil des Flughafens Köln/Bonn nur für bestimmte Luftfahrzeuge als Alternativ-Flughafen zur Verfügung steht. Das NOTAM wurde am 31. MAY. 2023 erstellt.

P0036/22 – AD EDDK MIL PART:
IN ADDITION MIL AIP GERMANY AD2 EDDK 2.3.12 FOR ALTERNATE FUNCTION
PPR APPROVAL IS REQUIRED. 25 FEB 06:00 2022 UNTIL 03 AUG 23:59 2022. CREATED: 25 FEB 05:50 2022

Das NOTAM beinhaltet die Information, dass eine vorherige Genehmigung erforderlich ist, um den militärischen Teil des Flughafens Köln/Bonn als Alternativ-Flughafen anzufliegen.

N7376/23 – AIRSPACE CLSD WI CIRCLE RADIUS 0.5KM CENTRE 462502N0480420E. GND – 150M AGL, 25 AUG 05:00 2023 UNTIL 25 AUG 13:00 2023. CREATED: 22 AUG 04:45 2023

Das NOTAM beinhaltet die Information, dass der folgende Luftraum innerhalb des vorgegebenen Radius gesperrt ist.

2.1 Notam Briefing

N7374/23 – AIRSPACE CLSD WI AREA:
452337N0423424E-445743N0424727E-445013N0421547E-445221N0421459E-
445243N0421649E-445603N0422309E-450102N0422721E-450638N0422859E-
451232N0422803E-451748N0422157E-452109N0421548E-452146N0421030E-
452753N0421231E-452337N0423424E. GND – 200M AGL, 25-30 0600-1700, 25 AUG 06:00 2023 UNTIL 30 AUG 17:00 2023. CREATED: 22 AUG 03:13 2023

Das NOTAM besagt, dass der Luftraum mit den angegebenen Koordinaten gesperrt ist.

N7372/23 – RESTRICTED AREA ACT: URR665. GND – FL165, 01-30 0400-2359, 01 SEP 04:00 2023 UNTIL 30 SEP 23:59 2023. CREATED: 21 AUG 16:09 2023

N7371/23 – RESTRICTED AREA ACT: URR534. GND – FL155, 01-30 0400-2300, 01 SEP 04:00 2023 UNTIL 30 SEP 23:00 2023. CREATED: 21 AUG 16:09 2023

Die letzten beiden NOTAM beziehen sich auf Luftraumeinschränkungen. Im ersteren Fall geht es vom Boden bis zu einer Flughöhe von FL 165. Letzteres gibt eine Höhe bis zu FL 155 an.

2.1.2.8 NOTAM-S-Serie

NOTAM Serie S: SNOWTAM und ICAO Global Reporting Format (GRF)

In der NOTAM Serie S wird der Oberflächenzustand von den Flugbetriebsflächen der Start- und Landebahn, den Rollgassen, Rollwegen und Vorfeldern veröffentlicht. Dabei findet eine neue Methode ihren Einsatz, die darüber Auskunft erteilt und eine Einschätzung über die Start- und Landebahn ermittelt. Die Bedeutung dieses Sachverhalts resultiert aus dem Kontext, in dem beispielsweise die Absicht besteht, das Risiko von Start- und Landebahn-Überrollungen (Runway Excursions) zu verringern. Das GRF (SNOWTAM) ist ein einheitliches Übermittlungsformat der International Civil Aviation Organisation ICAO für Pistenzustände und alle anderen Bereiche der Flugbetriebsflächen. In den folgenden Kapiteln wird diese Thematik detailliert behandelt.

SNOWTAM

Beispiel

SWED0001 EDDK 01080910
(SNOWTAM 0001
EDDK
01080910 14L 5/5/5 100/100/100 NR/NR/NR WET/WET/WET
01080910 14R 1/1/1 75/75/75 NR/NR/NR ICE/ICE/ICE
01080910 06 1/1/1 75/75/75 NR/NR/NR ICE/ICE/ICE
RWY 14L CHEMICALLY TREATED.)

Das SNOWTAM enthält die Information, dass die Start- und Landebahn 14L/32R im ersten Drittel Wasser aufweist, was zur Folge hat, dass die RCC-Angabe 5 beträgt und das gesamte Drittel der Bahn zu 100 % mit Wasser kontaminiert ist. Die nachfolgenden beiden Drittel sind ebenfalls zu 100 % nass und dementsprechend mit Wasser kontaminiert. Die Ablagerungstiefe ist (< = 3 mm), sodass die Angaben NR für alle drei Drittel aufgeführt werden. Die SNOWTAM-Angabe für die Start- und Landebahn 14R/32L wird mit Vereisung angegeben. Dies betrifft alle Drittel mit einer Kontaminationsbedeckung von 75 %. Die SNOWTAM-Angaben für die Start- und Landebahn 06/24 stellen exakt die gleichen Angaben dar wie die Start-/Landebahn 14R/32L. Es wird zusätzlich im SNOWTAM darauf hingewiesen, dass die Start- und Landebahn 14L/32R einer chemischen Behandlung unterzogen wurde, um Vereisung infolge ungünstiger Wetterbedingungen zu verhindern.

2.2 ASHTAM

Das ASHTAM ist eine spezielle NOTAM-Serie; es beschreibt einen Vulkanausbruch oder eine Vulkanaschewolke, die im Flugbetrieb berücksichtigt werden müssen. Ein ASHTAM spiegelt Informationen über die Aktivität eines Vulkans wider. Bei der Meldung solcher Aktivitäten stellt das ASHTAM Informationen zur Verfügung, die den Status der Aktivität anhand eines „Farbcodes für die Vulkanwarnstufe" wiedergeben. Zusätzlich liefert das ASHTAM Informationen über die Lage, Ausdehnung und Bewegung der Aschewolke sowie über die betroffenen Luftstraßen und Flughöhen. Die maximale Dauer eines ASHTAM beträgt 24 h.

2.2.1 Vulkanische Asche und ihre Auswirkungen auf den Flugbetrieb

Es wird erläutert, welche Gefahren Aschewolken für den Flugverkehr darstellen: Vulkanische Asche besteht hauptsächlich aus Glassplittern und fein zermahlenem Gestein. Sie ist äußerst abrasiv und besteht größtenteils aus kieselsäurehaltigem Material, dessen Schmelztemperatur unterhalb der Betriebstemperatur von Strahltriebwerken im Reiseflug liegt. Die Asche wird von gasförmigen Lösungen aus Schwefeloxid (Schwefelsäure) und Chlor (Salzsäure) begleitet. Angesichts dieser deutlichen Fakten ist es leicht vorstellbar, welche ernsthafte Gefahr vulkanische Asche für ein Flugzeug darstellt, das in der Atmosphäre damit konfrontiert wird. Vulkanische Asche verursacht Schäden an den Strahltriebwerken von Flugzeugen, führt zu Abnutzung an Cockpitfenstern, der Flugzeugstruktur und den Flächen, verstopft das Pitot-Statik-System, dringt in die Klimaanlagen- und Gerätekühlsysteme ein und kontaminiert elektrische und Avionik-Komponenten, Kraftstoff- und Hydrauliksysteme sowie Rauchmeldesysteme im Frachtraum. Darüber hinaus sind die ersten zwei oder drei Tage nach einem explosiven Ausbruch besonders kritisch, da in erheblicher Entfernung vom Vulkan in Reiseflugniveaus hohe Konzentrationen von Asche in Partikeln mit einem Durchmesser von bis zu ca. 10 µm auftreten können. Nach Ablauf von drei Tagen wird angenommen, dass die Asche immer noch eine Gefahr für Flugzeuge darstellt, wenn sie noch immer mit bloßem Auge sichtbar ist oder von Satellitendaten erfasst wird. Die gravierendste Bedrohung für Strahlverkehrsflugzeuge liegt in der schädlichen Wirkung, die die vulkanische Asche auf die Triebwerke hat: Die Auswirkungen von vulkanischer Asche auf Strahltriebwerke sind mittlerweile detailliert erforscht. Dieses Wissen basiert sowohl auf Inspektionen von Strahltriebwerken, die während des Fluges vulkanischer Asche ausgesetzt waren und anschließend zerlegt wurden, als auch auf Bodentests von Strahltriebwerken, in die Mischungen vulkanischer Asche durch die Lüfter eingeführt wurden. Es gibt im Wesentlichen drei Effekte, die zur Gesamtschädigung der Triebwerke beitragen. Der erste und entscheidendste Effekt besteht darin, dass vulkanische Asche einen Schmelzpunkt besitzt, der unter den Betriebstemperaturen mit Schubanstellungen über Leerlauf liegt. So besteht die Asche hauptsächlich aus Silikaten mit einem Schmelzpunkt von 1100 °C, während die Betriebstemperatur von Strahltriebwerken bei normalem Schub 1400 °C beträgt. Die Asche schmilzt im heißen Bereich des Triebwerks und verbindet sich mit den Hochdruck- und Turbinenschaufeln. Dies führt zu einer erheblichen Verengung des Einlasses der Hochdruckturbine, was wiederum einen rapiden Anstieg des statistischen Brenndrucks und des Ausgangsdrucks des Kompressors verursacht und somit zu einem Triebwerkstottern führt. Dieser Effekt allein kann zu sofortigem Schubverlust und möglicherweise einem Triebwerksausfall führen. Frühere Generationen von Strahltriebwerken, die bei niedrigeren Temperaturen betrieben wurden, waren wahrscheinlich weniger anfällig für diesen Effekt. Dennoch besteht die allgemeine Tendenz darin, die Betriebstemperatur des Triebwerks mit jeder aufeinanderfolgenden Generation von Strahltriebwerken zu erhöhen. Die abrasive Wirkung der vulkanischen Asche kann zur Erosion der Rotorblattspitzen des Kompressors führen. Es kann grundsätzlich zu einem Verlust an Effizienz der Hochdruckturbine und der Triebwerkschubkraft führen. Die Erosion führt auch zu einer Verringerung des Sicherheitsbereichs des Triebwerks beim Strömungsabriss.

2.2.2 ASHTAM – Format und Inhalt

Folgende Erläuterungen und Interpretationen stellen die einzelnen Abschnitte des ASHTAM vor und ebenso die Bedeutung der oben dargestellten Abbildung:

Abschnitt A -> Angabe zum Fluginformationsgebiet

Abschnitt B -> Datum und Uhrzeit des ersten Vulkanausbruchs in (UTC) Weltzeit-Format

Abschnitt C -> Name des Vulkans sowie die Anzahl der Vulkane, wie sie im ICAO-Manual für Vulkanasche, radioaktive Materialien und toxische chemische Wolken (Dokument 9691) vermerkt sind.

Abschnitt D -> Die geografischen Koordinaten des Vulkans, ausgedrückt in vollen Breiten- und Längengraden oder radialen Angaben, zusammen mit der Entfernung des Vulkans von der Navigationshilfe (NAV-AID).

Abschnitt E -> Der Farbcode für das Warnstufenniveau, der die vulkanische Aktivität anzeigt, inklusive etwaiger vorheriger Farbcodes für das Warnstufenniveau, wird angegeben.

Abschnitt F -> Falls eine Vulkanasche von operationeller Bedeutung gemeldet wird, geben sie die horizontale Ausdehnung und die Basis/Spitze der Aschewolke an, unter Verwendung von Breitengrad/Längengrad (in ganzen Grad) und Höhen in Tausenden von Metern (Fuß) und/oder radialer Abstand von der Quellenvulkan. Die Informationen können anfangs nur auf speziellen Luftberichten basieren, aber nachfolgende Informationen können detaillierter sein, basierend auf Ratschlägen des verantwortlichen meteorologischen Wachdienstes und/oder des Vulkanasche-Beratungszentrums.

Abschnitt G -> Hier sollte eine prognostizierte Bewegungsrichtung der Aschewolke auf ausgewählten Höhen angegeben werden. Das basiert auf Ratschlägen

2.2 ASHTAM

des verantwortlichen meteorologischen Wachdienstes und/oder des Vulkanasche-Beratungszentrums.

Abschnitt H -> Hier werden Luftstraßen und Teile von Luftstraßen sowie Flughöhen angegeben, die betroffen sind oder voraussichtlich Einfluss darauf haben werden.

Abschnitt I -> Hier wird die Sperrung des Luftraums, von Luftstraßen oder Teilen von Luftstraßen angegeben, diese informieren über die Verfügbarkeit alternativer Routen.

Artikel J -> Quelle der Informationen, z. B. „spezieller Luftbericht" oder „vulkanologische Behörde". Die Informationsquelle sollte immer angegeben werden, unabhängig davon, ob tatsächlich ein Ausbruch stattgefunden hat beziehungsweise eine Aschewolke gemeldet wurde.

Artikel K -> Plain Language Remarks: Die Möglichkeit besteht darin, zusätzliche Informationen in Bezug auf die Bedingungen auf dem Vorfeld anzugeben.

Ein Deutungsansatz für die Abb. 2.12: ASHTAM (Ash Cloud Forecast) bietet Vorhersagen für die Verbreitung von Vulkanasche. Piloten sollten dies in der Flugvorbereitung berücksichtigen, da Vulkanasche Triebwerksstörungen, abrasiven Einfluss auf die Flugzeugoberfläche, Instrumentenausfälle und somit Gefahren für die Flugsicherheit verursachen kann. Maßnahmen wie die Bewertung von Gefahren, Planung alternativer Routen, Überprüfung von Echtzeit-Updates und enge Zusammenarbeit mit Flugverkehrsdiensten sind entscheidend, um die Sicherheit von Flugzeugen und Passagieren zu gewährleisten. Die Schulung der Piloten ist unerlässlich, um angemessen auf potenzielle Gefahren zu reagieren. Ziel ist es, die Auswirkungen von Vulkanasche auf Flugzeuge zu minimieren.

Angaben der Stufenalarmierung
Farbcode der Alarmierungen (Tab. 2.7):

(COM heading)	(PRIORITY INDICATOR)	(ADDRESSEE INDICATOR(S))[1]			
	(DATE AND TIME OF FILING)		(ORIGINATOR'S INDICATOR)		
(Abbreviated heading)	(VA*[2] SERIAL NUMBER) V | A | *2 | *2		(LOCATION INDICATOR)	DATE/TIME OF ISSUANCE	(OPTIONAL GROUP)

ASHTAM	(SERIAL NUMBER)	
(FLIGHT INFORMATION REGION AFFECTED)		A)
(DATE/TIME (UTC) OF ERUPTION)		B)
(VOLCANO NAME AND NUMBER)		C)
(VOLCANO LATITUDE/LONGITUDE OR VOLCANO RADIAL AND DISTANCE FROM NAVAID)		D)
(VOLCANO LEVEL OF ALERT COLOUR CODE, INCLUDING ANY PRIOR LEVEL OF ALERT COLOUR CODE)[3]		E)
(EXISTENCE AND HORIZONTAL/VERTICAL EXTENT OF VOLCANIC ASH CLOUD)[4]		F)
(DIRECTION OF MOVEMENT OF ASH CLOUD)[4]		G)
(AIR ROUTES OR PORTIONS OF AIR ROUTES AND FLIGHT LEVELS AFFECTED)		H)
(CLOSURE OF AIRSPACE AND/OR AIR ROUTES OR PORTIONS OF AIR ROUTES, AND ALTERNATIVE AIR ROUTES AVAILABLE)		I)
(SOURCE OF INFORMATION)		J)
(PLAIN-LANGUAGE REMARKS)		K)

NOTES:
1. See also Appendix 5 regarding addressee indicators used in predetermined distribution systems.
2. *Enter ICAO nationality letter as given in ICAO Doc 7910, Part 2.
3. See paragraph 3.5 below.
4. Advice on the existence, extent and movement of volcanic ash cloud G) and H) may be obtained from the Volcanic Ash Advisory Centre(s) responsible for the FIR concerned.
5. Item titles in brackets ( ) not to be transmitted.

SIGNATURE OF ORIGINATOR *(not for transmission)*

Abb. 2.12 ASHTAM – Format und Inhalt. (Quelle: ICAO DOC 10066 – Chapter 5, 5.2.51.5 Appendix 5)

Tab. 2.7 Beispiele für Code Letter A ACFT. (Quelle: Eigene Darstellung) (Quelle: Boeing.com; Airbus.com; Cessna.com; Beechcraft by Textron Aviation.com; Bombardier.com)

1.	Roter Alarm
2.	Orangener Alarm
3.	Gelber Alarm
4.	Grüner Alarm

2.2.3 Status der Vulkanaktivität

Die NOTAM für vulkanische Aktivität und die ASHTAM geben Informationen über den Aktivitätsstatus eines Vulkans, wenn eine Veränderung in seiner Aktivität von Bedeutung ist oder erwartet wird. Diese Meldungen werden von der Flugverkehrsleitung Area Control Center (ACC) über die jeweilige Flugplatzinformationsstelle NOTAM Office (NOF) herausgegeben, basierend auf Informationen von verschiedenen Beobachtungsquellen und/oder beratenden Informationen, die vom zugehörigen Vulkan-Warnzentren Volcanic Ash Advisory Center (VAAC) bereitgestellt werden.

Zusätzlich zur Bereitstellung des Aktivitätsstatus eines Vulkans bieten die NOTAM und ASHTAM Informationen über den Standort, die Ausdehnung und Bewegung der Aschewolke sowie die betroffenen Flugrouten und Flughöhen. Eine Tabelle mit Farbmarkierungen für den Aktivitätsgrad eines Vulkans, das im vorherigen Kapitel veranschaulicht wurde, zeigt mithilfe von Farbcodierungen den Status eines Vulkans, bei der „rot" den schwerwiegendsten Zustand darstellt, das heißt, ein Vulkanausbruch ist im Gange, mit einer gemeldeten Aschewolke über Flugfläche FL 250. Die Farbe „grün" zeigt an, dass die vulkanische Aktivität als beendet betrachtet wird und der Vulkan in seinen normalen Zustand zurückgekehrt ist.

Es ist von entscheidender Bedeutung, dass die NOTAM für vulkanische Asche und die ASHTAM unverzüglich aufgehoben werden, sobald der Vulkan in seinen normalen Zustand zurückgekehrt ist.

Folgendes Beispiel wird an dieser Stelle veranschaulicht

ASHTAM 005/10
A) ROMA FIR B) 01091350 C) ETNA 101-06 D) 3744N01500E
E) YELLOW ALERT
J) VULCANOLOGICAL AGENCY

ASHTAM 015/10
A) ROMA FIR B) 01151650 C) ETNA 101-06 D) 3744N01500E
E) RED ALERT F) AREA AFFECTED 3700N01500E 3900N01600E 3800N001700W SFC/35000FT G) NE H) ROUTES AFFECTED WILL BE NOTIFIED BY ATC
J) VULCANOLOGICAL AGENCY

ASHTAM

1. CENTRAL AMERICAN FIR
2. 04170555
3. VOLCAN SAN CRISTOBAL.14004-02
4. 124211N0870024W
5. YELLOW ALERT
6. SFC/11000FT
7. E/SE
8. VOR/DME MGA A317 TUKOR CNL
9. VOR/DME MGA A317 TUKOR RTE AVBL. ALT RTE
10. MGA VOR/DME A502 BERTA GABOS A317. VOR/DME/CA T/ABVL
11. INSTITUTO NACIONAL DE ESTUDIOS TERRITORIALES. DPTO. DE SISMOLOGÍA
12. GNE A VIA TION CTN WIND 60KM/H E/SE FM VOLCANO.

ASHTAM alerting reduction in eruptive activity
VALI0035 LIRR 01300450 ASHTAM 025/10
A) ROMA FIR B) 01300350 C) ETNA 101-06 D) 3744N01500E
E) YELLOW ALERT FOLLOWING ORANGE
J) VULCANOLOGICAL AGENCY

2.2.4 BIRDTAM

In Deutschland beschäftigt sich der Deutsche Ausschuss zur Prävention von Vogelschlägen im Luftverkehr (DAVVL) seit den 1960er-Jahren mit der Problematik der Vogelschlagvermeidung an Luftfahrzeugen. Der Ausschuss veröffentlicht unter anderem eine Vogelzugvorhersage und verbreitet Vogelzugwarnungen, die als sogenannte BIRDTAM bezeichnet werden, in Anlehnung an die NOTAM. Diese Warnungen werden vom Amt für Geoinformationswesen der Bundeswehr herausgegeben und bieten Informationen zur Vogelschlaggefahr in einer Region auf Grundlage von Radarbeobachtungen des Vogelzugs. Das Amt veröffentlicht zudem das Online-Journal „Vogel und Luftverkehr" und erstellt eine Übersicht über schwerwiegende Flugunfälle, die auf Vogelschläge zurückzuführen sind. Moderne Flugzeugtriebwerke müssen so konstruiert sein, dass sie widerstandsfähig gegenüber Vogelschlägen sind. Gleichzeitig müssen auch die Flugzeugstrukturen so gestaltet sein, dass ein Aufprall von Vögeln nicht zu einer katastrophalen Situation während des Fluges führt. Dies wird durch spezifische Tests gewährleistet, die von Luftfahrtbehörden wie der Europäischen Agentur für Flugsicherheit (EASA) und der Federal Aviation Administration (FAA) vorgeschrieben sind, um die Zulassung für Flugzeuge zu erhalten.

Folgendes Beispiel zum BIRDTAM

> **BIRDTAM NUMBER: NUMBER**
> **EFFECTIVE TIME: (DD/MM/YYYY)**
> **EXPIRATION TIME: (DD/MM/YYYY)**
> **INTENSITY LEVEL: VALUE**
> **AFFECTED AREA: XX, XX, XXX**
> **LOW ALTITUDE: SFC**
> **HIGH ALTITUDE: 6000**

Ein BIRDTAM dient der Warnung von Piloten und Flugbetreibern vor erhöhtem Vogelschlagrisiko in einem definierten geografischen Gebiet. Vogelschläge stellen eine potenzielle Gefahr für die Flugsicherheit dar, insbesondere während kritischer Phasen wie dem Start und der Landung. Indem der BIRDTAM spezifische Informationen bezüglich Ort, Intensität und Flughöhe des Vogelschlagrisikos bereitstellt, befähigt er Flugcrews dazu, angemessene präventive Maßnahmen zu ergreifen. Dazu zählen die Wahl alternativer Flugrouten oder die erhöhte Aufmerksamkeit in den betroffenen Gebieten. Das Hauptziel besteht darin, das Risiko zu minimieren und somit die Sicherheit von Flügen zu gewährleisten.

Literatur

Aeronautical Information Services Manual ICAO Doc 8126, Chapter 1 III-1–1 – Chapter 6 III-6–1., 2021
Annex 15 Aeronautical Information Products and Services, Chapter 5 – 6.3.3.5., 2018
Annex 15 Aeronautical Information Services NOTAM 6.3.2.1 Chapter 1. – 1–1.3., 2018
Annex 15 Aeronautical Information Management Chapter 3.1 – 3.7., 2018
Annex 15 Aeronautical Information Responsibilities and Functions Chapter 2.1- 2.5., 2018
Annex 15 Aeronautical Information Products and Services, Chapter 5, 5.1–5.6.4, 2018
Bundeszentrale für politische Bildung, 2021
Bundesstelle für Flugunfalluntersuchung, 199
Bundesstelle für Flugunfalluntersuchung, 1998
Deutsche Flugsicherung DFS (2022) Flugsicherungsausrüstungs-Verordnung (FSAV). DFS Deutsche Flugsicherung DFS GmbH, 2023

Eur Doc 041 Guidance on the issuance of SNOWTAM, 2021
EASA, European Union Aviation Safety Agency, ADR.OPS.A.057., 2023. S. 259–282.
International Civil Aviation Organisation ICAO Doc 8400, Abbreviations and Codes, S. 1-1 – 4–3., 2016
International Civil Aviation Organisation ICAO Doc 10066 Aeronautical Information Management, Appendix 5.5–1.-5.5–4, 2018
International Civil Aviation Organisation ICAO, 2021
International Civil Aviation Organisation ICAO DOC 10066 Aeronautical Information Services Manuel, Chapter 5. 5.2.5.1.5 Appendix 5., 2018
International Civil Aviation Organisation ICAO Doc 9766/ AN/ 968, Part 4 4–1 4–14 Appendix A – Appendix G., Handbook on the International, Airways Volcano watch (IAVW), 2015
International Civil Aviation Organisation ICAO Doc 9691 AN/954 Manual on Volcanic Ash, Radioactive Material and Toxic Chemical Clouds Chapter I-1-1. – Chapter I-4-5., 2007
ICAO Doc 9766/ AN/ 968, Part 4 4–1 4–14 Appendix A – Appendix G., Handbook on the International
International Civil Aviation Organisation Airways Volcano watch (IAVW), 2015
International Civil Aviation Organisation ICAO Doc 9974 ANB487 Flight Safety and Volcanic Ash, Appendix 3 3–1- Appendix 7 7–1., 2012
International Civil Aviation Organisation ICAO., Doc 8126., Part III Aeronautical Information in a Standarized Presentation and related Services Chapter 1–11 S. III-1-1 – III-11–1., 2016
International Civil Aviation Organisation ICAO Doc 10066 Aeronautical Information Management, Appendix 5.5–1.-5.5–4, 2018
Luftfahrthandbuch Deutschland AIP Germany, General 0.1–1–0.6–2., 2023
Luftfahrthandbuch Deutschland AIP Germany General 3 Dienste – General 3.1 Flugberatungsdienst 3.1–1 – 3.1–14., 2023
Luftfahrthandbuch Deutschland AIP Germany, General 3.1.1–3.1–14., 2023
Mensen, 2013, S. 639
Tegucigalpa NOF would be sent to VAAC Washington
Verband für biologische Flugsicherheit DAVVL e. V., 2022

GRF Global Reporting Format

NOTAM Serie S: SNOWTAM und ICAO Global Reporting Format (GRF)

In der NOTAM Serie S wird der Oberflächenzustand von den Flugbetriebsflächen der Start- und Landebahn, Rollgassen, Rollwegen und den Vorfeldern veröffentlicht.

Dabei kommt eine neue Methode zum Einsatz, die darüber Auskunft erteilt und eine Einschätzung über die Start- und Landebahn abgibt. Die Relevanz ergibt sich aus dem Zusammenhang, dass das Risiko von Runway Excursions beispielsweise reduziert werden soll. Das GRF (SNOWTAM) ist ein einheitliches Übermittlungsformat der International Civil Aviation Organisation ICAO für Pistenzustände wie auch für alle anderen Bereiche der Flugbetriebsflächen.

3.1 SNOWTAM

Ein Beispiel für ein SNOWTAM sieht wie folgt aus
SWED0002 EDDK 01080910
(SNOWTAM 0002)
EDDK
01080910 14L 5/5/5 100/100/100 NR/NR/NR WET/WET/WET
01080910 14R 1/1/1 75/75/75 NR/NR/NR ICE/ICE/ICE
01080910 06 1/1/1 75/75/75 NR/NR/NR ICE/ICE/ICE
RWY 14L CHEMICALLY TREATED

Das SNOWTAM enthält die Information, dass die Start- und Landebahn 14L/32R im ersten Drittel Wasser aufweist, was zur Folge hat, dass die RCC-Angabe 5 beträgt und das gesamte Drittel der Bahn zu 100 % mit Wasser kontaminiert ist. Die nachfolgenden beiden Drittel sind ebenfalls zu 100 % nass und dementsprechend mit Wasser kontaminiert. Die Ablagerungstiefe ist (<= 3 mm), sodass die Angaben NR für alle drei Drittel aufgeführt werden. Die SNOWTAM-Angabe für die Start- und Landebahn 14R/32L wird mit Vereisung angegeben. Dies betrifft alle Drittel mit einer Kontaminationsbedeckung von 75 %. Die SNOWTAM-Angabe für die Start- und Landebahn 06/24 stellen exakt die gleichen Angaben dar wie die Start-/Landebahn 14R/32L. Es wird zusätzlich im SNOWTAM darauf hingewiesen, dass die Start- und Landebahn 14L/32R einer chemischen Behandlung unterzogen wurde, um Vereisung infolge ungünstiger Wetterbedingungen zu verhindern.

Folgende Aspekte sind im Besonderen zu beachten
Ab dem 4. November 2021 wird die zeitliche Begrenzung für die Gültigkeit eines SNOWTAM, das Informationen zu Schneeverhältnissen sowie stehendem Wasser, Matsch, Vereisungen und anderen relevanten Kontaminationen auf Flugbetriebsflächen enthält, auf 8 h festgesetzt.

Anmerkung 1: Falls innerhalb von 8 h nach Veröffentlichung eines vorherigen SNOWTAM keine Aktualisierung für einen bestimmten Flugplatz erfolgt, wird angenommen, dass das vorherige SNOWTAM seine Gültigkeit verloren hat. In diesem Fall wird davon ausgegangen, dass keine wesentlichen Änderungen des Zustands der Landebahnoberfläche zu verzeichnen sind.

Anmerkung 2: Für zusätzliche Informationen bezüglich der Durchführungsverordnung (EU) 2020/1177 der Europäischen Kommission vom 7. August 2020, die die Durchführungsverordnung (EU) 2020/469 in Bezug auf das Gültigkeitsdatum und andere Aspekte in der Europäischen Union geändert hat, besteht die Möglichkeit, die entsprechenden Informationen auf der folgenden Webseite einzusehen: https://eurlex.europa.eu/eli/reg_impl/2020/1177/oj.

Anmerkung 3: Die Herausgabe eines neuen SNOWTAM erfolgt stets als Reaktion auf den Eingang einer neuen Runway Condition Report (RCR) seitens des Flughafenbetreibers.

Anmerkung 4: Ein SNOWTAM hebt das vorherige SNOWTAM auf. Sobald ein neues SNOWTAM für einen bestimmten Flughafen veröffentlicht wird, der bereits über ein anderes gültiges SNOWTAM verfügt, ersetzt das neuere automatisch das ältere SNOWTAM, ohne die Notwendigkeit, im neuen SNOWTAM auf das vorherige SNOWTAM zu verweisen, wie es bei NOTAM-Verlautbarungen üblich ist.

3.1.1 ICAO Global Reporting Format (GRF)

An dieser Stelle soll das ICAO Global Reporting Format (GRF) näher erläutert werden. Der essenzielle Kernpunkt liegt in der Notwendigkeit, den sicherheitsrelevanten Flugbetrieb zum Gegenstand der Betrachtung zu machen. Hierbei sollen die Leitlinien der Internationalen Zivilluftfahrt-Organisation (ICAO) bezüglich der Evaluierung des Zustands von Start- und Landebahnen sowie die Kommunikation dieser Informationen behandelt werden. Die Umsetzung erfolgt grundsätzlich als integraler Bestandteil der ICAO Global Reporting Format (GRF). Die Motivation für diese Untersuchung ergibt sich aus der Tatsache, dass sowohl die Start- und Landebahnen als auch die Rollwege durch Kontaminierung für den Flugbetrieb gefährdet sind und in der Vergangenheit waren. Im Zuge der statistischen Analyse wurde festgestellt, dass zahlreiche Unfälle im Luftverkehr aufgrund ungünstiger Witterungsbedingungen wie Wasser, Schnee, Schneematch und Eis aufgetreten sind. Die Leistungsfähigkeit eines Flugzeugs kann beeinträchtigt werden, sobald die Abdeckung eines wasserbasierten Kontaminanten auf irgendeiner Landebahnoberfläche 25 % übersteigt. Ziel der Bewertungs- und Berichtsverfahren ist es, den Flugzeugbetreibern die Landebahnbedingungen aufgrund verbleibender Kontamination in einer Weise mitzuteilen, die mit der Auswirkung auf die Leistungsfähigkeit des Flugzeugs übereinstimmt. Der Zweck des RCR besteht darin, eine gemeinsame Sprache zwischen allen Akteuren des Systems zu etablieren, die auf den Auswirkungen der Landebahnbedingungen auf die Leistungsfähigkeit von Flugzeugen basiert. Daher ist es erforderlich, dass alle Mitglieder der Informationskette – vom Ursprung der Daten bis zu den Endbenutzern – eine angemessene Schulung erhalten haben. Es ist für das Personal des Flugplatzes wichtig, sich darum zu bemühen, die Bedingungen der Landebahnoberfläche genau zu melden, anstatt eine systematisch konservative Bewertung anzustreben. Konservatismus wird bei der Beurteilung von Beobachtungen im Vergleich zu Kriterien wie einer Tiefe von 3 mm oder einer Abdeckung von 25 % empfohlen, aber nicht für den RWYCC. „Konservatismus" unterscheidet sich von „Herabstufung", die durch andere Beobachtungen oder lokales Wissen motiviert ist. Flugbesatzungen werden gebeten, die schlechtesten Landebahnbedingungen zu bewerten, die für den beabsichtigten Betrieb akzeptabel sind. Dies stellt eine zusätzliche Sicherheitsmaßnahme gegen mangelnden Konservatismus dar. Flugzeughersteller haben festgestellt, dass Unterschiede in Kontaminationstyp, -tiefe und Lufttemperatur spezifische Veränderungen in der Bremsleistung von Flugzeugen verursachen. Daher war es möglich, die Daten der Flugzeughersteller für spezifische Kontaminationen zu verwenden und das Runway Condition

Assessment Matrix (RCAM) für den Einsatz durch Flugplatzbetreiber zu erstellen. So erlangt die präzise Übermittlung von Start- und Landebahnzuständen seitens des Flughafenbetreibers an die Piloten eine erhebliche Bedeutung. Demzufolge hat die Internationale Zivilluftfahrt-Organisation (ICAO) ein standardisiertes Format für die Übermittlung eingeführt. Das Format ist unter dem Namen Global Reporting Format (GRF) bekannt und umfasst fünf fundamentale Bestandteile:

1. Runway Condition Assessment Matrix (RCAM)
2. Einheitliche Festlegungen für die Zustände von Start- und Landebahnen
3. Einheitliche Definitionen über die Pistenzustandsbeschreibung
4. Runway Condition Code (RWYCC)
5. Runway Condition Report (RCR)

Drei begleitende Dokumente erweitern umfassend den gesamten Kontext des Global Reporting Formats: DOC 9981 PANS Aerodromes Part II, ICAO DOC Circular 329, ICAO DOC Circular 355. Ersteres umfasst die Bestimmungen des Procedures for Air Navigation Services (PANS), die ANNEX 14 unterstützen. Dabei werden ausführliche Verfahren vorgeschrieben, die vom Flughafenbetreiber zur Gewährleistung der funktionellen Flughafensicherheit zu implementieren sind. Das Dokument ICAO DOC 9981 PANS Aerodromes Part II fällt unter das operative Management von Flugplatzanlagen (Aerodromes). Das zweite Dokument ICAO DOC Circular 329 und ICAO DOC 355 umschreibt die Bewertung, Messung und Berichterstattung von Start- und Landebahn-Oberflächenbedingungen. Dabei wird ein fundamentales Verständnis für Reibungsprobleme vermittelt und eine Methode zur Einschätzung und Mitteilung der Zustände von Start- und Landebahnen aufgezeigt.

Folgende Erläuterungen zu den einzelnen Punkten der RCAM-Tabelle werden nachfolgend näher dargelegt (Abb. 3.1):

Runway Condition Assessment Matrix (RCAM)
Die Runway Condition Assessment Matrix (RCAM) ist eine Tabelle zur Bewertung der Start- und Landebahnoberflächenbedingungen. Sie verwendet Wörter wie beispielsweise POOR, LESS THAN POOR, MEDIUM TO POOR, MEDIUM, GOOD TO MEDIUM und GOOD für die Bremswirkung und Zahlen für die Bahnzustandsoberfläche. Die Kombinationen in einem Matrixfeld geben die Gesamtbewertung der Bahnbedingungen an. Die Tabelle bietet Piloten klare Informationen, um sich auf die aktuellen Bedingungen einzustellen und sichere Entscheidungen bezüglich Starts und Landungen zu treffen.

3.1 SNOWTAM

Runway condition assessment matrix (RCAM)			
Assessment criteria		**Downgrade assessment criteria**	
Runway condition code	Runway surface description	Aeroplane deceleration or directional control observation	Pilot report of runway braking action
6	• DRY	---	---
5	• FROST • WET (The runway surface is covered by any visible dampness or water up to and including 3 mm depth) Up to and including 3 mm depth: • SLUSH • DRY SNOW • WET SNOW	Braking deceleration is normal for the wheel braking effort applied AND directional control is normal.	GOOD
4	−15°C and Lower outside air temperature: • COMPACTED SNOW	Braking deceleration OR directional control is between Good and Medium.	GOOD TO MEDIUM
3	• WET ("slippery wet" runway) • DRY SNOW or WET SNOW (any depth) ON TOP OF COMPACTED SNOW More than 3 mm depth: • DRY SNOW • WET SNOW Higher than −15°C outside air temperature[1]: • COMPACTED SNOW	Braking deceleration is noticeably reduced for the wheel braking effort applied OR directional control is noticeably reduced.	MEDIUM
2	More than 3 mm depth of water or slush: • STANDING WATER • SLUSH	Braking deceleration OR directional control is between Medium and Poor.	MEDIUM TO POOR
1	• ICE [2]	Braking deceleration is significantly reduced for the wheel braking effort applied OR directional control is significantly reduced.	POOR
0	• WET ICE [2] • WATER ON TOP OF COMPACTED SNOW [2] • DRY SNOW or WET SNOW ON TOP OF ICE [2]	Braking deceleration is minimal to non-existent for the wheel braking effort applied OR directional control is uncertain.	LESS THAN POOR

Abb. 3.1 Runway Condition Assessment Matrix (RCAM). (Quelle: ICAO Doc 9981 (PANS-Aerodrome), Part II, Chapter 1, 2016; EUR Doc 041 Guidance on the Issuance of SNOWTAM, 2021)

3.1.2 Runway Condition Code (RWYCC)

In Verbindung mit der Darlegung des Zustandes der Start- und Landebahn erfolgt eine Verknüpfung unter Berücksichtigung der Oberflächenbeschaffenheit, der Belagstiefe sowie der Umgebungstemperatur. Diese Einbindung erstreckt sich auf jedes Pistendrittel der zu bewertenden Start- und Landebahn, wobei das entsprechende Drittel von der niedrigen Pistenrichtung aus betrachtet wird (Abb. 3.2).

Der Bericht über den Zustand der Landebahn wird stets aus der Perspektive der geringeren Landebahnausrichtung betrachtet und entsprechend dokumentiert. Siehe das obere Beispiel: Die Start- und Landebahn 06/24 wird in dem Fall mit der niedrigeren Landebahnausrichtung betrachtet (06).

Die numerischen RWCC-Werte (Runway Condition Codes) von 0 bis 6 werden zusammengefasst und wie folgt erläutert:

Die Zahlen in der Spalte RWCC von 0 bis 6, die mit der entsprechenden Beschreibung der Start- und Landebahnoberfläche verbunden ist, basieren auf der Art der Kontamination in Bezug der Start- und Landebahn entsprechend ihrer Tiefe und Außentemperatur.

Im Folgenden werden die Downgrade Assessment Criteria dargestellt:

Diese bietet die Bewertungskriterien, die es dem Flughafenbetreiber ermöglichen, die Start- und Landebahn weiter zu beurteilen und den RWYCC zu validieren. Dies umfasst:

- Die Spalte, die von Piloten verwendet werden soll, um die geschätzte Bremsleistung des Flugzeugs auf einer bestimmten Kontamination zu bewerten und eine Start- und Landebahn-Bremswirkungskategorie basierend auf sieben Beschreibungen zu schätzen.

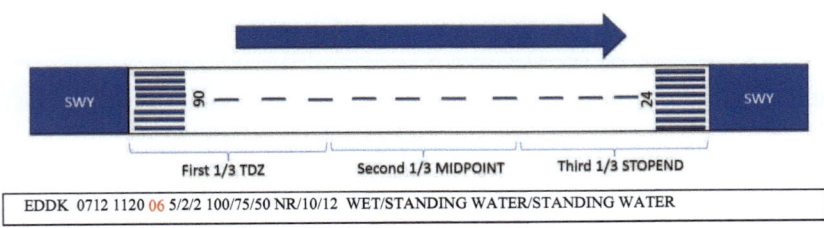

Abb. 3.2 Der Bericht über den Zustand der Landebahn. (Quelle: Eigene Darstellung)

- Ein Bericht über die Bremswirkung auf der Start- und Landebahn durch einen Piloten, der anderen Piloten eine Indikation über den Zustand der zu erwartenden Bremswirkung bietet. Die Verwendung aller verfügbaren Mittel zur Bewertung der Start- und Landebahn sollte in Betracht gezogen werden. Zentraler Gegenstand ist an dieser Stelle, die Entscheidung zur Herabstufung oder Aufwertung des RWYCC zu unterstützen.

Die präzise Erkennung des Zustands der Landebahnoberfläche ist von Bedeutung, um die angemessene Zuordnung zu den jeweiligen Landebahnoberflächenbedingungen (Runway Condition Codes) zu gewährleisten. Innerhalb der Runway Condition Assessment Matrix (RCAM) werden vier diskrete Landebahnoberflächenzustände aufgeführt.

3.1.2.1 Dry (trocken) RWYCC 6

1. Dry (trocken) RWYCC 6

Eine Start- und Landebahn gilt als trocken, wenn ihre Oberfläche auf der gesamten Länge frei von sichtbarer Kontamination ist. Eine trockene Oberfläche wird dann gemeldet, wenn der Bericht der letzte und abschließende Bericht ist, der einen Zeitraum abschließt, in dem die Landebahn kontaminiert war. Es existieren zwei spezifische Szenarien, die berücksichtigt werden müssen. Erstens, falls jegliche Form von Kontamination auf einem Drittel der Start-/Landebahn einen Anteil zwischen 10 bis 25 % erreicht, sollte auch der Runway Condition Code 6 angewendet werden. In diesem Fall müssen sowohl die Tiefe der Kontamination als auch deren Art im RCR (Runway Condition Report) angegeben werden. Zweitens, wenn die prozentuale Kontamination auf einem Drittel der Start-/Landebahn im Bereich von 0 bis 9 % liegt, sollte ebenfalls der Runway Condition Code 6 verwendet werden. Alle anderen Werte im RCR werden in diesem Fall als „NR" (not reported) veröffentlicht.
Exemplarisch kann hier aufgeführt werden (Abb. 3.3):

EDDK 0113 0820 14L 6/6/6 NR/NR/NR NR/NR/NR DRY/DRY/DRY

Abb. 3.3 (ICAO 4 Letter Code für Köln Bonn Flughafen) – Datum (MM/DD) – (UTC) – Pistenbezeichnung – (Runway Condition Report) – (Bedeckungsgrad) – (Belagstiefe) – (Belagsart). (Quelle: Eigene Darstellung)

3.1.2.2 Wet (nass) RWYCC 5

Eine Start- und Landebahn gilt als nass, wenn sie von sichtbarer Feuchtigkeit oder Wasser bedeckt ist, die eine Maximaltiefe von 3 mm aufweist. Der Runway Condition Code (RWYCC) für eine nasse Landebahn beträgt 5 mit Berücksichtigung der genannten Tiefe.

3.1.2.3 Slippery Wet (rutschig, nass) RWYCC

Eine nasse Landebahn kann rutschig werden, wenn die Reibungskoeffizienten MFL (Minimum Friction Level) der Landebahnoberfläche in bestimmten Abschnitten unterschritten worden sind. Zu den potenziell involvierten Einflussfaktoren gehören die Akkumulation von Gummiabrieb auf der Aufsetzzone der Start- und Landebahn. Der Runway Condition Code RWYCC beträgt 3. Zu erklären ist an dieser Stelle, wie der Minimum Friction Level zu bestimmen ist. Gemäß den Empfehlungen der Internationalen Zivilluftfahrtorganisation (ICAO) werden auf den Start- und Landebahnen planmäßige Messfahrten durchgeführt. Diese planmäßigen Messfahrten lassen sich in periodische und zusätzliche Kategorien unterteilen. Periodische Messfahrten werden in Abhängigkeit von der Anzahl der ankommenden Luftfahrzeuge durchgeführt. Basierend auf dieser Richtlinie ist in Bahnsystemen allgemein vorgesehen, dass solche Messfahrten durchschnittlich alle zwei Wochen unternommen werden. Zusätzliche planmäßige Messfahrten dienen der Überprüfung der Effektivität von Bau- oder Wartungsmaßnahmen. Ein Beispiel hierfür ist die Beseitigung von Gummiabrieb auf den Start- und Landebahnen.

3.1.2.4 Contaminated (Kontaminierte Piste) RWYCC abhängig von Kontamination und Belagstiefe und Temperatur

Schlamm, Asche, Sand und Öl sind ebenfalls Beispiele für meldepflichtige Kontaminationen. Es gibt jedoch unzureichende und unterschiedliche Daten über ihre Auswirkungen auf die Flugzeugleistung. Daher werden RWYCC für diese Kontaminanten nicht gemeldet. Stattdessen werden sie im Bereich der klaren Sprachhinweise (Languageremark) des RCR (Runway Condition Report) veröffentlicht. Asche, Öl, Sand und Gummi-Kontaminanten sollten ohne gemessene Tiefe gemeldet werden, während die gemessene Tiefe im Umkehrschluss beispielsweise für Matsch (SLUSH) gemeldet werden sollte. Eine Ausnahme bildet die Gummi-Kontamination, für die in Dienst stehende Daten darauf hinweisen, dass eine Annahme von RWYCC 3 die üblichen Leistungsmargen wiederherstellt.

Für sämtliche Nationen, die den Vorschriften und Vorgaben der Europäischen Agentur für Flugsicherheit (EASA) unterliegen, ist es erforderlich, die

3.1 SNOWTAM

zusätzlichen RCC-Bezeichnungen gemäß den unten aufgeführten Angaben zu verwenden.

1. Staaten, die die EASA-Vorschriften befolgen, verwenden zusätzlich SPECIALLY PREPARED WINTER RUNWAY für den Landebahn-Zustandscode 4 (Runway Condition Code RCC) (Abb. 3.4).
2. Die Bezeichnung WET für den (Runway Condition Code) RCC 3 wird durch SLIPPERY WET RUNWAY ersetzt. Für eine Start- und Landebahn, die aufgrund von Gummiabriebkontamination bei Nässe beziehungsweise Feuchtigkeit rutschig wird, ist der Landebahn-Zustandscode 3 anzugeben. Die Angabe SLIPPERY WET RUNWAY muss ebenso enthalten sein (Abb. 3.5).

3.1.2.5 Angaben über die Kontaminationstiefe

Die Tiefe wird als zweistellige oder dreistellige Zahl angegeben, die die festgestellte Tiefe in Millimetern (mm) des Kontaminanten für jedes Drittel der Landebahn repräsentiert. Die Bewertung basiert auf einer gleichmäßigen Verteilung innerhalb der Landbahndrittel, wie von geschultem Personal festgestellt wird. Wenn die Tiefe der Kontamination nicht gemeldet wird, sollte der Flughafenbetreiber angeben, dass keine Informationen vorliegen. Dabei muss der Flughafenbetreiber in der jeweiligen Spalte „NR" (not reported) übermitteln.

Die Tiefe wird wie folgt angegeben: (nn/nn/nn) oder (nnn/nnn/nnn).

Es ist zwingend erforderlich, eine Angabe bezüglich der Tiefe nur für diese unten genannten Kontaminationen anzugeben, bei allen anderen besteht die Möglichkeit, NR zu vermerken:

1. STANDING WATER/*(Stehendes Wasser)*
2. SLUSH/*(Matsch)*
3. WET SNOW/*(Nasser Schnee)*
4. DRY SNOW/*(Trockener Schnee)*

Exemplarisch wird ein Beispiel aufgeführt
EDDK 01131020 14R 5/5/5 100/100/100 *NR/NR/NR* WET/WET/WET
EDDK 02180220 14L 3/3/3 50/75/50 *06/06/06* WET SNOW/WET SNOW/WET SNOW
EDDK 03021420 06 2/2/2 75/50/75 *08/08/08* SLUSH/SLUSH/SLUSH

Runway condition assessment matrix (RCAM)				
Assessment criteria			Downgrade assessment criteria	
Runway condition code	Runway surface description		Aeroplane deceleration or directional control observation	Pilot report of runway braking action
6	• DRY		—	—
5	• FROST • WET (The runway surface is covered by any visible dampness or water up to and including 3 mm depth) Up to and including 3 mm depth: • SLUSH • DRY SNOW • WET SNOW		Braking deceleration is normal for the wheel braking effort applied AND directional control is normal.	GOOD
4	−15°C and Lower outside air temperature: • COMPACTED SNOW		Braking deceleration OR directional control is between Good and Medium.	GOOD TO MEDIUM
3	• WET ("slippery wet" runway) • DRY SNOW or WET SNOW (any depth) ON TOP OF COMPACTED SNOW More than 3 mm depth: • DRY SNOW • WET SNOW Higher than −15°C outside air temperature[1]: • COMPACTED SNOW		Braking deceleration is noticeably reduced for the wheel braking effort applied OR directional control is noticeably reduced.	MEDIUM
2	More than 3 mm depth of water or slush: • STANDING WATER • SLUSH		Braking deceleration OR directional control is between Medium and Poor.	MEDIUM TO POOR
1	• ICE[2]		Braking deceleration is significantly reduced for the wheel braking effort applied OR directional control is significantly reduced.	POOR
0	• WET ICE[2] • WATER ON TOP OF COMPACTED SNOW[2] • DRY SNOW or WET SNOW ON TOP OF ICE[2]		Braking deceleration is minimal to non-existent for the wheel braking effort applied OR directional control is uncertain.	LESS THAN POOR

Abb. 3.4 Runway Condition Assessment Matrix (RCAM). (Quelle: ICAO Doc 9981 (PANS-Aerodrome), Part II, Chapter 1, 2016; EUR Doc 041 Guidance on the Issuance of SNOWTAM, 2021)

Die Vorgehensweise zur Erfassung und Dokumentation des Flughafenbetreibers

Für jedes Drittel der Landebahn wird eine Runway Condition Code (RWYCC) im Format von n/n/n angegeben. Zusätzlich sollte der Prozentsatz der Landebahnfläche, die von Kontaminanten betroffen ist, dargelegt werden. Außerdem ist für

3.1 SNOWTAM

Runway condition code	Assessment criteria		Downgrade assessment criteria	
	Runway surface description		Aeroplane deceleration or directional control observation	Pilot report of runway braking action
6	• DRY		—	—
5	• FROST • WET (The runway surface is covered by any visible dampness or water up to and including 3 mm depth) *Up to and including 3 mm depth:* • SLUSH • DRY SNOW • WET SNOW		Braking deceleration is normal for the wheel braking effort applied AND directional control is normal	GOOD
4	*−15°C and Lower outside air temperature:* • COMPACTED SNOW		Braking deceleration OR directional control is between Good and Medium.	GOOD TO MEDIUM
3	• WET ("slippery wet" runway) • DRY SNOW or WET SNOW (any depth) ON TOP OF COMPACTED SNOW *More than 3 mm depth:* • DRY SNOW • WET SNOW *Higher than −15°C outside air temperature¹:* • COMPACTED SNOW		Braking deceleration is noticeably reduced for the wheel braking effort applied OR directional control is noticeably reduced.	MEDIUM
2	*More than 3 mm depth of water or slush:* • STANDING WATER • SLUSH		Braking deceleration OR directional control is between Medium and Poor.	MEDIUM TO POOR
1	• ICE ²		Braking deceleration is significantly reduced for the wheel braking effort applied OR directional control is significantly reduced.	POOR
0	• WET ICE ² • WATER ON TOP OF COMPACTED SNOW ² • DRY SNOW or WET SNOW ON TOP OF ICE ²		Braking deceleration is minimal to non-existent for the wheel braking effort applied OR directional control is uncertain.	LESS THAN POOR

Abb. 3.5 Runway Condition Assessment Matrix (RCAM). (Quelle: ICAO Doc 9981 (PANS-Aerodrome), Part II, Chapter 1, 2016; EUR Doc 041 Guidance on the Issuance of SNOWTAM, 2021)

jedes Drittel der Landebahnoberfläche anzugeben, wie tief die Kontamination ist und um welche Art der Kontamination es sich handelt. Die Anordnung der Landebahndrittel sollte in Richtung der niedrigeren Landebahnkennung erfolgen, wie sie visuell wahrgenommen wird (Abb. 3.6).

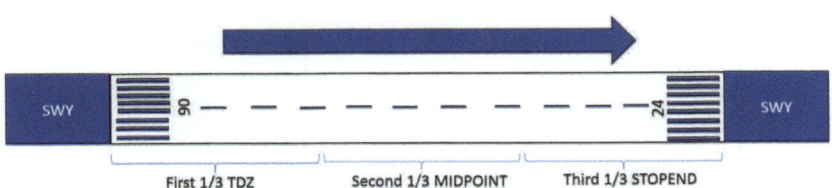

Abb. 3.6 RCC (Runway Condition Code). (Quelle: Eigene Darstellung)

Exemplarisch wird folgendes Beispiel aufgeführt
Für die Start- und Landebahn 06/24 wird der Wert der niedrigeren Landebahnkennung verwendet.

> EDDK 06181230 06 5/2/5 75/50/75 NR/12/NR WET/STANDING WATER/WET

Für die Start- und Landebahn 14R/32L wird der Wert der niedrigeren Landebahnkennung verwendet.

> EDDK 01131020 14R 5/5/5 100/100/100 NR/NR/NR WET/WET/WET

Wie bereits veranschaulicht wurde, setzen Flughafenbetreiber die bereitgestellten Informationen einschließlich der Daten zur Pistenoberfläche oder der Umgebungslufttemperatur ein, um mithilfe des Runway Condition Assessment Matrix (RCAM) den adäquaten Runway Condition Code (RWYCC) für jeden Abschnitt der Landebahn zu ermitteln. Diese Informationen werden daraufhin im Pistenzustandsbericht (RCR) kommuniziert.

1. Pistenzustandsbewertungsmatrix (RCAM)
2. Pistenzustandskennzahl (RWYCC)
3. Pistenzustandsmeldung (RCR)

3.2 Verfahrensdarstellung von Prozentual-Angaben für den RCR (Pistenzustandsmeldung)

Wie aus der Tabelle veranschaulicht wird, sind nur prozentuale Bedeckungsmeldungen für jedes Landebahndrittel in folgenden Schritten möglich (25 %; 50 %; 75 %; 100 %). Sofern ein Drittel der Landebahnfläche mit einem Belag gleich oder mehr als 10 % oder in jeglicher Form von Kontamination bedeckt ist, sollte ein abschließender Pistenzustandsbericht (RCR) erstellt werden, um den Zustand des betreffenden Landebahndrittels als kontaminiert zu dokumentieren (Abb. 3.7).

Dieser Abschnitt beschreibt die Vorgehensweise zur Beurteilung der Landebahnbedingungen unter dem Einfluss unterschiedlicher Kontaminationen:

1. **Einzelne Kontaminationen:**
   - Wenn entweder eine einzelne oder mehrere Kontaminationen vorhanden sind, wird der Zustand eines Drittels der Landebahn direkt anhand dieser spezifischen Kontamination bestimmt:
   - a) Bei einer Kontaminationsabdeckung von weniger als 10 % wird eine moderate Beeinträchtigung angenommen. Es wird ein spezifischer Code (RWYCC) von 6 vergeben, und die Kontamination wird nicht gemeldet, sofern alle Drittel ähnlich betroffen sind und einen Wert von weniger als 10 % aufweisen. Zu beachten ist, dass, sofern ein Drittel der Landebahnfläche mit einem Belag gleich oder mehr als 10 % mit jeglicher Form von Kontamination bedeckt ist, ein abschließender Pistenzustandsbericht (RCR) erstellt werden sollte, um den Zustand des betreffenden Landebahndrittels als kontaminiert zu dokumentieren.

   Um die Komplexität des Gegenstands vereinfacht darzustellen, wird folgendes Beispiel näher veranschaulicht:

Assessed per cent	Reported per cent
10-25 %	25%
26-50%	50%
51-75%	75%
76-100%	100%

Abb. 3.7 Prozentuale Bedeckungsmeldungen. (Quelle: Eigene Darstellung)

Nach einer systematischen Kontrollfahrt der Start- und Landebahn 14L/32R wurde ermittelt, dass in jedem Abschnitt eine Kontamination von 4 mm Wasser vorliegt. Es wurde festgestellt, dass diese Ablagerungen in jedem Drittel des betreffenden Abschnitts weniger als 10 % der Landebahnfläche bedecken. Der Pistenzustandsbericht, der die spezifischen Zustände der Landebahn beschreibt, wird gemäß den im Anhang beigefügten Angaben festgelegt.

02010130 14L 6/6/6 NR/NR/NR NR/NR/NR DRY/DRY/DRY

Dieser Bericht gibt an, dass die Landebahn in allen Dritteln eine geringfügige Kontamination mit einer 4 mm dicken Schicht Wasser aufweist. Jedoch liegt die Ausdehnung dieser Wasserschicht in jedem Drittel unterhalb der Schwelle von 10 % der Flächenabdeckung. Somit wird der gesamte Zustand der Landebahn als trocken bewertet, da die vorhandene Kontamination nicht ausreichend ist, um sie als maßgebliche Beeinträchtigung zu klassifizieren.
- b) Liegt die Kontaminationsabdeckung zwischen 10 und 25 %, wird ebenfalls ein RWYCC von 6 vergeben, aber die Kontamination wird als bis zu 25 % berichtet.
- c) Übersteigt die Kontaminationsabdeckung 25 %, wird die Beeinträchtigung als erheblich betrachtet und der RWYCC basierend auf dieser Hauptkontamination festgelegt.

2. **Mehrere Kontaminationen:**
- Wenn mehrere Kontaminationen vorliegen, die jedoch keine einzelne Kontamination zu mehr als 25 % eines Drittels der Landebahn bedecken, erfolgt die Beurteilung des Zustands durch geschultes Personal des Flughafenbetreibers. Dies berücksichtigt, welche Kontamination höchstwahrscheinlich das Luftfahrzeug beeinträchtigt und welche Auswirkungen dies auf die Flugleistung hat. Dabei wird angenommen, dass die vorherrschende Kontamination den größten Einfluss hat, dies ist jedoch nicht zwingend.

3. **Reihenfolge der Kontaminationen:**
- Die RCAM-Liste ordnet die Kontaminationen von weniger rutschig oben bis zu den rutschigsten unten an. Diese Reihenfolge ist jedoch nicht absolut, da das RCAM speziell für Landungen ausgelegt ist. Bei Starts können sich die Reihenfolge und die Auswirkungen loser Kontaminationen anders darstellen.

Das Ziel ist es, den Zustand der Landebahn unter dem Einfluss verschiedener Kontaminationen zu bewerten, um die Sicherheit und Leistung von Flugzeugen während Starts und Landungen zu gewährleisten.

Folgendes Beispiel wird exemplarisch aufgeführt: **NR/50/100**, wenn die Kontaminationsbedeckung im ersten Drittel weniger als 10 % beträgt, dann besteht die Möglichkeit, dieses Drittel mit NR (not reported) zu übermitteln.

Beispiele für Bedeckungsmeldungen sind folgende:

> (25/75/100; 50/75/50; 75/25/75; 100/50/25)

EDDL 0821 1020 05R 5/5/5 100/100/100 **NR/NR/NR WET/WET/WET**

EDDK 0922 1220 14L 2/3/3 75/100/75 **06/12/12 SLUSH/WET SNOW/WET SNOW**

EDDL 0324 1220 05R 6/6/6 NR/NR/NR **NR/NR/NR DRY/DRY/DRY**

EDDK 0217 0135 14R 5/2/2 100/50/75 **NR/06/06 WET/SLUSH/SLUSH**

EDDL 0217 0130 05R 5/5/4 50/50/50 **NR/NR/03 WET/ WET/COMPACTED SNOW**

3.3 Pistenzustandsmeldung (RCR)

Der RCR besteht aus zwei Abschnitten: Zum einen aus Berechnungen für die Start- und Landeleistungen von Flugzeugen, zum anderen ist ein situatives Bewusstsein über die Oberflächenbedingen auf der Landebahn, den Rollbahnen und den Vorfeldern von Relevanz (Abb. 3.8 und 3.9).

Die Runway Condition Assessment Matrix (RCAM) ist eine Tabelle zur Bewertung der Start- und Landebahnoberflächenbedingungen. Sie verwendet Wörter wie POOR, LESS THAN POOR, MEDIUM TO POOR, MEDIUM, GOOD TO MEDIUM und GOOD für die Bremswirkung und Zahlen für die Bahnzustandsoberfläche. Die Kombinationen in einem Matrixfeld geben die Gesamtbewertung der Bahnbedingungen an. Die Tabelle bietet Piloten klare Informationen, um sich auf die aktuellen Bedingungen einzustellen und sichere Entscheidungen bezüglich Starts und Landungen zu treffen. „Situational Awareness" (Lagebewusstsein) im Kontext des „Runway Condition Code" (RWYCC) bezieht sich darauf, dass die Piloten ein umfassendes Verständnis für die aktuellen Bedingungen der Start- und Landebahn haben müssen. Dies ist von entscheidender Bedeutung, um sichere Entscheidungen bei Start- und Landevorgängen zu treffen. Hier sind einige Punkte zur Interpretation:

Aeroplane performance calculation section	
Information	Source
Aerodrome location indicator	ICAO Doc 7910, *Location Indicators*
Date and time of assessment	UTC time
Lower runway designation number	Actual runway (RWY)
RWYCC for each runway third	Assessment based upon RCAM and associated procedures
Per cent coverage contaminant for each runway third	Visual observation for each runway third
Depth of loose contaminant for each runway third	Visual observation assessed for each runway third, confirmed by measurements when appropriate
Condition description (contaminant type) for each runway third	Visual observation for each runway third
Width of runway to which the RWYCCs apply if less than published width	Visual observations while at the RWY and information from local procedures/snow plan

Abb. 3.8 Start-/Landeleistungen. (Quelle: ICAO Circular 355 Assessment, Measurement and Reporting of Runway Surface Conditions, 2019)

Situational awareness section	
Reduced runway length	NOTAM
Drifting snow on the runway	Visual observation while at RWY
Loose sand on the runway	Visual observation while at RWY
Chemical treatment on the runway	Known treatment application. Visual observation of residual chemicals on the runway
Snowbanks on the runway	Visual observations while at the RWY
Snowbanks on taxiway	Visual observations while at the taxiway (TWY)
Snowbanks adjacent to the runway penetrating level/profile set in the aerodrome snow plan	Visual observations while at the RWY confirmed by measurements when appropriate
Taxiway conditions	Visual observation, AIREP, reported by other aerodrome personnel, etc
Apron conditions	Visual observation, AIREP, reported by other aerodrome personnel, etc
State approved and published use of measured friction coefficient	Dependent upon the State set or agreed standard
Plain language remarks using only allowable characters in capital letters	Any additional operational significant information to be reported

Abb. 3.9 Oberflächenbedingung der Start- und Landebahn. (Quelle/Bildzitat: ICAO Circular 355 Assessment, Measurement and Reporting of Runway Surface Conditions, 2019)

1. **Erfassung aktueller Bedingungen:** Situational Awareness erfordert, dass die Piloten die aktuellen Wetter- und Bahnbedingungen verstehen, einschließlich der Art und des Grades der Kontamination auf der Start- und Landebahn.
2. **Bewertung des Runway Condition Code (RWYCC):** Das RWYCC gibt an, wie die Start- und Landebahn in Bezug auf verschiedene Faktoren wie die Bremswirkung bewertet wird. Die Piloten müssen diese Informationen interpretieren, um die Auswirkungen auf die Flugzeugleistung zu verstehen.
3. **Entscheidungsfindung:** Basierend auf der Situational Awareness und der RWYCC-Bewertung treffen die Piloten Entscheidungen darüber, ob die aktuellen Bahnbedingungen für einen sicheren Start oder eine sichere Landung ausreichen oder ob zusätzliche Maßnahmen erforderlich sind.

3.4 Oberflächenbedingung der Start- und Landebahn

Beschreibung RCR (Runway Condition Report)

- ICAO 4-Letter Code für den jeweiligen Flugplatz
- Format: nnnn
- Beispiel: EDDF (Flughafen Frankfurt am Main)
- Datum und Uhrzeit der Bewertung (obligatorisch): Datum und Uhrzeit (UTC), zu der die Bewertung durch das geschulte Flughafenpersonal durchgeführt wird
- Format: MMDDhhmm
- Beispiel: 10.141.245 (14. Oktober; 12:45 Uhr (UTC))
- Niedrige Landebahnkennung (obligatorisch): Eine zweistellige oder dreistellige Nummer, die die Landebahn identifiziert, für die die Bewertung durchgeführt und gemeldet wird. Zum Beispiel: Start- und Landebahn 06/24 -> 06.
- Format der Landebahn sieht wie folgt aus: nn (L); nn (C); nn (R); nn -> Zum Beispiel: 14L.

Runway Condition Code (RWYCC)
Die Angaben erfolgen für jedes einzelne Drittel der Landebahn, welche obligatorisch sind. Dies ist durch eine einstellige Zahl gekennzeichnet und dient der Identifikation, die für jedes dieser Drittel zu bewerten ist (RWYCC). Diese Codes werden in einer Gruppierung von drei Zahlen in einer Reihenfolge angegeben, wobei sie jeweils durch ein Schrägstrich „/" voneinander getrennt sind. Die Reihenfolge, in der die Drittel der Landebahn aufgelistet werden, sollte in Übereinstimmung mit

der Blickrichtung von der niedrigeren Start- und Landebahnkennung ausgeführt werden.
Exemplarisch kann folgendes Beispiel aufgeführt werden:

> EDDK 06241240 14R 5/5/5 100/100/100 NR/NR/NR WET/WET/WET

Angaben der Belagstiefe der Kontaminationen für jedes Drittel der Start-/Landebahn:
trockener Schnee, nasser Schnee, Schneematch oder stehendes Wasser für jedes Drittel der Landebahn. Eine zweistellige oder dreistellige Zahl, die die ermittelte Tiefe (in Millimetern) des Kontaminanten für jedes Drittel der Landebahn repräsentiert.
Format: (n)nn/(n)nn
Beispiel: 05/08/14 (Stehendes Wasser). Wenn die Tiefe der Kontaminanten innerhalb eines Landebahndrittels signifikant variiert, sind zusätzliche Angaben im Abschnitt für (Plain Language Remarks) des Berichts über den Zustand der Landebahn zu erstellen.

Die Zustandsbeschreibung für jedes Drittel der Landebahn (obligatorisch): Die Meldung erfolgt in Großbuchstaben unter Verwendung der vorgegebenen ICAO-Begriffe. Der Zustandstyp wird durch eine der folgenden Zustandsbeschreibungen für jedes Drittel der Landebahn angegeben und durch Schrägstriche „/" getrennt. Weiter sind Kombinationen von unterschiedlichen Kontaminationen als Angabe möglich.

Exemplarisch wird folgendes Beispiel aufgeführt:
Format: nnnn/nnnn/nnnn
Beispiel:

1. WET/WET/WET
2. SLUSH/SLUSH/SLUSH
3. STANDING WATER/WET SNOW/WET SNOW
4. DRY/DRY/DRY
5. DRY SNOW/DRAY SNOW/DRY SNOW
6. ICE/ICE/ICE
7. FROST/FROST/FROST
8. DRY SNOW ON TOP OF ICE/ICE/ICE
9. DRY SNOW ON TOP OF COMPACTED SNOW/ICE/ICE
10. COMPACTED SNOW/WET SNOW/WET SNOW
11. WATER ON TOP OF COMPACTED SNOW/WET SNOW/WET
12. WET ICE/WET SNOW/WET ICE

3.4 Oberflächenbedingung der Start- und Landebahn

13. WET SNOW ON TOP OF COMPACTED SNOW/WET/WET
14. WET SNOW ON TOP OF ICE/WET SNOW/WET SNOW
15. SLUSH/WET SNOW/DRY SNOW
16. STANDING WATER/WET/STANDING WATER

Falls ein RCR für eine Landebahn übermittelt wird, die in der Breite nur partiell geräumt oder behandelt wurde, empfiehlt es sich, die aktuell verfügbare Breite mitzuteilen.

Im folgenden Beispiel gilt der RCR für die Start- und Landebahn 14L/32R nur für die verfügbare Breite von 40 m:

> **EDDK 01030820 14L 2/2/2 75/75/75 08/08/08 SLUSH/SLUSH/SLUSH 40**

Die Randbereiche der Start-/Landebahn sind ebenfalls bei Bedarf im RCR zu erfassen. Hierzu sind die entsprechenden Angaben im Bereich „Situational Awareness" oder im Abschnitt „Plain Language Remarks" anzugeben.

Beispiel 1:
RWY 14R SNOWBANK R30 FM CL. (Right 30 m from RWY center line)
Beispiel 2:
RWY 14L SNOWBANK L30 FM CL. (Left 30 m from RWY center line)
Beispiel 3:
RWY 06 ADJ SNOWBANKS.

Folgende Beispiele sollen exemplarisch für Sonderfälle veranschaulicht werden, die in den Bereich von Plain Language Remarks/Situational Awareness Sektion veröffentlicht werden:

Aufgrund einer teilweisen Kontamination weist die Start- und Landebahn eine reduzierte Länge auf.

Folgende Beispiele stellen diesen Umstand dar:

> **RWY 05R LDA REDUCED TO 2300**
> **RWY 14R LDA REDUCED TO 1300**

Diese Information gilt unter der Bedingung, dass ein NOTAM veröffentlicht wurde, das neue deklarierte Entfernungen enthält, die sich auf die Landebahnrollstrecke (LDA) auswirken.

Ein weiteres Beispiel für losen Sand stellt sich wie folgt dar:

> **RWY 12L LOOSE SAND**

„Loser Sand" bezieht sich auf Sand- oder Schmutzpartikel, die auf der Oberfläche der Landebahn in lockerer Form liegen und keine feste Bindung aufweisen. Diese Erscheinung kann insbesondere auf unbefestigten oder unzureichend gewarteten Landebahnen auftreten. Die Präsenz von lockerem Sand kann die Haftung der Flugzeugreifen beeinträchtigen und somit die Brems- als auch Steuereigenschaften während Start- und Landemanövern nachteilig beeinflussen. Demzufolge birgt die Existenz von lockerem Sand auf der Landebahn potenzielle Risiken und erfordert eine erhöhte Aufmerksamkeit seitens der Piloten.

Ein erneutes Beispiel für chemisch behandelte Start- und Landebahnen:

> **RWY 06 CHEMICALLY TREATED**

3.5 Chemische Behandlung auf der Start- und Landebahn

Die „chemische Behandlung auf der Start- und Landebahn" bezieht sich auf den Prozess, bei dem bestimmte Chemikalien auf die Oberfläche der Landebahn aufgetragen werden. Dies geschieht in der Regel, um verschiedene Ziele zu erreichen:

3.5.1 Enteisung

Enteisung: In kälteren Klimazonen oder bei niedrigen Temperaturen kann sich Eis oder Schnee auf der Landebahnoberfläche ansammeln und die Haftung der Flugzeugreifen beeinträchtigen. Chemikalien wie Enteisungsmittel werden aufgetragen, um Eis zu schmelzen und die Landebahn für den Flugbetrieb sicherer zu machen. Unter bestimmten Witterungsverhältnissen werden Start- und Landebahnen präventiv chemisch behandelt, um Vorsichtsmaßnahmen zu ergreifen. Dies wird insbesondere während niedriger Temperaturen durchgeführt, beispielsweise bei prognostizierten Kältebedingungen. Mit dem Ziel, den kontinuierlichen operativen Flugbetrieb zu gewährleisten, erfolgt eine vorbeugende chemische Behandlung der Start- und Landebahnen.

3.5 Chemische Behandlung auf der Start- und Landebahn

3.5.2 Steigerung des Bremskoeffizienten

Manchmal werden Chemikalien aufgetragen, um die Rutschfestigkeit der Landebahn zu erhöhen, insbesondere bei nassen oder rutschigen Bedingungen. Dies hilft dabei, die Brems- und Steuereigenschaften der Flugzeuge zu verbessern.

3.5.3 Reinigung der Landebahnoberfläche

Chemische Behandlungen können auch dazu verwendet werden, Verunreinigungen wie Öl, Treibstoff oder andere Substanzen von der Landebahnoberfläche zu entfernen.

Die Information „obligatorisch chemische Behandlung auf der Landebahn" in diesem Kontext weist darauf hin, dass diese Behandlung aus Sicherheitsgründen erforderlich ist. Die genaue Bezeichnung der Landebahn (mit Angabe von L, C oder R, je nach Lage) sowie die Kennzeichnung „Chemisch Behandelt" werden verwendet, um Piloten darauf hinzuweisen, dass diese spezifische Landebahn einer chemischen Behandlung unterzogen wurde, um sicherere Bedingungen für den Flugbetrieb zu schaffen.

3.5.4 Taxiway and Apron Conditions (Rollwegbeschaffenheit)

Folgende Beispiele für Taxiway Conditions (Rollwegbeschaffenheit) werden aufgeführt:

TWY A5 POOR
TWY A7 CHEMICALLY TREATET GOOD TO MEDIUM
APRON W POOR, APRON F MEDIUM TO POOR.

Wenn Rollbahnen kontaminiert sind, bedeutet dies, dass sie von Fremdstoffen oder Substanzen betroffen sind, die ihre normale Oberflächenbeschaffenheit verändern. Solche Kontaminationen können in Form von Schnee, Eis, Wasser, Schlamm, Schmutz, Öl oder anderen Substanzen auftreten. Kontaminierte Rollbahnen können die Haftung und Steuerbarkeit der Flugzeuge beeinträchtigen, da die Reifen auf einer weniger griffigen Oberfläche weniger effektiv arbeiten können. Dies kann zu verlängerten Bremsstrecken, reduzierter Manövrierfähigkeit und erhöhtem Rutschrisiko führen, insbesondere während des Startens, Landens und Rollens auf der Rollbahn.

Piloten und Flughafenbetreiber müssen sich der Kontaminationsbedingungen bewusst sein, da sie die Flugsicherheit beeinflussen können. Unterschiedliche Kontaminationsgrade erfordern unterschiedliche Maßnahmen, um die Sicherheit zu gewährleisten, beispielsweise Enteisung, Räumung oder die Anwendung von Anti-Rutsch-Behandlungen auf der Rollbahn. Informationen über die Rollwegbedingungen werden in spezifischen Formaten und Codes bereitgestellt, um den Piloten die notwendigen Informationen zu liefern, sich auf die jeweiligen Bedingungen vorzubereiten.

Die Möglichkeit besteht darin, im Abschnitt „Plain Language Remarks" zusätzliche Informationen bezüglich der Bedingungen auf dem Vorfeld anzugeben.

Vorfeldbedingungen (optional):
Format: Vorfeld (Delta) (Poor) APRON D POOR.

3.6 Friction Messfahrten (Measured friction coefficient)

Ermittlung des Reibungskoeffizienten mit Friction Fahrzeugen:

Verwendung des gemessenen Reibungskoeffizienten (Winter Operation):

Es ist notwendig, sämtliche verfügbaren Evaluierungsoptionen und -mittel zur Bestimmung der Glätte auf der Start- und Landebahn in Betracht zu ziehen und sicherzustellen, dass sie den höheren Wert des Reibungskoeffizienten (RWYCC) unterstützen. Die Entscheidungsfindung sollte nicht allein auf Grundlage einer einzelnen Bewertungsmethode erfolgen. Alle Beobachtungen, die von geschultem Fachpersonal gemacht werden, müssen im Einklang mit dem höheren Wert des RWYCC stehen. Dies schließt die Anwendung entsprechender Reibungsmessfahrzeuge mit ein. Falls Messwerte von Reibungsmessfahrzeugen zur Einschätzung herangezogen werden, sollten diese lediglich als zusätzliche Unterstützung für die Entscheidung zur Anhebung des RWYCC auf einer mit Eis bedeckten Piste verwendet werden. Die Reibungskoeffizienten, die mithilfe eines Friction-Messfahrzeugs ermittelt werden, dürfen nicht an die Piloten weitergegeben werden; diese Reibungswerte dienen nur als Orientierungsmaßstab für eigene Bewertungsmaßnahmen.

Zukünftig erfolgt die Bewertung des Pistenzustands in erster Linie durch visuelle Inspektionen. Optionale und ergänzende Bewertungen können durch Reibungsbeiwertmessungen (Friction Tester) durchgeführt werden.

> **Die Übermittlung von Bremskoeffizientenmeldungen ist nicht gestattet!**

Die ermittelten Werte sind lediglich für die eigene Bewertung/Interpretation zu verwenden und dürfen nicht an „Dritte" wie Piloten weitergeleitet werden.

Literatur

Annex 15 Aeronautical Information Services, Chapter 5.1–5.9, 2018
International Civil Aviation Organisation ICAO Doc 8126, Chapter 7 III-7-1 – III-8 – 1, 2021
International Civil Aviation Organisation ICAO ICAO Doc 8400 Abbreviations and Codes, 11-4-3, 2016
International Civil Aviation Organisation ICAO DOC 10066 – Chapter 5, 5.2.51.4 Appendix 4, 2018
International Civil Aviation Organisation ICAO-Annex 10 Aeronautical
Telecommunications Volume I Radio Navigation aids 7th Edition Amendment 92, Attachment D ATTD1 – ATTD88, 2018
International Civil Aviation Organisation ICAO-Annex 10 Aeronautical
Telecommunications Volume II Radio Navigation aids 7th Edition Amendment 92, Chapter 5- 5.1 5.4, 2016
International Civil Aviation Organisation ICAO-Annex 11 Air Traffic
Services fifteenth Edition – Amendment 52, Chapter 7. 7.1–7.4, 2018
International Civil Aviation Organisation ICAO-Annex 14 Aerodromes, Volume I Aerodrome Design and Operations 9th edition Amendment 17, Chapter 9. 9.1–9.16, 2022
International Civil Aviation Organisation ICAO-Annex 14 Aerodromes, Volume II Aerodrome Design and Operations fifth edition Amendment 9, Chapter 5. 5.1–5.3-1, 2020
International Civil Aviation Organisation ICAO-Annex 15 Aeronautical Information Services International Civil Aviation Organisation ICAO Doc 8126 Aeronautical Information Service 7th Edition, Chapter 6. III -6.1- Chapter 11 III-11-1, 2022
International Civil Aviation Organisation ICAO Doc 8400 ICAO Abbreviations and Codes Eighth Edition, 1.1–7.18, 2010
International Civil Aviation Organisation ICAO Circular 329 Assessment, Measurement and Reporting of Runway Surface Conditions, Chapter 6. S. 32–42, 2019
International Civil Aviation Organisation ICAO EUR Doc 041 Guidance on the Issuance of SNOWTAM, S. 6–31, 2021
International Civil Aviation Organisation ICAO Doc 9981 Aerodromes Chapter 7 Appendix II 7 ATT A-1 – Appendix II 8 ATT C-1, 2020
International Civil Aviation Organisation ICAO Doc 8126 Aeronautical Information Service 7th Edition, Chapter 6. III -6.1-Chapter 11 III-11-1, 2022

Anhebung des Runway Condition Codes (RWYCC) 4

Unter spezifischen Umständen kann es vorkommen, dass die Glätte auf Start- und Landebahnen mit einem RWYCC von 0 oder 1 geringer rutschig ist, als der zugewiesene RWYCC vermuten lässt. Dieser Sachverhalt resultiert aus variabler Reibung, die auf unterschiedliche Beläge zurückzuführen ist. Beläge mit RWYCC-Werten von 0 und 1 umfassen folgende Punkte: Es handelt sich dabei um Eis, Wasser auf verdichtetem Schnee oder auch trockenen oder nassen Schnee auf Eis.

Nur diese genannten Beläge können auf einen höheren Code von 1, 2 oder 3 angehoben werden. Dabei müssen folgende Bedingungen für eine Anhebung erfüllt sein: Es sind sämtliche verfügbaren Methoden und Hilfsmittel zur Einschätzung der Glätte in Betracht zu ziehen und sie müssen den erhöhten RWYCC-Wert unterstützen. Die Entscheidung darf nicht ausschließlich auf Grundlage einer einzigen Bewertungsmethode getroffen werden.

4.1 Modifizierung des Runway Condition Codes (RWYCC)

Gelegentlich ist es erforderlich, den RWYCC anzupassen, wenn die Beschaffenheit der Start- und Landebahnoberfläche mehr oder weniger rutschig ist als im ursprünglichen RWYCC, der durch die RCAM-Methode ermittelt wurde.

In solchen Situationen kann der Flughafenbetreiber entscheiden, dass eine vertiefte Bewertung notwendig ist, die zu den folgenden Möglichkeiten führen kann:

© Der/die Autor(en), exklusiv lizenziert an Springer Fachmedien Wiesbaden GmbH, ein Teil von Springer Nature 2024, korrigierte Publikation 2025
A. Montazeri und E. Montazeri, *Handbuch NOTAM, SNOWTAM, GRF, RCC*,
https://doi.org/10.1007/978-3-658-44620-8_4

4.1.1 Die Absenkung des Runway Condition Codes (RWYCC)

Eine Absenkung des Runway Condition Codes (RWYCC) resultiert aus einer umfassenderen Evaluierung, die darauf hinweist, dass die Reibungsfähigkeit der Piste innerhalb dieses Abschnitts rutschiger ist, als im ursprünglich zugewiesenen Runway Condition Code festgelegt.

4.1.2 Die Erhöhung des Runway Condition Codes (RWYCC)

Eine Erhöhung des RWYCC erfolgt, wenn die detaillierte Bewertung ergibt, dass die Reibungsfähigkeit der Piste in diesem Abschnitt höher ist als im ursprünglichen zugewiesenen Runway Condition Code.

Es ist ausschließlich gestattet, den Runway Condition Code anzupassen, wenn die Kriterien für eine Herabsetzung oder Erhöhung gemäß den Veröffentlichungen erfüllt sind, die folgende Publikationen darlegen:

- RCAM Downgrade Assessment Criteria (erkennbar an farblich abgesetzten Spalten im RCAM)
- Erklärungen zu den RCAM-Fußnoten in den Dokumenten ICAO DOC 9981 PANS Aerodromes Part II und ICAO Circ. 329 und ICAO Circular 355.

4.2 Pilot Reports (AIREP)

Die Abkürzung von „AIREP" ist eine Kurzform von „Air-Report". Bei einem AIREP-Bericht handelt es sich um eine Interaktion, die von Piloten oder Flugzeugbesatzungen an Flugsicherungseinrichtungen übermittelt wird. Diese Berichte beinhalten Informationen über meteorologische Bedingungen, Turbulenzen, Vereisung oder andere außergewöhnliche Vorkommnisse, beispielsweise defizitäre Bremseigenschaften auf der Start- und Landebahn während eines Fluges. Die AIREP-Berichte dienen dazu, aktuelle Flugbedingungen zu dokumentieren und relevante Informationen an benachbarte Flugzeuge sowie Flugsicherungsdienste zu kommunizieren, mit dem Ziel, die Sicherheit und Effizienz des Flugverkehrs zu gewährleisten.

Sofern ein Pilot eine Runway Braking Action als (POOR) meldet, die nicht den tatsächlichen Bedingungen der gemeldeten RCR entspricht, ist es verpflichtend, dass der Flughafenbetreiber eine neue Bewertung der Pistenoberflächenbeschaffenheit vornimmt (Runway Inspection inklusive Kontrollfahrten). Des Weiteren ist der Flughafenbetreiber verpflichtet, in regelmäßigen Abständen die Beschaffenheit der Start- und Landebahnoberfläche zu überwachen und erneut zu bewerten, da der Flughafenbetreiber für die Anpassung des Runway Condition Codes (RWYCC) verantwortlich ist und diese bei Änderungen aktualisieren muss. Dies gewährleistet, dass der tatsächliche Zustand der Flugbetriebsflächen auch den gemeldeten Werten des RWYCC entspricht.

Primäre Literatur

Annex 15 Aeronautical Information Services, Chapter 5.1–5.9., 2018
International Civil Aviation Organisation ICAO Doc 8126, Chapter 7 III-7-1 – III-8 – 1, 2021
International Civil Aviation Organisation ICAO Doc 8400 Abbreviations and Codes, 11-4-3., 2016
International Civil Aviation Organisation ICAO DOC 10066 – Chapter 5, 5.2.51.4 Appendix 4, 2018
International Civil Aviation Organisation ICAO DOC 10066 – Chapter 5, 5.2.51.4 Appendix 4., 2018
International Civil Aviation Organisation ICAO-Annex 10 Aeronautical
Telecommunications Volume I Radio Navigation aids 7th Edition Amendment 92., Attachment D ATTD1 – ATTD88., 2018
International Civil Aviation Organisation ICAO-Annex 10 Aeronautical Telecommunications Volume II Radio Navigation aids 7th Edition Amendment 92., Chapter 5- 5.1–5.4., 2016
International Civil Aviation Organisation ICAO-Annex 11 Air Traffic
Services fifteenth Edition – Amendment 52., Chapter 7. 7.1–7.4., 2018
International Civil Aviation Organisation ICAO-Annex 14 Aerodromes, Volume I Aerodrome Design and Operations 9th edition Amendment 17., Chapter 9. 9.1–9.16., 2022
International Civil Aviation Organisation ICAO-Annex 14 Aerodromes, Volume II Aerodrome Design and Operations fifth edition Amendment 9., Chapter 5. 5.1–5.3-1., 2020
International Civil Aviation Organisation ICAO-Annex 15 Aeronautical Information Services sixteenth Edition – Amendment 42., Chapter 5. 5.1 5–9, Chapter 3. 3.1–3.7
International Civil Aviation Organisation ICAO Doc 8126 Aeronautical Information Service 7th Edition., Chapter 6. III -6.1- Chapter 11 III-11-1., 2022

International Civil Aviation Organisation ICAO Doc 8400 ICAO Abbreviations and Codes Eighth Edition., 1.1–7.18., 2010

International Civil Aviation Organisation ICAO Circular 329 Assessment, Measurement and Reporting of Runway Surface Conditions., Chapter 6. S.32–42., 2019

International Civil Aviation Organisation ICAO EUR Doc 041 Guidance on the Issuance of SNOWTAM., S.6–31., 2021

International Civil Aviation Organisation ICAO Doc 9981 Aerodromes Chapter 7 Appendix II 7 ATT A-1 – Appendix II 8 ATT C-1., 2020

International Civil Aviation Organisation ICAO Doc 8126 Aeronautical Information Service 7th Edition., Chapter 6. III -6.1-Chapter 11 III-11-1 2022

Kommunikationspfad RCR (Flughafenbetreiber)

5

Zukünftig erfolgt die Bewertung des Pistenzustands in erster Linie durch visuelle Inspektionen (Runway and Taxiway Inspection). Der Flugplatzbetreiber wird den Zustand der Start- und Landebahnen sowie die Flugbetriebsflächen immer dann bewerten, wenn sich Wasser, Schnee, Schneematsch, Eis oder Reif auf einer aktiv genutzten Start- und Landebahn sowie Flugbetriebsflächen befinden.

1. Das Ergebnis dieser Bewertung wird im Rahmen des Runway Condition Reports (RWYCC) zusammen mit einer Beschreibung der Pistenoberfläche im Rahmen des Runway Condition Reports (RCR) gemeldet.
2. Gemäß vorherigen Vereinbarungen kann der Flugplatzbetreiber dem Aeronautical Information Service Center (AIS-C) eine Entwurfsfassung des SNOWTAM mit zusätzlichen Informationen zur Verfügung stellen.
3. Signifikante Änderungen der Pistenbedingungen müssen vom Flugplatzbetreiber umgehend gemeldet werden.
4. Wenn der Flugplatzbetreiber durch ein Air-Report (AIREP) erfährt, dass der Pistenzustand nicht mit dem gemeldeten Zustand übereinstimmt, ist eine Neubewertung erforderlich.
5. Die Auswirkungen auf Flugsicherungsdienste betreffen die Erweiterung des SNOWTAM-Formulars gemäß den Anforderungen des GRF-Meldesystems. Dies ermöglicht dem Flugplatzbetreiber, den aktuellen Zustand der Start- und Landebahn (Runway Condition Report – RCR) an das AIS-C (Aeronautical Information Service – Center) der DFS (Deutsche Flugsicherung GmbH) zu übermitteln. Zusätzlich wird eine Online-Plattform entwickelt, um diesen Prozess zu erleichtern. Das AIS-C ist verantwortlich für die Erstellung und Verteilung des SNOWTAM an Flugzeugführer. Gleichzeitig wird

---

© Der/die Autor(en), exklusiv lizenziert an Springer Fachmedien Wiesbaden GmbH, ein Teil von Springer Nature 2024, korrigierte Publikation 2025
A. Montazeri und E. Montazeri, *Handbuch NOTAM, SNOWTAM, GRF, RCC*,
https://doi.org/10.1007/978-3-658-44620-8_5

der Pistenzustandsbericht vom Flugplatzbetreiber auch an die örtliche Flugplatzkontrollstelle übermittelt. Es ist wichtig zu beachten, dass die Details zur Berechnung der Kennzahlen des Pistenzustands und zur Anwendung des RCAM (Runway Condition Assessment Matrix) im ICAO Dokument 9981 Teil 2, Kap. 2 ab de 5. November 2020 beschrieben sind.
6. Seit dem 5. November 2020 erfolgt die Übermittlung des Pistenzustandsberichts, der vom AIS-C erstellt wurde, nicht mehr über METAR (MOTNE). Stattdessen wird die Weitergabe des Pistenzustandsberichts über Sprechfunk oder ATIS (Automatic Terminal Information Service) gewährleistet. Im Sprechfunk wird standardmäßig nur der Runway Condition Code übermittelt. Die detaillierten Informationen zur Art der Pistenkontamination, Höhe und Bedeckungsgrad werden nur auf Anfrage weitergegeben. Ein Beispiel für eine Sprechfunkmeldung wäre: „RWY 14L SURFACE CONDITION ISSUED AT TIME 0810 RWY CONDITION CODE 3/3/3.
7. Der vollständige Pistenzustandsbericht wird über ATIS übermittelt.

Ein Beispiel für eine ATIS-Meldung wäre

EDDK ARR-ATIS B
EXPECT ILS APPROACH RWY 14L
RWY IN USE 14L
RWY COND RWY 14L AT TIME 0800
RCC: TDZ 3 MID3 END 3
DEPOSIT 12MM WET SNOW 50% 12MM WET SNOW 50% 12MM WET SNOW 25%

5.1 Sprechfunkmeldungen (RCC)

Ein Beispiel für eine Sprechfunkmeldung sieht wie folgt aus

Cologne Bonn Arrival Information Bravo
MET REPORT TIME 0810
EXPECT ILS APPROACH RWY 14L
RUNWAYS IN USE 14L AND 14R
RUNWAY SURFACE CONDITION RUNWAY 14L ISSUED AT TIME 0800
RUNWAY CONDITION CODE TOUCH DOWN ZONE 3, MID POINT 3 STOP END 3
DEPOSIT 12 MILLIMETERS WET SNOW 50 PERCENT, 12 MILLIMETERS

50 PERCENT WET SNOW 12 mm WET SNOW 75 PERCENT
RUNWAY SURFACE CONDITION RUNWAY 14R ISSUED AT TIME 0820
RUNWAY CONDITION CODE TOUCH DOWN ZONE 5 MID POINT 5 STOP
END 5
DEPOSIT 3 MILLIMETERS WET 100 PERCENT, 3 MILLIMETERS
WET 50 PERCENT, 3 MILLIMETERS WET 50 PERCENT

5.2 Der vollständige Pistenzustandsbericht/ATIS

Der vollständige Pistenzustandsbericht wird über ATIS übermittelt:
In der ATIS bzw. D-ATIS wird der Pistenzustandsbericht abgekürzt, wenn die gemeldeten Zustandswerte für alle Pistenabschnitte identisch sind.
Ein exemplarisches Beispiel im SNOWTAM-Format lautet wie folgt:

03160810 14L 5/5/5 100/100/100 NR/NR/NR WET/WET/WET

Ein Beispiel wird in einem Textformat für die ATIS wie folgt dargestellt:

RWY COND RWY 14L AT TIME 0810
RCC TDZ 5 MID 5 STOPEND 5 DEPOSIT TOTAL RWY 3MM WET 100%

Erforderliche Maßnahmen der Luftfahrzeugbetreiber im Zusammenhang mit der Einführung des neuen SNOWTAM-Formats können potenziell weitreichende Auswirkungen in verschieden Bereichen haben. Diese Auswirkungen können sich auf die betrieblichen Verfahren und die Berechnung der Flugleistung auswirken. Infolgedessen ist es notwendig, die jeweiligen Betriebshandbücher zu überprüfen und anzupassen. Besonders die folgenden Punkte sollten von den Luftfahrtbetreibern sorgfältig bewertet und berücksichtigt werden:

1. Überarbeitung von Form und Inhalt der neuen SNOWTAM
2. Anpassung der Verwendung von SNOWTAM und RCR für die Flugleistungsberechnung sowie Änderungen in Bezug auf den Erhalt von SNOWTAM am Boden (zur Flugplanung) und während des Flugs.

Da SNOWTAM zukünftig den Runway Condition Code anstelle des bisher verwendeten Bremskoeffizienten beinhalten, werden einige Änderungen in dem SNOWTAM-Format erforderlich sein. Möglicherweise müssen zusätzliche Informationen von den Luftfahrzeugherstellern angefordert und in die betrieblichen Abläufe integriert werden, was eventuell eine Aktualisierung des Flughandbuchs einschließt.

Für Sonderflugmeldungen (AIREP) sollten die entsprechenden Sprechgruppen gemäß den geltenden Vorschriften und Bekanntmachungen über die Verwendung von Sprechfunkverfahren genutzt werden. Es ist ebenfalls wichtig zu beachten, dass Flugbesatzungen für die neuen Inhalte von SNOWTAM und die damit verbundenen Verfahren entsprechend geschult werden müssen. Des Weiteren trägt der Flughafenbetreiber die Pflicht, das entsprechende Personal zu schulen, die für die Berichterstattung in Bezug auf den RCC verantwortlich sind.

Primäre Literatur

Annex 15 Aeronautical Information Services, Chapter 5.1–5.9., 2018
International Civil Aviation Organisation ICAO Doc 8126, Chapter 7 III-7-1 – III-8 – 1, 2021
International Civil Aviation Organisation ICAO Doc 8400 Abbreviations and Codes, 11–4–3., 2016
International Civil Aviation Organisation ICAO DOC 10066 – Chapter 5, 5.2.51.4 Appendix 4, 2018
International Civil Aviation Organisation ICAO DOC 10066 – Chapter 5, 5.2.51.4 Appendix 4., 2018
International Civil Aviation Organisation ICAO-Annex 10 Aeronautical
Telecommunications Volume I Radio Navigation aids 7th Edition Amendment 92., Attachment D ATTD1 – ATTD88., 2018
International Civil Aviation Organisation ICAO-Annex 10 Aeronautical Telecommunications Volume II Radio Navigation aids 7th Edition Amendment 92., Chapter 5- 5.1–5.4., 2016
International Civil Aviation Organisation ICAO-Annex 11 Air Traffic
Services fifteenth Edition – Amendment 52., Chapter 7. 7.1–7.4., 2018
International Civil Aviation Organisation ICAO-Annex 14 Aerodromes, Volume I Aerodrome Design and Operations 9th edition Amendment 17., Chapter 9. 9.1–9.16., 2022
International Civil Aviation Organisation ICAO-Annex 14 Aerodromes, Volume II Aerodrome Design and Operations fifth edition Amendment 9., Chapter 5. 5.1–5.3-1., 2020

Primäre Literatur

International Civil Aviation Organisation ICAO-Annex 15 Aeronautical Information Services sixteenth Edition – Amendment 42., Chapter 5. 5.1 5–9, Chapter 3. 3.1–3.7

International Civil Aviation Organisation ICAO Doc 8126 Aeronautical Information Service 7th Edition., Chapter 6. III -6.1- Chapter 11 III-11-1., 2022

International Civil Aviation Organisation ICAO Doc 8400 ICAO Abbreviations and Codes Eighth Edition., 1.1–7.18., 2010

International Civil Aviation Organisation ICAO Circular 329 Assessment, Measurement and Reporting of Runway Surface Conditions., Chapter 6. S. 32–42., 2019

International Civil Aviation Organisation ICAO EUR Doc 041 Guidance on the Issuance of SNOWTAM., S. 6–31., 2021

International Civil Aviation Organisation ICAO Doc 9981 Aerodromes Chapter 7 Appendix II 7 ATT A-1 – Appendix II 8 ATT C-1., 2020

International Civil Aviation Organisation ICAO Doc 8126 Aeronautical Information Service 7th Edition., Chapter 6. III -6.1-Chapter 11 III-11-1, 2022

SNOWTAM-FORMAT (NEU)

Die essenzielle Rolle von SNOWTAM-Meldungen in der Luftfahrt leisten einen signifikanten Beitrag zur Erhöhung der Flugsicherheit und der Optimierung betrieblicher Abläufe (Abb. 6.1).

Folgende Punkte sind diesbezüglich von maßgeblicher Relevanz:

Sicherheit: Die Zustände von Start- und Landebahnen, insbesondere in Bezug auf Schnee und Eis, können erhebliche Auswirkungen auf die Sicherheit des Flugbetriebs haben. Die genaue und detaillierte Information in SNOWTAM-Meldungen ermöglicht es Piloten, ihre Flugvorbereitungen entsprechend zu verändern, um unter den vorherrschenden Bedingungen einen sicheren Flugbetrieb zu gewährleisten.

Effizienz: Durch präzise Angaben zu Schnee- und Eisbedingungen können Fluggesellschaften ihre Betriebsabläufe effizienter koordinieren.

Planungssicherheit: Die rechtzeitige und exakte Bereitstellung von Informationen in SNOWTAM-Meldungen ermöglicht es Piloten, ihre Flugrouten sowie Entscheidungen bezüglich Start und Landung präzise zu planen. Dies gewährleistet eine umfassende Vorbereitung der Flugzeugbesatzungen unter Berücksichtigung der spezifischen meteorologischen Bedingungen.

Zusammenfassend tragen SNOWTAM-Meldungen in der Luftfahrt maßgeblich zur Sicherheit bei. Zentraler Bestandteil ist die Effizienz und die planerische Zuverlässigkeit des Flugbetriebs unter winterlichen Bedingungen.

Im folgenden Abschnitt wird detailliert dargestellt, wie ein SNOWTAM-Format konkret ausgefüllt wird. Instruktionen zur Ausfüllung des SNOWTAM-Formats:

Appendix 4. SNOWTAM FORMAT
(See Chapter 5, 5.2.5.1.4)

(applicable as of 5 November 2020)

(COM heading)	(PRIORITY INDICATOR)	(ADDRESSES)				⇚
	(DATE AND TIME OF FILING)	(ORIGINATOR'S INDICATOR)				⇚
(Abbreviated heading)	(SWAA* SERIAL NUMBER) S W • •		(LOCATION INDICATOR)	DATE/TIME OF ASSESMENT	(OPTIONAL GROUP)	⇚(

SNOWTAM ➔ (Serial number) ⇚

Aeroplane performance calculation section				
(AERODROME LOCATION INDICATOR)	M	A)		⇚
(DATE/TIME OF ASSESSMENT *(Time of completion of assessment in UTC)*)	M	B)		➔
(LOWER RUNWAY DESIGNATION NUMBER)	M	C)		➔
(RUNWAY CONDITION CODE (RWYCC) ON EACH -RUNWAY THIRD) *(From Runway Condition Assessment Matrix (RCAM) 0, 1, 2, 3, 4, 5 or 6)*	M	D)	/ /	➔
(PER CENT COVERAGE CONTAMINANT FOR EACH RUNWAY THIRD)	C	E)	/ /	➔
(DEPTH *(mm)* OF LOOSE CONTAMINANT FOR EACH RUNWAY THIRD)	C	F)	/ /	➔
(CONDITION DESCRIPTION OVER TOTAL RUNWAY LENGTH) *(Observed on each runway third, starting from threshold having the lower runway designation number)* COMPACTED SNOW DRY DRY SNOW DRY SNOW ON TOP OF COMPACTED SNOW DRY SNOW ON TOP OF ICE FROST ICE SLUSH STANDING WATER WATER ON TOP OF COMPACTED SNOW WET WET ICE WET SNOW WET SNOW ON TOP OF COMPACTED SNOW WET SNOW ON TOP OF ICE	M	G)	/ /	➔
(WIDTH OF RUNWAY TO WHICH THE RUNWAY CONDITION CODES APPLY, IF LESS THAN PUBLISHED WIDTH)	O	H)		⇚
Situational awareness section				
(REDUCED RUNWAY LENGTH, IF LESS THAN PUBLISHED LENGTH *(m)*)	O	I)		➔
(DRIFTING SNOW ON THE RUNWAY)	O	J)		➔
(LOOSE SAND ON THE RUNWAY)	O	K)		➔
(CHEMICAL TREATMENT ON THE RUNWAY)	O	L)		➔
(SNOWBANKS ON THE RUNWAY) *(If present, distance from runway centre line (m) followed by "L", "R" or "LR" as applicable)*	O	M)		➔
(SNOWBANKS ON A TAXIWAY)	O	N)		➔
(SNOWBANKS ADJACENT TO THE RUNWAY)	O	O)		➔
(TAXIWAY CONDITIONS)	O	P)		➔
(APRON CONDITIONS)	O	R)		➔
(MEASURED FRICTION COEFFICIENT)	O	S)		➔
(PLAIN-LANGUAGE REMARKS)	O	T)		)

NOTES:
1. *Enter ICAO nationality letters as given in ICAO Doc 7910, Part 2 or otherwise applicable aerodrome identifier.
2. Information on other runways, repeat from B to H.
3. Information in the situational awareness section repeated for each runway, taxiway and apron. Repeat as applicable when reported.
4. Words in brackets ( ) not to be transmitted.
5. For letters A) to T) refer to the *Instructions for the completion of the SNOWTAM Format, paragraph 1, item b)*.

SIGNATURE OF ORIGINATOR *(not for transmission)*

Abb. 6.1 SNOWTAM (Neu). (Quelle: ICAO DOC 10066 – Chapter 5, 5.2.51.4 Appendix 4)

Hinweis: Die Herkunft der Daten, der Bewertungsprozess und die Verfahren im Zusammenhang mit dem System zur Meldung von Oberflächenbedingungen sind in den Verfahren für Luftnavigationsdienste – Flughäfen (PANS-Aerodromes, ICAO Doc 9981) festgelegt.

6.1 Tabellenbeschreibung des SNOWTAM-Formats

6.1.1 Allgemeines

a) Bei der Berichterstattung über mehrere Start- und Landebahnen sind die Elemente B bis H (Berechnung der Flugzeugleistung) zu wiederholen.

b) Die Buchstaben, die zur Kennzeichnung der Elemente verwendet werden, dienen nur als Referenz und sollten nicht in die Nachrichten aufgenommen werden. Die Buchstaben M (obligatorisch), C (bedingt) und O (optional) markieren die Verwendung und Informationen und sollten gemäß den unten erklärten Vorschriften eingefügt werden.

c) Metrische Einheiten müssen verwendet werden, und die Einheit der Messung wird nicht berichtet.

d) Die maximale Gültigkeitsdauer eines SNOWTAM beträgt 8 h. Ein neues SNOWTAM wird ausgegeben, sobald ein neuer Bericht über die Zustände auf der Start- und Landebahn vorliegt.

e) Ein SNOWTAM hebt die vorherigen SNOWTAM auf.

f) Die abgekürzte Überschrift „TTAAiiii CCCC MMYYGGgg (BBB)" ist enthalten, um die automatische Verarbeitung von SNOWTAM-Nachrichten in Computerdatenbanken zu erleichtern. Die Erklärung dieser Symbole lautet wie folgt:

TT= Datenkennzeichner; SNOWTAM=SW;

AA= geografischer Kennzeichner für Staaten, z. B. LF= Frankreich, EG= Vereinigtes Königreich (siehe Standortkennzeichner (Doc 7910), Teil 2, Index der Nationalitätsbuchstaben für Standortkennzeichner); iiii = SNOWTAM-Seriennummer in einer vierstelligen Gruppe; CCCC= vierbuchstabiges Standortkennzeichen des Flugplatzes, auf den sich das SNOWTAM bezieht (siehe Standortkennzeichen des Flugplatzes, auf den sich das SNOWTAM bezieht (siehe Standortkennzeichner (Doc 7910)); MMYYGGgg = Datum/Uhrzeit der Beobachtung/Messung, wobei: MM= Monat, z. B. Januar = 01. Dezember = 12 YY = Tag des Monats GGgg = Zeit in Stunden (GG) und Minuten (gg) UTC; (BBB)= optionale Gruppe für Korrekturen, im Falle eines

Fehlers, an einer zuvor verbreiteten SNOWTAM-Nachricht mit derselben Seriennummer= KOR.

Hinweis 1: Klammern in (BBB) werden verwendet, um anzuzeigen, dass diese Gruppe optional ist.

Hinweis 2: Wenn über mehrere Start- und Landebahnen berichtet wird und individuelle Daten/Uhrzeiten der Beobachtung/Bewertung durch die wiederholte Angabe von Element B angegeben werden, wird das neueste Datum/ Uhrzeit der Beobachtung/Bewertung in der abgekürzten Überschrift (MMY-YGGgg) eingefügt. Beispiel: Abgekürzte Überschrift von SNOWTAM Nr. 149 aus Zürich, Beobachtung/Messung vom 7.November um 0620 UTC: SWLSO149 LSZH 11070620

Hinweis 3: Die Informationsgruppen sind durch Leerzeichen getrennt, wie oben dargestellt.

g) Der Text „SNOWTAM" im SNOWTAM-Format und die SNOWTAM-Seriennummer in einer vierstelligen Gruppe sollen durch ein Leerzeichen getrennt sein, z. B.: SNOWTAM 0124.

h) Um die Lesbarkeit der SNOWTAM-Nachricht zu erhöhen, sollte nach der SNOWTAM-Seriennummer, nach Element A und nach dem Abschnitt zur Berechnung der Flugzeugleistung ein Zeilenumbruch eingefügt werden.

i) Bei der Berichterstattung über mehrere Start- und Landebahnen ist zu beachten, dass die Informationen im Abschnitt zur Berechnung der Flugzeugleistung für jede Start- und Landebahn, beginnend mit dem Datum und der Uhrzeit der Bewertung, wiederholt werden sollten, bevor die Informationen im Abschnitt zur Lagebewusstsein präsentiert werden.

j) Zu den obligatorischen Informationen gehören:
  1. Das Standortkennzeichen des Flughafens.
  2. Das Datum und die Uhrzeit der Bewertung.
  3. Die niedrigere Start- und Landebahnkennung.
  4. Der Start- und Landebahnzustandscode für jedes Drittel der Start- und Landebahn.
  5. Die Zustandsbeschreibung für jedes Drittel der Start- und Landebahn (wenn der Start- und Landebahnzustand mit den Codes 1 bis 5 gemeldet wird).

h) Abschnitt zur Berechnung der Flugzeugleistung:
  Element A – Element B – Element C –
  Hinweis: Es sollte immer nur eine Start- und Landebahnkennung für jede Start- und Landebahn angegeben werden, und zwar immer die niedrigere Kennung.

6.1 Tabellenbeschreibung des SNOWTAM-Formats

Element D – Der Start- und Landebahnzustandscode für jedes Drittel der Start- und Landebahn. Hierbei wird jeweils eine Ziffer (0,1, 2, 3, 4, 5, oder 6) für jedes Drittel der Start- und Landebahn eingefügt, wobei die Ziffern durch Schrägstriche (n/n/n) getrennt sind.

6.1.2 Element E/ Prozentualer Anteil der Bedeckung/ Start- und Landebahn

Element E – Der prozentuale Anteil der Bedeckung für jedes Drittel der Start- und Landebahn. Wenn vorhanden, wird für jedes Drittel der Start- und Landebahn eine der Zahlen 25, 50, 75 oder 100 eingefügt, jeweils getrennt durch einen Schrägstrich ((n)nn/(n)nn/(n)nn)

Hinweis 1: Diese Informationen werden nur dann bereitgestellt, wenn der Zustand der Start- und Landebahn für jedes Drittel (Element D) von 6 abweicht und es eine Zustandsbeschreibung für jedes Drittel der Start- und Landebahn (Element G) gibt, die von TROCKEN abweicht.

Hinweis 2: Wenn keine Bedingungen gemeldet werden, wird dies durch die Einfügung von „NR" für das entsprechende Drittel der Start- und Landebahn angezeigt.

Element F – Die Tiefe des losen Verschmutzungsmaterials für jedes Drittel der Start- und Landebahn. Wenn vorhanden, wird die Tiefe in Millimetern für jedes Drittel der Start- und Landebahn angegeben, wobei die Werte durch Schrägstriche (nn/nn/nn oder nnn/nnn/nnn) getrennt sind.

Hinweis 1: Diese Informationen werden nur für bestimmte Arten von Kontaminationen bereitgestellt, darunter stehendes Wasser, Schneematsch, nasser Schnee und trockener Schnee. Die Angaben umfassen signifikante Änderungen der Tiefe dieser Materialen.

SNOWTAM Beispiel 1

```
SWED0022 EDDK 02060630
(SNOWTAM 0022
EDDK
02060630 14L 5/5/5 100/100/100 NR/NR/03 WET/WET/WET SNOW
02060650 06 3/2/3 100/100/100 08/06/10 WET SNOW/SLUSH/WET SNOW
02060700 14R 5/3/3 100/50/75 NR/08/06 WET/WET SNOW /WET SNOW)
```

Start- und Landebahn 14L/32R
Die Start- und Landebahn 14L/32R und deren Kontrollfahrt wurde am 06. Februar um 06:30 Uhr UTC durchgeführt. Die Start- und Landebahn 14L/32R ist auf dem ersten Drittel (TDZ) mit Wasser kontaminiert (WET), daher wird als RCC-Wert 5 zu (100 % Bedeckung) im SNOWTAM angegeben. Die Ablagerung wurde mit NR angegeben, demnach gilt: (< = 03 mm) not reported. Im zweiten Drittel (MIDPOINT) ist die Start- und Landebahn 14L/32R ebenfalls mit Wasser kontaminiert, sodass der RCC-Wert mit 5 mit bis zu 100 % Bedeckung angegeben wird. Die Ablagerung wurde hier mit ebenfalls NR angegeben, somit gilt: (< = 03 mm) not reported. Das letzte Drittel (STOPEND) ist zu 100 % mit nassem Schnee (WET SNOW) kontaminiert. Die Ablagerung wurde mit 03 mm angegeben, somit wird der RCC-Wert mit 5 vermerkt.

Start- und Landebahn 14R/32L
Die Start- und Landebahn 14R/32L und deren Kontrollfahrt wurde am 06. Februar um 07:00 Uhr UTC durchgeführt. Die Start- und Landebahn 14R/32L ist auf dem ersten Drittel (TDZ) nass und demzufolge mit Wasser kontaminiert. Es wird als RCC-Wert die 5 mit (100 % Bedeckung) im SNOWTAM angegeben. Die Ablagerung ist mit NR not reported (< = 03 mm) gekennzeichnet. Im zweiten Drittel (MIDPOINT) ist die Start- und Landebahn 14R/32L mit nassem Schnee kontaminiert, daher wird der RCC-Wert mit dem Wert von drei mit bis zu 50 % Bedeckung angegeben. Die Ablagerung wird an dieser Stelle mit 08 mm vermerkt, somit resultiert daraus der RCC-Wert von 3. Das letzte Drittel (STOPEND) der Start- und Landebahn 14R/32L ist ebenfalls mit nassem Schnee kontaminiert, daher wird der RCC-Wert mit 3 bis zu 75 % Bedeckung angegeben. Die Ablagerung ist hier mit 06 mm vermerkt, sodass der RCC-Wert von 3 daraus resultiert.

Start- und Landebahn 06/24
Die Start- und Landebahn 06/24 und deren Kontrollfahrt wurde am 06. Februar um 06:50 Uhr UTC durchgeführt. Die Start- und Landebahn 06/24 ist auf dem ersten Drittel (TDZ) mit nassem Schnee kontaminiert, daher wird als RCC-Wert die 3 mit einer Bedeckung zu 100 % mit einer Ablagerung von 08 mm vermerkt. Im zweiten Drittel (MIDPOINT) ist die Start- und Landebahn mit Matsch (SLUSH) kontaminiert und bis zu 100 % bedeckt. Die Ablagerung liegt bei 06 mm, daher wird der RCC-Wert mit 2 angegeben. Im letzten Drittel (STOPEND) ist die 06/24 mit nassem Schnee (WET SNOW) kontaminiert. Die Ablagerung liegt bei 10 mm und ist bis zu 100 % bedeckt. Der RCC-Wert ist ebenso mit 3 angegeben.

SNOWTAM Beispiel 2

SWED0012 EDDK 01230130
(SNOWTAM 0012
EDDK
01230130 14L 5/5/5 100/100/100 03/03/03 WET SNOW/WET SNOW/SLUSH
01230145 14R 5/3/2 100/50/75 NR/10/06 WET/WET SNOW/SLUSH
01230200 06 6/6/6 25/25/25 06/06/06 WET SNOW/WET SNOW/WET SNOW)

Start- und Landebahn 14L/32R
Die Start- und Landebahn 14L/32R und deren Kontrollfahrt wurde am 23. Januar um 01:30 Uhr UTC durchgeführt. Die Start- und Landebahn 14L/32R ist auf dem ersten Drittel (TDZ) mit nassem Schnee kontaminiert (WET SNOW), daher wird als RCC-Wert die 5 mit bis zu 100 % Bedeckung im SNOWTAM angegeben. Die Ablagerung wurde mit 03 mm gekennzeichnet. Im zweiten Drittel (MIDPOINT) ist die Start- und Landebahn 14L/32R ebenfalls mit nassem Schnee kontaminiert, daher wird der RCC-Wert mit 5 und mit bis zu 100 % Bedeckung vermerkt. Die Ablagerung wird an dieser Stelle ebenfalls mit 03 mm angegeben. Das letzte Drittel (STOPEND) ist bis zu 100 % mit Matsch (SLUSH) kontaminiert. Die Ablagerung beträgt 03 mm und ist demnach mit einem RCC-Wert von 5 aufgeführt.

Start- und Landebahn 14R/32L
Die Start- und Landebahn 14R/32L und dessen Kontrollfahrt wurde am 23. Januar um 01:45 Uhr UTC durchgeführt. Die Start- und Landebahn 14R/32L ist auf dem ersten Drittel (TDZ) nass (Wasser), daher wird als RCC-Wert die 5 mit einer Bedeckung von 100 % vermerkt und im SNOWTAM angegeben. Die Ablagerung wird mit NR not reported (< = 03 mm) festgelegt. Im zweiten Drittel (MIDPOINT) ist die Start- und Landebahn 14R/32L mit nassem Schnee kontaminiert, daher wird der RCC-Wert mit 3 und mit einer Bedeckung von 50 % bestimmt. Die Ablagerung wird mit 10 mm vorgegeben. Daraus resultiert ein RCC-Wert von 3.

Das letzte Drittel (STOPEND) der Start- und Landebahn 14R/32L ist mit Matsch (SLUSH) kontaminiert, daher wird der RCC-Wert mit 2 und mit einer Bedeckung von 75 % gekennzeichnet. Die Ablagerung ist mit 06 mm festgesetzt, daraus resultiert der RCC-Wert von 2.

Start- und Landebahn 06/24
Die Start- und Landebahn 06/24 und dessen Kontrollfahrt wurde am 23. Januar um 02:00 Uhr UTC durchgeführt. Die Start- und Landebahn 06/24 ist auf dem ersten Drittel (TDZ) mit nassem Schnee kontaminiert und daher zu 25 % bedeckt. Der

RCC-Wert von 6 ist mit einer Ablagerung von 06 mm festgelegt. Im zweiten Drittel (MIDPOINT) ist die Start- und Landebahn ebenfalls mit nassem Schnee kontaminiert und bis zu 25 % bedeckt, daher wird als RCC-Wert ebenso die 6 angegeben. Die Ablagerung von 06 mm ist an dieser Stelle zu verzeichnen. Im letzten Drittel (STOPEND) ist die 06/24 ebenfalls mit nassem Schnee (WET SNOW) kontaminiert und weist einen Wert vom 06 mm in Bezug zur Ablagerung auf. Die Bedeckung dessen liegt bei 25 %. Der RCC-Wert ist demzufolge mit 6 anzugeben.

SNOWTAM Beispiel 3

    SWED0014 EDDK 01240230
    (SNOWTAM 0014
    EDDK
    01240230 14L 5/5/5 100/100/100 NR/NR/NR WET/WET /WET
    01240240   06 5/5/5 100/100/100 NR/NR/NR WET/WET /WET
    01240250 14R 5/5/5 100/100/100 NR/NR/NR WET/WET/WET)
    RWY 14L CHEMICALLY TREATED. RWY 06 CHEMICALLY TREATED.
    RWY 14R CHEMICALLY TREATED.
    RWY 14L SNOWBANK R30 FM CL. TWY A BTN A7 AND A2 POOR.
    APRON D
    POOR

Start- und Landebahn 14L/32R

Am 24. Januar um 02:30 Uhr UTC fand eine Inspektion der Start- und Landebahn 14L/32R statt. Das erste Drittel, bekannt als Touchdown-Zone (TDZ), ist nass, daher wurde im SNOWTAM ein RCC-Wert von 5 angegeben, was einer 100-%igen Bedeckung entspricht. Die Ablagerung wurde als nicht berichtet (NR) (< = 03 mm) eingestuft. Im mittleren Abschnitt (MIDPOINT) war die Start- und Landebahn ebenfalls nass und mit einem RCC-Wert von 5 mit einer potenziellen 100-%igen Bedeckung vermerkt. Auch hier wurde die Ablagerung als nicht berichtet eingestuft (NR). Der letzte Abschnitt (STOPEND) war zu 100 % nass. Die Ablagerung wurde auch hier nicht berichtet und der RCC-Wert beträgt 5. Die gesamte Länge der Start- und Landebahn 14L/32R wurde chemisch behandelt.

Start- und Landebahn 06/24

Am 24. Januar um 02:40 Uhr UTC fand eine Inspektion der Start- und Landebahn 06/24 statt. Die Start- und Landebahn 06/24 wies im ersten Drittel (TDZ) Nässe auf, was zur Kennzeichnung eines RCC-Werts von 5 im SNOWTAM führt. Dies entspricht einer 100-%igen Bedeckung. Die Art der Ablagerung wurde als nicht berichtet (NR) (< = 03 mm) eingestuft. Im mittleren Abschnitt (MIDPOINT) ist die Start- und Landebahn 06/24 ebenfalls nass, mit einem RCC-Wert von 5 gekennzeichnet und einer potenziell 100-%igen Bedeckung vermerkt. Auch hier wurde die Ablagerung als nicht berichtet eingestuft (NR). Der letzte Abschnitt (STOPEND) ist bis zu 100 % nass. Die Ablagerung wurde nicht berichtet (NR) und der RCC-Wert beträgt 5. Die gesamte Länge der Start- und Landebahn 06/24 wurde einer chemischen Behandlung unterzogen. Auf allen drei Start-/Landebahnen ist die Tiefe der Kontamination (< = 03 mm).

Start- und Landebahn 14R/32 L
Am 24. Januar um 02:50 Uhr UTC wurde eine Kontrollfahrt auf der Start- und Landebahn 14R/32 L durchgeführt. In der Touchdown-Zone (TDZ) dieser Bahn herrschte Nässe, was zu einer Kennzeichnung des RCC-Werts mit 5 und einer 100-%igen Bedeckung im SNOWTAM führt. Die Art der Ablagerung wurde als nicht berichtet (NR) (< = 03 mm) eingestuft. Im mittleren Abschnitt (MIDPOINT) dieser Landebahn ist ebenfalls Nässe vorhanden, was zu einem RCC-Wert von 5 und einer potenziellen 100-%igen Bedeckung führt. Auch hier wurde die Art der Ablagerung als nicht berichtet eingestuft (NR). Der letzte Abschnitt (STOPEND) ist zu 100 % nass. Die Art der Ablagerung wurde erneut als nicht berichtet beschrieben (NR) und der RCC-Wert beträgt 5. Eine chemische Behandlung wurde entlang der gesamten Länge der Start- und Landebahn 14R/32 L durchgeführt.

Des Weiteren werden Angaben zum Schneewall auf der Start- und Landebahn 14L gemacht. Diese liegen auf der rechten Seite mit einer Entfernung von 30 m perspektivisch betrachtet von der Mittellinie aus. Der Oberflächenzustand des Rollwegs A zwischen A7 und A2 ist in einem schlechten Zustand. Dies betrifft ebenfalls das Vorfeld D.

SNOWTAM Beispiel 4.

SWED0018 EDDK 01280230
(SNOWTAM 0018
EDDK
01281630 14L 2/3/5 75/100/100 06/12/03 SLUSH/WET SNOW/SLUSH 35
01281640 14R 5/3/6 50/100/25 NR/06/06 WET/WET SNOW/SLUSH
01281700 06 6/6/6 25/25/25 06/06/06 SLUSH/SLUSH/SLUSH
RWY 14L CHEMICALLY TREATED)

Start- und Landebahn 14L/32R

Am 28. Januar um 16:30 Uhr UTC wurde eine Inspektion der Start- und Landebahn 14L/32R durchgeführt. In der Touchdown-Zone (TDZ) dieser Bahn wurde eine Kontamination mit Matsch (SLUSH) festgestellt, was zu einer Angabe des RCC-Werts mit 2 mit einer 75-%igen Bedeckung im SNOWTAM führt. Die Ablagerung wurde als 06 mm gemessen. Im mittleren Abschnitt (MIDPOINT) war die Start- und Landebahn 14L/32R mit nassem Schnee kontaminiert, was zu einem RCC-Wert von 3 mit bis zu 100-%iger Bedeckung führt. Hier wurde eine Ablagerung von 12 mm festgestellt. Der letzte Abschnitt (STOPEND) ist zu 100 % mit Matsch (SLUSH) kontaminiert, wobei eine Ablagerung von 03 mm gemessen wurde. Der RCC-Wert beträgt daher 5. Es sei darauf hingewiesen, dass der RCR (Runway Condition Report) für die Start- und Landebahn 14L/32R nur für die verfügbare Breite von 35 m gilt, wie angegeben.

Start- und Landebahn 14R/32 L

Am 28. Januar um 16:40 Uhr UTC wurde eine Inspektion der Start- und Landebahn 14R/32 L durchgeführt. In der Touchdown-Zone (TDZ) dieser Bahn wurde Nässe (Wasser) festgestellt, was zu einer Angabe des RCC-Werts mit 5 mit einer 50-%igen Bedeckung im SNOWTAM führt. Die Ablagerung wurde als nicht berichtet (< = 03 mm) beschrieben. Im mittleren Abschnitt (MIDPOINT) der Start- und Landebahn 14R/32 L wurde eine Kontamination mit nassem Schnee festgestellt, was zu einem RCC-Wert von 3 mit einer 100-%igen Bedeckung führt. Die Ablagerung wurde hier mit 06 mm gemessen, was diesen RCC-Wert erzielt. Der letzte Abschnitt (STOPEND) der Start- und Landebahn 14R/32 L ist mit Matsch (SLUSH) kontaminiert, was zu einer Einstufung des RCC-Werts mit 6 mit einer 25-%igen Bedeckung führt. Auch hier wurde eine Ablagerung von 06 mm gemessen, was den RCC-Wert von 6 verursacht.

Start- und Landebahn 06/24

Die Kontrollfahrt auf der Start- und Landebahn 06/24 wurde am 28. Januar um 17:00 Uhr UTC durchgeführt. In der Touchdown-Zone (TDZ) dieser Bahn ist eine Kontamination mit Matsch (SLUSH) zu 25 % vorhanden, was zu einer Kennzeichnung des RCC-Werts mit 6 führt. Die Ablagerung beträgt hier 06 mm. Im mittleren Abschnitt (MIDPOINT) ist die Landebahn ebenfalls mit Matsch (SLUSH) kontaminiert, ebenfalls zu 25 % bedeckt, was den RCC-Wert erneut mit 6 kennzeichnet. Auch hier beträgt die Ablagerung 06 mm.

Im letzten Abschnitt (STOPEND) der Start- und Landebahn 06/24 ist ebenfalls eine Kontamination mit Matsch (SLUSH) vorhanden, mit einer Ablagerung von

6.1 Tabellenbeschreibung des SNOWTAM-Formats

06 mm und einer Bedeckung von bis zu 25 %. Der RCC-Wert ist hier ebenfalls mit 6 anzugeben.

Zusammenfassend lassen sich die wichtigsten Punkte wie folgt darstellen
Die Gültigkeitsdauer eines SNOWTAM beträgt höchstens 8 h. Alle Angaben sollten ausschließlich in metrischen Einheiten erfolgen, beispielsweise in Millimetern und Zentimetern. Die Erstellung eines neuen SNOWTAM erfolgt stets unverzüglich, wenn der Flughafenbetreiber einen neuen Runway Condition Report (RCR) einreicht. Um das Verfahren zur Einreichung und Veröffentlichung dieser RCRs festzulegen, ist im Voraus eine Vereinbarung zwischen dem Flughafenbetreiber und dem Aeronautical Information Service (AIS) erforderlich. Ein neues SNOWTAM ersetzt automatisch das vorherige SNOWTAM, wenn es für einen bestimmten Flughafen erstellt wird. Es ist nicht notwendig, alte SNOWTAM zu stornieren oder auf diese zu verweisen, da sie automatisch gelöscht und ersetzt werden. Die Seriennummer des SNOWTAM wird zu Beginn eines jeden Kalenderjahres auf null zurückgesetzt, sodass das erste SNOWTAM im neuen Jahr am 1. Januar mit der Seriennummer 000 1 beginnt.

Im SNOWTAM (Snow Aerodrome/Airport Terminal Information Message) sind bestimmte Informationen erforderlich, die in einem Bericht über die aktuellen Wetter- und Pistenbedingungen auf einem Flughafen enthalten sein müssen:

1. Die Kennung des Flughafens oder des Flugplatzes, an dem die Meldung erstellt wird.
2. Das Datum und die Uhrzeit, zu der die Bewertung durchgeführt wurde.
3. Die Nummer, die die niedrigere Landebahn auf dem Flughafen identifiziert.
4. Der Zustandscode für die Landebahn, der für jedes Drittel der Landebahn angegeben werden muss.
5. Eine ausführliche Beschreibung des Zustands für jedes Drittel der Landebahn, wenn der Zustandscode der Landebahn 1 bis 5 beträgt.

Diese Informationen sind wichtig, um sicherzustellen, dass Piloten und Flughafenbetreiber über die aktuellen Bedingungen informiert sind und entsprechende Maßnahmen ergreifen können, um den Flugbetrieb sicher und effizient fortzusetzen, insbesondere wenn Schnee und Eis auf der Landebahn vorhanden sind.

Primäre Literatur

Annex 15 Aeronautical Information Services, Chapter 5.1–5.9., 2018
International Civil Aviation Organisation ICAO Doc 8126, Chapter 7 III-7-1 – III-8 – 1, 2021
International Civil Aviation Organisation ICAO Doc 8400 Abbreviations and Codes, 11-4-3., 2016
International Civil Aviation Organisation ICAO DOC 10066 – Chapter 5, 5.2.51.4 Appendix 4, 2018
International Civil Aviation Organisation ICAO DOC 10066 – Chapter 5, 5.2.51.4 Appendix 4., 2018
International Civil Aviation Organisation ICAO-Annex 10 Aeronautical
Telecommunications Volume I Radio Navigation aids 7th Edition Amendment 92., Attachment D ATTD1 – ATTD88., 2018
International Civil Aviation Organisation ICAO-Annex 10 Aeronautical Telecommunications Volume II Radio Navigation aids 7th Edition Amendment 92., Chapter 5- 5.1–5.4., 2016
International Civil Aviation Organisation ICAO-Annex 11 Air Traffic
Services fifteenth Edition – Amendment 52., Chapter 7. 7.1–7.4., 2018
International Civil Aviation Organisation ICAO-Annex 14 Aerodromes, Volume I Aerodrome Design and Operations 9th edition Amendment 17., Chapter 9. 9.1–9.16., 2022
International Civil Aviation Organisation ICAO-Annex 14 Aerodromes, Volume II Aerodrome Design and Operations fifth edition Amendment 9., Chapter 5. 5.1–5.3-1., 2020
International Civil Aviation Organisation ICAO-Annex 15 Aeronautical Information Services sixteenth Edition – Amendment 42., Chapter 5. 5.1 5–9, Chapter 3. 3.1–3.7
International Civil Aviation Organisation ICAO Doc 8126 Aeronautical Information Service 7th Edition., Chapter 6. III -6.1- Chapter 11 III-11–1., 2022
International Civil Aviation Organisation ICAO Doc 8400 ICAO Abbreviations and Codes Eighth Edition., 1.1–7.18., 2010
International Civil Aviation Organisation ICAO Circular 329 Assessment, Measurement and Reporting of Runway Surface Conditions., Chapter 6. S. 32–42., 2019
International Civil Aviation Organisation ICAO EUR Doc 041 Guidance on the Issuance of SNOWTAM., S. 6–31., 2021
International Civil Aviation Organisation ICAO Doc 9981 Aerodromes Chapter 7 Appendix II 7 ATT A-1 – Appendix II 8 ATT C-1., 2020
International Civil Aviation Organisation ICAO Doc 8126 Aeronautical Information Service 7th Edition., Chapter 6. III -6.1-Chapter 11 III-11–1, 2022

NOTAM-zu-AIP-Veröffentlichungen und Trigger-NOTAM

7

In der Regel ist es erforderlich, dass sämtliche vorübergehenden Modifikationen im Vergleich zum Luftfahrthandbuch AIP/IFR/VFR in Form von NOTAM veröffentlicht werden. In einigen Fällen, insbesondere in Bezug auf bestimmte AIP-Veröffentlichungen wie Supplements, werden sogenannte „Trigger-NOTAM" herausgegeben, um besondere Publikationen zu kennzeichnen. Supplements können verschiedene Aspekte abdecken, darunter die Einführung neuer IFR-Anflugverfahren, Luftraumbeschränkungen oder umfangreiche Bauprojekte, die am Flugplatz über einen erheblichen Zeitraum auftreten. NOTAM, die eine Gültigkeitsdauer von mehr als drei Monaten haben, sollten in die AIP aufgenommen werden.

> **Merke:** Dauerhafte Änderungen müssen im AIP nach drei Monaten aufgenommen werden!

Weiter sind Trigger-NOTAM Mitteilungen, die dazu dienen, auf bevorstehende Neuveröffentlichungen oder bedeutende Änderungen im Aeronautical Information Publication (AIP) hinzuweisen. Sie enthalten eine prägnante Beschreibung (Trigger) der bevorstehenden Neuveröffentlichungen oder Änderungen sowie einen Verweis auf die spezifische Position im AIP, wo diese Informationen zu finden sind. Die Veröffentlichungsdauer solcher Mitteilungen beträgt höchstens 14 Tage.

© Der/die Autor(en), exklusiv lizenziert an Springer Fachmedien Wiesbaden GmbH, ein Teil von Springer Nature 2024, korrigierte Publikation 2025
A. Montazeri und E. Montazeri, *Handbuch NOTAM, SNOWTAM, GRF, RCC*,
https://doi.org/10.1007/978-3-658-44620-8_7

Beispiele werden wie folgt aufgeführt
A1953/21 – TRIGGER NOTAM – PERM AIRAC AMDT 04/21 WEF 22 APR 2021.
 CHANGES TO SID. 22 APR 00:00 2021 UNTIL 05 MAY 23:59 2021. CREATED: 12 APR 06:50

A1571/23 – TRIGGER NOTAM – AIP SUP VFR 14/23 WEF 17 NOV 2022 TIL JUN 2023.
 CONSTRUCTION WORK AT KOELN/BONN AIRPORT. 06 APR 06:57 2023 UNTIL 20 APR 23:59 2023. CREATED: 06 APR 06:58 2023

A1953/21 – TRIGGER NOTAM – PERM AIRAC AMDT 04/21 WEF 22 APR 2021.
 CHANGES TO SID. 22 APR 00:00 2021 UNTIL 05 MAY 23:59 2021. CREATED: 12 APR 06:50

A5244/21 – TRIGGER NOTAM – PERM AIRAC AIP AMDT 10/21 EFFECTIVE 07 OCT 2021. CHANGES TO RUNWAY PHYSICAL CHARACTERISTICS. 07 OCT 00:00 2021 UNTIL 20 OCT 23:59 2021. CREATED: 12 SEP 11:27 2021

A5223/20 – TRIGGER NOTAM PERM AIRAC AIP AMDT 10/22 WEF 06 OCT 2020. CHANGES TO STARS. 06 OCT 00:00 2020 UNTIL 24 OCT 23:59 2020.

A1571/23 – TRIGGER NOTAM – AIP SUP VFR 14/23 WEF 17 NOV 2022 TIL JUN 2023.
 CONSTRUCTION WORK AT KOELN/BONN AIRPORT. 06 APR 06:57 2023 UNTIL 20 APR 23:59 2023. CREATED: 06 APR 06:58 2023

Im Folgenden werden AIP Supplements dargestellt.

7 NOTAM-zu-AIP-Veröffentlichungen und Trigger-NOTAM

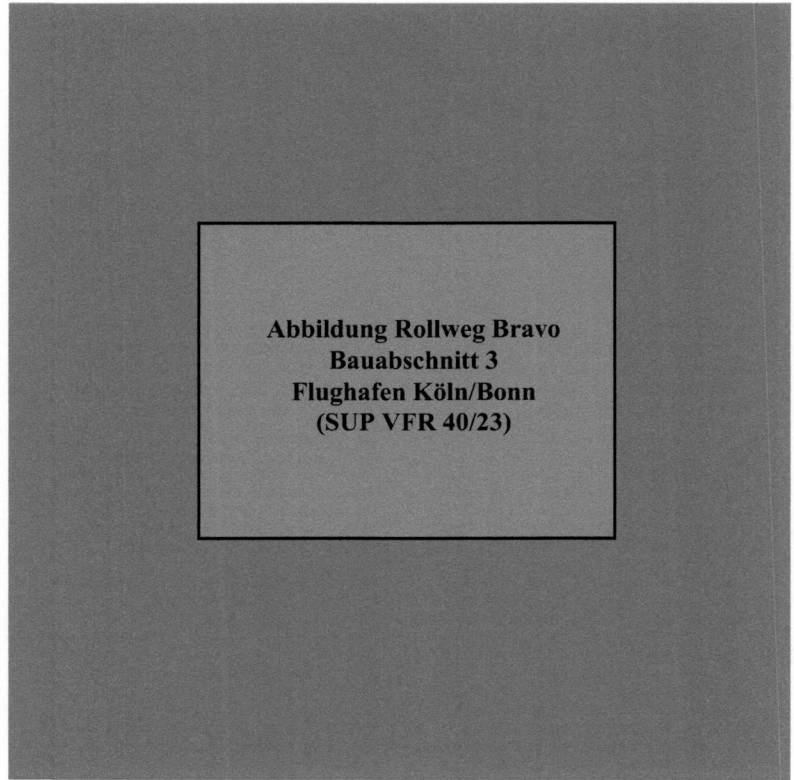

Das Trigger-NOTAM weist auf die unten aufgeführten IFR SUP AIP Dokumente/Abb. 7.1 hin:

A5069/23 – TRIGGER NOTAM – PERM IFR AIP AMDT 10/23 WEF 05 OCT 2023.

CHANGES TO MAG VAR, AD 2.7, ILS RWY 14L, ILS RWY 24, USE OF RWY 06/24, TAXIING ON APRONS, USE OF A380 AND A340–600. 05 OCT 07:43 2023 UNTIL 19 OCT 07:43 2023. CREATED: 05 OCT 07:47 2023 (Abb. 7.2 und 7.3)

DFS Deutsche Flugsicherung

BUNDESREPUBLIK DEUTSCHLAND
FEDERAL REPUBLIC OF GERMANY

DFS Deutsche Flugsicherung GmbH (German Air Navigation Services)
Büro der Nachrichten für Luftfahrer (Aeronautical Publication Agency)
Am DFS-Campus 7 · 63225 Langen · Germany
Redaktion/Editorial office: desk@dfs.de
Vertrieb/Distribution: customer-support@eisenschmidt.aero
http://dfs.de

AIP SUP

VFR 40/23

21 SEP 2023

Neubau Rollbahn TWY B am Verkehrsflughafen Köln/Bonn (EDDK) (05 OKT 2023 bis voraussichtlich Ende Juni 2024)	New construction of taxiway TWY B at Cologne Bonn Airport (EDDK) (05 OCT 2023 until approximately the end of JUN 2024)
Am Flughafen Köln/Bonn wird die gesamte TWY B generalsaniert – dazu wurden im Vorfeld acht Bauabschnitte definiert. Der Bereich zwischen der Schwelle 14R und der Schwelle 06 konnte bereits fertig gestellt werden. Der Bauabschnitt 2.3 wird am 04 OKT fertiggestellt und dem Flugbetrieb übergeben.	At Cologne Bonn Airport, the entire TWY B is being renovated. For this purpose, eight construction phases were defined prior to the measure. The area between threshold 14R and threshold 06 has already been completed. The section of construction phase 2.3 will be completed on 04 OCT and re-opened to flight operations.
Im Zeitraum vom 05 OKT 2023 bis voraussichtlich Ende Juni 2024 wird Bauabschnitt 3 saniert. Die Sanierungsfläche ist der beigefügten Grafik zu entnehmen. TWY B wird dabei in Betonbauweise erstellt. Durch die großflächigen Tiefbauarbeiten kann es in Verbindung mit ungünstigen Witterungsbedingungen zu sichtbarer Staubentwicklung kommen. Die geschlossenen TWY-Abschnitte werden mit einer Tages- und Nachtkennzeichnung versehen. Über den gesamten Zeitraum der Baumaßnahme ergeben sich folgende flugbetriebliche Einschränkungen und besondere Betriebsverfahren:	In the period from 05 OCT 2023 until approximately the end of JUN 2024, the renovation work of construction phase 3 will be carried out. The renovation area is shown in the illustration attached. TWY B will be resurfaced in concrete. In unfavourable meteorological conditions, the large-scale ground construction work may cause visible accumulations of dust. The closed TWY sections will be marked/lighted during the day and at night. During the entire construction period, the following restrictions to flight operations as well as special operating procedures will apply:
– Sperrung des Kreuzungsbereichs TWY B und TWY A durch den Bauabschnitt BA 3	– Closure of the intersection area TWY B and TWY A due to construction phase BA 3
– Sperrung der Abstellpositionen B17, B14, B12, B11, B10, C50, C06, E09 und E10 sowie Einschränkung der Pos B16 zur Abstellung von Luftfahrzeugen (Umschleppen nur möglich, wenn Position B18 frei ist)	– Closure of aircraft stands B17, B14, B12, B11, B10, C50, C06, E09 and E10, and restriction for stand B16 for the parking of aircraft (retowing of aircraft is only possible if stand B18 is vacant)
– Die Rollbeziehung TWY B <-> TWY A7 & TWY A5 entfällt für die komplette Realisierungsdauer der Baumaßnahme.	– There will be no taxiway connection between TWY B <-> TWY A7 & TWY A5 during the entire construction period.
– TWY A5 ist über TWY A (bis Codeletter F) und über TWY E (für Codeletter C exkl. A321, B737 MAX 10, MD-82) erreichbar.	– TWY A5 can be accessed via TWY A (up to code letter F) and via TWY E (for code letter C, excluding A321, B737 MAX 10, MD-82).

Seite 1 von 3 / Page 1 of 3

Abb. 7.1 AIP Supplement VFR 40/23. (Quelle: DFS/AIP, Stand 21.09.2023, © DFS Deutsche Flugsicherung GmbH)

7 NOTAM-zu-AIP-Veröffentlichungen und Trigger-NOTAM

LUFTFAHRTHANDBUCH DEUTSCHLAND
AIP GERMANY

AD 2 EDDK 1-19
05 OCT 2023

8.6 Rollen auf TWY T2
Auf TWY T2 dürfen ausschließlich Luftfahrzeuge, die maximal der ICAO-Kategorie Codeletter C entsprechen, rollen.

9. A380 und A340-600
Der Flughafen Köln/Bonn steht dem LFZ-Typ A380-800 ausschließlich für Ausweichlandungen zur Verfügung.
Um Schäden insbesondere an der Oberfläche der Rollbahnschultern zu vermeiden, dürfen beim Rollen die beiden äußeren Triebwerke maximal im Leerlauf betrieben werden.
Luftfahrzeuge vom Typ A380-800 dürfen nur auf der RWY 14L/32R starten und landen. Folgende Einschränkungen sind dabei zu beachten:
– Nutzung der RWY 14L: Nach der Landung darf ausschließlich über TWY A1 bzw. A zur Parkposition gerollt werden; zum Start darf das Rollen lich über die TWYs A und A7 zur Schwelle 14L erfolgen.
– Nutzung der RWY 32R: Nach der Landung darf ausschließlich über die TWYs A4 bzw. A7 und A zur Parkposition gerollt werden; zum Start darf das Rollen ausschließlich über TWY A1 bzw. A zur Schwelle 32R erfolgen.
Luftfahrzeuge vom Typ A340-600 dürfen nur auf der RWY 14L/32R sowie der RWY 24 starten und landen. Folgende Einschränkungen sind dabei zu beachten:
– Nutzung der RWY 14L: Nach der Landung darf ausschließlich am Ende der Piste über TWY A zur Parkposition gerollt werden; zum Start darf das Rollen ausschließlich über die TWYs A und A5 bzw. A7 erfolgen.
– Nutzung der RWY 32R: Nach der Landung darf ausschließlich über die TWYs A7 und A zur Parkposition gerollt werden; zum Start darf das Rollen ausschließlich über TWY A zur Schwelle 32R erfolgen.
– Nutzung der RWY 24: Nach der Landung darf ausschließlich über die TWYs B, T, D und A zur Parkposition gerollt werden; zum Start darf das Rollen ausschließlich über die TWYs A, A3 und D zur Schwelle 24 erfolgen.

10. Führung von Luftfahrzeugen auf TWY M und Standplatzrollgasse N
10.1 Zur parallelen Führung von Luftfahrzeugen bis zu einer Spannweite von 36 m (ICAO Codeletter C), sind die TWYs M-ORANGE und M-BLUE in den Farben Verkehrsorange und Verkehrsblau farbkodiert markiert und mit orange/grün und orange/blau abstrahlenden Unterflurfeuern versehen.
10.2 Luftfahrzeuge mit einer Spannweite größer als 36 m dürfen ausschließlich den gelb markierten und grün/grün befeuerten TWY-M-center benutzen.
10.3 TWY M-center, M-ORANGE und M-BLUE gehen an der durchgezogenen roten Linie in die Standplatzrollgassen N-center, N-ORANGE und N-BLUE über.
10.4 Zur parallelen Führung von Luftfahrzeugen auf den Standplatzrollgassen bis zu einer Spannweite von 36 m (ICAO Codeletter C) sind die Standplatzrollgassen N-ORANGE und N-BLUE in den Farben Verkehrsorange und Verkehrsblau farbkodiert markiert sowie mit orange/grün und blau/grün abstrahlenden Unterflurfeuern versehen.
10.5 Luftfahrzeuge mit einer Spannweite von mehr als 36 m (ICAO Codeletter C) dürfen ausschließlich die gelb markierten und grün/gelb befeuerten Standplatzrollgasse N-center benutzen. Querab der Position D51 ist das Rollen von LFZ mit einer maximalen Spannweite von 36 m erlaubt.

11. Benutzung des militärischen Teils
11.1 Luftfahrzeuge, die Vorfeld 2 (Mil-Vorfeld) benutzen, benötigen ausnahmslos 24 Stunden PPR von Mon – Fri und 48 Stunden PPR Sat, Sun und HOL. PPR nur über AFTN: ETNKZPZX oder über Fax: +49 2203 908 6737.
11.2 Die PPR-Nr. ist in Feld 18 der aufgegebenen Flugplanmeldung einzutragen. Flugplan- und Flugplanfolgemeldungen sind zusätzlich an ETCQZQZX zu adressieren.
11.3 Luftfahrzeuge, die den militärischen Teil des Flughafens (Ramp 2, Z) benutzen, müssen 15 Minuten vor der Landung mit dem Gefechtsstand Kontakt aufnehmen. (Rufzeichen: KOELN/BONN MILITARY, Frequenz 378.225, Ausweichfrequenz 136.255 MHz).
11.4 Ist das Betreten der Vorfelder (MIL Ramp 2 und Z) notwendig, so ist
– die Einsatzsteuerung über AIS bzw. dem Gefechtsstand vor Betreten der Vorfelder zu informieren,
– die Parkposition auf dem kürzesten Weg, rechtwinklig und ohne eine Überwachungsschleife zu berühren, anzusteuern.
11.5 Gelbe Rolleitlinien auf dem militärischen Vorfeld sind nur für Flughafen stationierte Luftfahrzeuge vorgesehen. Andere Luftfahrzeuge sind ausnahmslos angehalten, dem Einweisungsfahrzeug zu folgen.
11.6 Luftfahrzeuge mit aktivem Selbstschutz
Luftfahrzeuge mit aktivem Selbstschutz dürfen nur auf dem militärischen Teil des Flugplatzes abgestellt werden.
11.7 Der Start von Luftfahrzeugen unter Benutzung des Nachbrenners ist nicht gestattet. Davon ausgenommen ist der Luftfahrzeugtyp Tornado.

8.6 Taxiing on TWY T2
On TWY T2, taxiing is only permitted for aircraft up to ICAO category code letter C.

9. Use of A380 and A340-600
For aircraft type A380-800, Köln/Bonn Airport is only available for diversionary landings.
To avoid damage, in particular to the surface of the taxiway shoulders, the two outer engines may only run at idle power when taxiing.
Aircraft type A380-800 may only take off and land on RWY 14L/32R. The following restrictions shall be taken into account:
– Use of RWY 14L: After landing, only TWY A1 or A may be used to taxi to the aircraft stand; for take-off, only TWYs A and A7 may be used to taxi to threshold 14L.
– Use of RWY 32R: After landing, only TWYs A4 or A7 may be used to taxi to the aircraft stand position; for take-off, only TWYs A1 or A may be used to taxi to threshold 32R.
Aircraft type A340-600 may only take off and land on RWY 14L/32R and RWY 24. The following restrictions shall be taken into account:
– Use of RWY 14L: After landing, only TWY A may be used to taxi to the aircraft stand; for take-off, only TWYs A and A5 or A7 may be used to taxi.
– Use of RWY 32R: After landing, only TWYs A7 and A may be used to taxi to the aircraft stand; for take-off, only TWY A may be used to taxi to threshold 32R.
– Use of RWY 24: After landing, only TWYs B, T, D and A may be used to taxi to the aircraft stand; for take-off, only TWYs A, A3 and D may be used to taxi to threshold 24.

10. Guidance of aircraft on TWY M and Taxilane N
10.1 For parallel guidance of aircraft up to a wingspan of 36 m (ICAO code letter C), the TWYs M-ORANGE and M-BLUE consist of a contrasted guide line marking in traffic orange and traffic blue and of orange/green and blue/green surface lights.
10.2 For aircraft with a wingspan of more than 36 m, it is mandatory to use the taxiway centreline marked in yellow and lighted in green/green.
10.3 TWY M-center, M-ORANGE and M-BLUE merge into taxilane N-center, N-ORANGE and N-BLUE. The border is marked by a continuous red line.
10.4 For parallel guidance of aircraft up to a wingspan of 36 m (ICAO code letter C), the aircraft stand taxilanes N-ORANGE and N-BLUE are colored in traffic orange and traffic blue, and have orange/green and blue/green surface lights.
10.5 For aircraft with a wingspan of more than 36 m, it is mandatory to use taxilane N-center marked in yellow and lighted in green/green. Abeam aircraft stand D51, taxiing is only permitted for aircraft with a maximum wingspan of 36 m.

11. Use of the military section
11.1 Aircraft using apron 2 (Mil apron) require, without exception, prior permission (PPR) 24 hours from Mon - Fri and 48 hours on SAT, SUN and HOL. PPR via AFTN: ETNKZPZX or via fax: +49 2203 908 6737.
11.2 Insert PPR number in item 18 of the flight plan. Flight plan and associated messages shall also be addressed to ETCQZQZX.
11.3 Aircraft using the military section of Cologne Bonn (apron 2, Z) shall contact the command post 15 minutes prior to landing. (Call sign: KOELN/BONN MILITARY, frequency 378.225, alternate frequency 136.255 MHz).
11.4 If it is necessary to enter the aprons (Mil ramp 2 and Z),
– the mission control centre shall be informed in advance via the AIS or the command post,
– the aircraft stands shall be accessed via the shortest rectangular route and without crossing a surveillance sensor.
11.5 The yellow taxi guide lines on the military apron are only for use by aircraft based at the airport. Other aircraft are strictly advised to follow the follow-me vehicle.
11.6 Aircraft with active self-protection
Aircraft with active self-protection may only be parked on the military part of the aerodrome.
11.7 Aircraft are not permitted to take off using the afterburner. Exempt from this is the aircraft type Tornado.

© DFS Deutsche Flugsicherung GmbH

AMDT 10/23

Abb. 7.2 AIP AMDT 1023 IFR. (Quelle: DFS/AIP, Stand 05.10. 2023, © Deutsche Flugsicherung GmbH)

AD 2 EDDK 1-14　　　　　　　　　　　　　　　　　　　　　LUFTFAHRTHANDBUCH DEUTSCHLAND
05 OCT 2023　　　　　　　　　　　　　　　　　　　　　　　　　　　　　　　　AIP GERMANY

Type of aid MAG VAR Type of supported OPS VOR/ILS/MLS declination	ID	Frequency/ Channel service provider RPI	Hours of operation	Position of transmitting antenna coordinates	Elevation of DME transmitting antenna	Service volume radius GBAS	Remarks
1	2	3	4	5	6	7	8
Koeln/Bonn **ILS 14L (CAT III)**							
LOC (2° E/2019)	IKES	110.90 MHz	H24	N 50 51 10.32 E 007 10 08.63	-		Usable: Up to 10.7 NM in the area 035°(L)/035°(R) in relation to RCL MIN interception altitude: 1710 ft MSL. From 10.7 NM to 17 NM in the area 035°(L)/035°(R) in relation to RCL MIN interception altitude: 2500 ft MSL. From 17 NM to 25 NM in the area 010°(L)/ 010°(R) in relation to RCL MIN interception altitude: 2500 ft MSL.
GP	-	330.80 MHz	H24	N 50 52 46.15 E 007 08 02.29	-		-
OM	dashes	75.00 MHz	H24	N 50 55 37.16 E 007 03 43.73	-		3.77 NM THR 14L
MM	dot-dash	75.00 MHz	H24	N 50 53 11.28 E 007 07 11.91	-		0.50 NM THR 14L
Koeln/Bonn **ILS 24 (CAT I)**							
LOC (2° E/2019)	IKOW	109.10 MHZ	H24	N 50 51 32.32 E 007 07 12.03	-		Usable: Up to 9.9 NM in the area 024°(L)/035°(R) in relation to RCL MIN interception altitude: 2120 ft MSL. From 9.9 NM to 13 NM in the area 024°(L)/ 035°(R) in relation to RCL MIN interception altitude: 2700 ft MSL. From 13 NM to 17 NM in the area 010°(L)/ 010°(R) in relation to RCL MIN interception altitude: 2700 ft MSL.
GP	-	331.40 MHz	H24	N 50 52 00.86 E 007 09 06.27	-		Usable up to 10 NM BTN 3°(L) and 8°(R) of RCL.
DME	IKOW	CH28x (109.10 MHz *)	H24	N 50 52 00.88 E 007 09 06.25	274		Usable: up to 18 NM in sector ±10°, in relation to the RCL MIN interception altitude in this area: 2800 ft MSL up to 12 NM in sector 35°(N) – 24°(S), in relation to the RCL MIN interception altitude in this area: 2300 ft MSL * Ghost frequency
Koeln/Bonn **ILS 32R (CAT III)**							
LOC (2° E/2019)	IKEN	111.10 MHZ	H24	N 50 53 04.02 E 007 07 23.88	-		Usable: Up to 10.7 NM in the area 007°(L)/008°(R) in relation to RCL MIN interception altitude: 1980 ft MSL. From 10.7 NM to 17 NM in the area 007°(L)/008°(R) in relation to RCL MIN interception altitude: 3000 ft MSL. From 17 NM to 25 NM in the area 004°(L)/ 004°(R) in relation to RCL MIN interception altitude: 3000 ft MSL.
GP	-	331.70 MHz	H24	N 50 51 31.62 E 007 09 50.35	-		-
DME	IKEN	CH48x (111.10 MHz *)	H24	N 50 51 31.65 E 007 09 50.30	334		Usable: up to 17 NM in sector 30°(W) – 10°(E), in relation to the RCL up to 25 NM in sector 04°(W) – 04°(E), in relation to the RCL MIN interception altitude in these areas: 3000 ft MSL, at distances of less than 10.3 NM (from the antenna) it is 1910 ft MSL. * Ghost frequency

AMDT 10/23　　　　　　　　　　　　　　　　　　　　　　© DFS Deutsche Flugsicherung GmbH

Abb. 7.3 AIP AMDT 1023 AD 2 EDDK 1–14. (Quelle: DFS/AIP, Stand 05.10.2023, © Deutsche Flugsicherung GmbH)

7.1 Trigger-NOTAM und dazugehörige Verfahren

Sogenannte „Trigger-NOTAM" sind NOTAM, die dazu dienen, die Existenz und den Inhalt von AIRAC AIP Amendments oder AIP Supplements von operativer Relevanz anzukündigen. Der Text dieser Trigger-NOTAM wird in den Vorab-Informationsbulletins (PIB) aufgenommen, um sicherzustellen, dass Piloten und Betreiber darüber in Kenntnis gesetzt werden, dass dauerhafte Änderungen von operativer Bedeutung ab dem angegebenen Datum in Kraft treten. Einzelheiten und vorübergehende Änderungen sowie dauerhafte Änderungen sind im AIP Supplements/Amendments vorzufinden.

Sogenannte „Trigger-NOTAM" unterliegen allgemeinen Regelungen:

- AIRAC AIP Amendments und AIRAC AIP Supplements werden stets durch ein NOTAM angekündigt.
- Beachten Sie, dass Informationen zu Umständen gemäß Annex 15, Kap. 6, Absatz 6.2 unter dem regulierten „AIRAC"-System veröffentlicht werden müssen, entweder als AIRAC AIP Amendment oder als AIRAC AIP Supplement.
- Im Abschnitt E) darf der Text 300 Zeichen nicht überschreiten und muss stets mit den Worten „Trigger NOTAM" beginnen. Im Fall eines AIP Amendments folgt die Abkürzung PERM, gefolgt von der Referenznummer des veröffentlichen AIP Amendments oder AIP Supplements, dem Wirksamkeitsdatum und einer kurzen Beschreibung seines Inhalts. Die Uhrzeit der Wirksamkeit wird ausgelassen, es sei denn, sie weicht von der standardmäßigen AIRAC-Wirksamkeitszeit um 0000 UTC ab.
- Trigger-NOTAM müssen am Wirksamkeitsdatum und zur Uhrzeit des Amendments oder Supplements in Kraft treten, auf das sie sich beziehen. Idealerweise sollten Trigger-NOTAM sobald wie möglich, vorzugsweise zum Veröffentlichungsdatum des AIRAC AIP Amendments oder des AIP Supplements, herausgegeben werden.
- Die Gültigkeitsdauer von Trigger-NOTAM beträgt 14 Tage.

7.2 Funktion von Supplements und Amendments

Folgendes Beispiel erklärt die Funktion von Supplements Amendments Luftfahrthandbuch Berichtigungen (AMDT AIP)

Berichtigungen des Luftfahrthandbuchs (AMDT AIP), die dauerhafte Änderungen betreffen, werden in regelmäßigen Abständen von vier Wochen veröffentlicht. Die Veröffentlichungsdaten für das aktuelle Jahr sind im Kapitel GEN 3.1–12 des AIP Handbuchs verfügbar.

Auf dem Deckblatt jeder entsprechenden Berichtigung sind die betroffenen AIP-Seiten angegeben, die ausgetauscht oder neu hinzugefügt werden müssen. Ebenso wird darauf hingewiesen, welche NOTAM durch die Aufnahme in das AIP außer Kraft gesetzt wurden.

Luftfahrthandbuch Ergänzungen (SUP AIP)
Die Ergänzungen zum AIP enthalten zeitlich begrenzte Anweisungen und Informationen. Diese können folgende Aspekte umfassen:

1. Veröffentlichungen mit einer Gültigkeitsdauer von mindestens drei Monaten.
2. Veröffentlichungen, die Karten enthalten, selbst wenn ihre Gültigkeitsdauer weniger als drei Monate beträgt.

Trigger-NOTAM werden gemäß den zu verbreitenden Informationen in der entsprechenden NOTAM-Reihe herausgegeben. Bei der Ausgabe von Trigger-NOTAM sind die normalen NOTAM-Verfahren zu befolgen.

Der NOTAM-Code für die zweiten und dritten Buchstaben („Subject") muss aus dem NSC (NOTAM Selection Criteria) ausgewählt werden und darf niemals ‚XX' sein. Falls keine passende Kombination aus zweitem und drittem Buchstaben existiert, sollte ‚FA' für Flugplatz oder ‚AF' für Flugverkehrsregion verwendet werden.

Der NOTAM-Code für einen Trigger-NOTAM muss immer ‚TT' als vierten und fünften Buchstaben („Condition") enthalten. Dieser exklusive ‚TT'-‚Condition'-Indikator muss für alle Themen der NOTAM-Codes verwendet werden, auch wenn er nicht ausdrücklich in den NSC-Tabellen aufgeführt ist.

Der exklusive ‚TT'-‚Condition'-Indikator kann verwendet werden, um spezifische Trigger-NOTAM von jedem veröffentlichenden NOF abzurufen, und er kann zusätzlich dazu verwendet werden, Trigger-NOTAM zu einem bestimmten Zeitpunkt vor ihrem Wirksamkeitsdatum in das PIB aufzunehmen oder nicht aufzunehmen.

Im Fall von Änderungen oder Supplements, die Informationen zu verschiedenen Themen und/oder Standorten enthalten, kann ein einzelner Trigger-NOTAM herausgegeben werden, der sich mit mehreren Themen und/oder Standorten befasst.

Für Flugverkehrsregionen kann das veröffentlichende NOF alle Informationen, die sich auf eine oder mehrere Flugverkehrsregionen beziehen, unabhängig vom Thema, gruppieren, um die Anzahl der zu veröffentlichenden NOTAM zu reduzieren. Für Flugplätze ist jeweils ein eigenes Trigger-NOTAM auszugeben. Verschiedene Themen, die sich auf denselben Flugplatz beziehen, können jedoch in demselben NOTAM gruppiert werden.

7.2 Funktion von Supplements und Amendments

Im Fall von Änderungen oder Ergänzungen, die Informationen zu einem neuen Standortindikator oder einer geänderten Kennung enthalten, wird das zugehörige Trigger-NOTAM als FIR-Information herausgegeben. Dabei wird der Umfang E verwendet, um die Position A) mit dem Standortindikator des betroffenen FIR und die Position E) mit Informationen zum neuen oder geänderten Standortindikator zu versehen.

Trigger-NOTAM im Kontext von AIRAC AIP AMDT AIRAC Amendments repräsentieren an einem vordefinierten Datum dauerhafte Änderungen im AIP. Wirksamkeitsdatum: AIRAC AIP Amendments treten an dem festgelegten AIRAC-Zyklusdatum in Kraft.

Trigger-NOTAM in Verbindung mit AIP SUP (AIRAC und Non-AIRAC): Obwohl die aktuellen ICAO SARPs (Standards and Recommended Practices) keine Vorgabe für die Auslösung von Non-AIRAC AIP Supplements vorsehen, sollen die veröffentlichenden Flugverkehrsdienste aus betrieblichen Gründen alle AIP Supplements auslösen, die von operationeller Bedeutung sind. Dies gewährleistet, dass sämtliche relevante Bestandteile des integrierten luftfahrttechnischen Informationspakets für die Aufnahme in die Vorab-Informationsbulletins (PIB) zur Verfügung stehen.

Wirksamkeitsdatum: AIP Supplements treten an dem in der Ergänzung angegebenen Datum und zur angegebenen Uhrzeit in Kraft. Informationen, die im Rahmen des AIRAC-Systems veröffentlicht werden sollen, beginnen nicht immer an einem AIRAC-Zyklusdatum, beispielsweise bei größeren Bauarbeiten oder großen Luftübungen. Daher sollte sowohl das AIP Supplement als auch der Abschnitt B) des Trigger-NOTAM das Wirksamkeitsdatum und die Uhrzeit des Beginns der Information enthalten.

Auslösung von AIRAC-Informationen in Non-AIRAC Supplements: Aufgrund zeitlicher Einschränkungen werden AIP Supplements manchmal veröffentlicht, um Informationen zu verbreiten, die eigentlich als AIRAC AIP Supplements veröffentlicht werden sollten. In solchen Ausnahmefällen hat die operationelle Bedeutung der Information Vorrang, und es wird ein Trigger-NOTAM für dieses Non-AIRAC AIP Supplement herausgegeben. Der ‚Subject' und der ‚Condition' müssen sich auf die Information mindestens im ‚Purpose' ‚BO' beziehen, gemäß den NOTAM-Auswahlkriterien.

Folgende Beispiele für Supplements werden aufgeführt
Rollverfahren im Bereich der Rollbahnen S28 und S29 am Verkehrsflughafen Frankfurt Main (EDDF) (SEP 2022-SEP 2023) (Abb. 7.4, 7.5, 7.6, 7.7 und 7.8)

Folgende Beispiele für Supplements werden aufgeführt:

BUNDESREPUBLIK DEUTSCHLAND
FEDERAL REPUBLIC OF GERMANY

DFS Deutsche Flugsicherung GmbH (German Air Navigation Services)
Büro der Nachrichten für Luftfahrer (Aeronautical Publication Agency)
Am DFS-Campus 7 · 63225 Langen · Germany
Redaktion/Editorial office: desk@dfs.de
https://dfs.de

AIP SUP

IFR 24/22

08 SEP 2022

Rollverfahren im Bereich der Rollbahnen S28 und S29 am Verkehrsflughafen Frankfurt Main (EDDF)
(SEP 2022 – SEP 2023)

Im Bereich der TWY's S28 und S29 ist ein besonderes Rollverfahren zu beachten. Ein Rollverkehr von TWY R über TWY S29 auf TWY S ist nicht möglich. Luftfahrzeuge, welche auf TWY R zur RWY 18 in Richtung Westen rollen, müssen über TWY S28 auf TWY S rollen (vgl. EDDF AD 2.20 - 5.4 Standard Taxi Route Verfahren).

Der Rollbahnbereich S28 und S29 sowie das Standard Taxi Route Verfahren "TRANSITION 1" sind in der nachfolgenden Grafik dargestellt.

Taxi procedures in the area of taxiways S28 and S29 at Frankfurt Main Airport (EDDF)
(SEP 2022 – SEP 2023)

In the area of TWY's S28 and S29, a special taxi procedure must be observed. It is not possible to taxi from TWY R via TWY S29 to TWY S. Aircraft taxiing on TWY R to RWY 18 to the west need to taxi via TWY S28 to TWY S (cf. EDDF AD 2.20 - 5.4 Standard taxi route procedure).

The following illustration shows the area of taxiways S28 and S29 as well as the standard taxi route procedure TRANSITION 1.

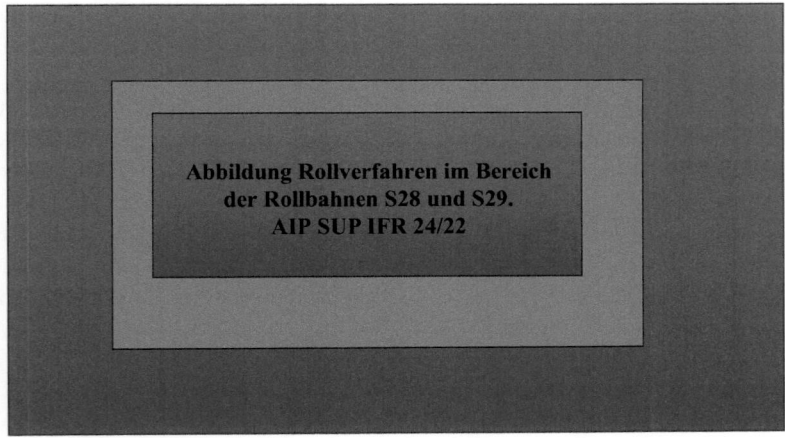

Abb. 7.4 AIP SUP IFR 24/22. (Quelle AIP IFR DFS DEUTSCHLAND SUP 24/22, Stand 08.09.2022, © Deutsche Flugsicherung GmbH)

BUNDESREPUBLIK DEUTSCHLAND
FEDERAL REPUBLIC OF GERMANY

DFS Deutsche Flugsicherung GmbH (German Air Navigation Services)
Büro der Nachrichten für Luftfahrer (Aeronautical Publication Agency)
Am DFS-Campus 7 · 63225 Langen · Germany
Redaktion/Editorial office: desk@dfs.de
https://dfs.de

AIP SUP

IFR 14/23

18 MAY 2023

Neubau TWY B am Verkehrsflughafen Köln/Bonn (EDDK) (31 MAY – OCT 2023)

Am Flughafen Köln/Bonn wird der gesamte TWY B generalsaniert - dazu wurden im Vorfeld acht Bauabschnitte definiert. Der Bereich zwischen der Schwelle 14R und der Schwelle 06 konnte bereits fertig gestellt werden. Der Bauabschnitt 2.2 wird am 30 MAY fertiggestellt und dem Flugbetrieb übergeben. Im Zeitraum vom 31 MAY – OCT 2023 wird Bauabschnitt 2.3 saniert. Die Sanierungsfläche ist der beigefügten Grafik zu entnehmen. TWY A wird dabei in Betonbauweise erstellt. Durch die großflächigen Tiefbauarbeiten kann es in Verbindung mit ungünstigen Witterungsbedingungen zu sichtbarer Staubentwicklung kommen. Die geschlossenen TWY-Abschnitte werden mit einer Tages- und Nachtkennzeichnung versehen. Über den gesamten Zeitraum der Baumaßnahme ergeben sich folgende flugbetriebliche Einschränkungen und besondere Betriebsverfahren:
– Umrollung des Baufeldes auf TWY A zwischen Position E16 und TWY B für Ankünfte und Abflüge
– TWY A5 eingeschränkt auf LFZ mit Codeletter C für Ankünfte und Abflüge
– Sperrung der LFZ-Positionen E09, E10, E12, E13, E14, E15, E16, C50, B11 und B14

New construction of TWY B at Köln/Bonn Airport (EDDK) (31 MAY – OCT 2023)

At Köln/Bonn Airport, the entire TWY B is being renovated. For this purpose, eight construction phases had been defined prior to the measure. The area between threshold 14R and threshold 06 has already been completed. Construction phase 2.2 will be completed on 30 MAY and re-opened to flight operations. In the period from 31 MAY – OCT 2023, the renovations of construction phase 2.3 will be carried out. The renovation area can be seen in the attached figure. TWY A will be resurfaced in concrete. In unfavourable meteorological conditions, the large-scale construction work may cause visible accumulations of dust. The closed TWY sections will be marked/lighted during the day and at night. During the entire construction period, the following restrictions to flight operations as well as some special operating procedures apply:
– Bypassing the construction site on TWY A between aircraft stand E16 and TWY B for arrivals and departures
– TWY A5 restricted to aircraft with code letter C for arrivals and departures
– Closure of aircraft stands E09, E10, E12, E13, E14, E15, E16, C50, B11 and B14

Abb. 7.5 AIP IFR DFS DEUTSCHLAND SUP 14/23 Neubau Rollweg B Verkehrsflughafen Köln/Bonn (EDDK) (31 MAY-OCT 2023). (Quelle: AIP IFR DFS DEUTSCHLAND SUP 14/23 Neubau Rollweg B Verkehrsflughafen Köln/Bonn (EDDK) (31 MAY-OCT 2023), Stand 18.05.2023, © Deutsche Flugsicherung GmbH)

7.3 NOTAM zu Lufträumen und Navigationseinrichtungen

Prinzipiell ist zu berücksichtigen, dass Lufträume in der Regel für einen längeren Zeitraum oder dauerhaft etabliert werden und ihre Information auf Luftfahrtkarten im Luftfahrthandbuch (AIP) veröffentlicht wird. Dennoch erfordern Luftraum-NOTAM besondere Aufmerksamkeit, da es die Möglichkeit gibt, dass Lufträume kurzfristig aktiviert oder deaktiviert werden, ihr räumlicher Umfang angepasst wird oder sie nur temporär, zum Beispiel für einen begrenzten Zeitraum von wenigen Tagen, eingerichtet werden können.

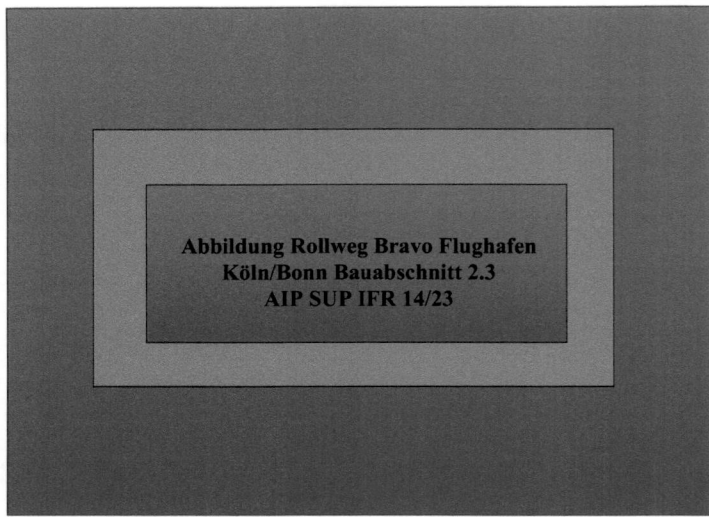

Abb. 7.6 AIP SUP 14/23. (Quelle: AIP IFR DFS DEUTSCHLAND SUP 14/23 Neubau Rollweg B Verkehrsflughafen Köln/Bonn (EDDK) (31 MAY-OCT 2023), Stand 18.05.2023, © Deutsche Flugsicherung GmbH)

> „Zeitpunkte, zu denen Flugplatzbetreiber zur Veröffentlichung von NOTAM verpflichtet sind"

Große Verkehrsflughäfen, wie auch andere Flugplätze, unterliegen einem dynamischen Betriebsumfeld mit häufig auftretenden kurzfristigen Veränderungen, die das Luftverkehrsgeschehen beeinflussen oder stören können. Infolgedessen sind Flugplatzbetreiber dazu verpflichtet, eine Vielzahl von NOTAM herauszugeben. Diese NOTAM-Meldungen müssen dann veröffentlicht werden, sobald kurzfristige Veränderungen auftreten, die potenziell Auswirkungen auf die Flugsicherheit oder den ordnungsgemäßen Flugbetrieb haben könnten.

7.3 NOTAM zu Lufträumen und Navigationseinrichtungen

DFS Deutsche Flugsicherung

BUNDESREPUBLIK DEUTSCHLAND
FEDERAL REPUBLIC OF GERMANY

DFS Deutsche Flugsicherung GmbH (German Air Navigation Services)
Büro der Nachrichten für Luftfahrer (Aeronautical Publication Agency)
Am DFS-Campus 7 · 63225 Langen · Germany
Redaktion/Editorial office: desk@dfs.de
https://dfs.de

AIP SUP
IFR 19/23
13 JUL 2023

Baumaßnahmen am Flughafen Stuttgart (EDDS) (07 AUG – 26 OCT 2023)

Am Flughafen Stuttgart wird vom 07 AUG – 26 OKT 2023 die Betondecke des TWY N im Bereich zwischen TWY E und TWY F erneuert. Während der Durchführung dieser Baumaßnahme ergeben sich folgende Einschränkungen und Änderungen:

– TWY N wird zwischen TWY E und TWY F gesperrt. Zudem wird TWY G zwischen TWY N und TWY S gesperrt.
– Das Rollen ankommender oder abfliegender Luftfahrzeuge über die Rollgasse EXIT 1 erfolgt über eine verlegte Leitlinie und ist auf Luftfahrzeuge bis zu einer Spannweite von höchstens 16 m beschränkt.
– Das Abrollen von Luftfahrzeugen aus den südlichen Parkpositionen des General Aviation Vorfelds erfolgt ebenfalls über eine verlegte Leitlinie. Die maximal zulässigen Spannweiten werden bei der Zuweisung der Parkpositionen berücksichtigt.
– TWY F ist zwischen TWY N und TWY S nicht mit einer Rollbahnmittellinienbefeuerung ausgestattet.
– TWY F ist zwischen TWY N und TWY S auf Luftfahrzeuge bis maximal Code Letter C begrenzt.
– Nicht nutzbare Rollbahnbereiche werden demarkiert oder entsprechend gekennzeichnet.
– Das gesamte Baufeld wird mit einer Tages- und Nachtkennzeichnung versehen.

Durch die großflächigen Tiefbauarbeiten kann es in Verbindung mit ungünstigen Wetterbedingungen (Trockenheit und Wind) zu sichtbarer Staubentwicklung kommen. Der Flughafenbetreiber trifft vorsorglich Maßnahmen, damit diese Entwicklung so gering wie möglich gehalten wird.

Weitere Einschränkungen werden per NOTAM veröffentlicht.

Construction work at Stuttgart Airport (EDDS) (07 AUG – 26 OCT 2023)

From 07 AUG – 26 OCT 2023, the concrete surface of TWY N between TWY E and TWY F will be replaced at Stuttgart Airport. During the construction work, the following restrictions and changes will apply:

– TWY N will be closed between TWY E and TWY F. In addition, TWY G will be closed between TWY N and TWY S.
– Taxiing by arriving or departing aircraft on EXIT 1 will be made over a relocated guide line and will only be possible for aircraft up to a maximum wingspan of 16 m.
– Aircraft leaving the southern aircraft stands of the General Aviation apron will also use a relocated guide line. The maximum permissible wingspans will be considered when allocating aircraft stands.
– TWY F is not equipped with taxiway centreline lighting between TWY N and TWY S.
– TWY F is restricted to aircraft up to Code Letter C maximum between TWY N and TWY S.
– Unusable portions of taxiways will either have their normal markings removed or will be marked accordingly.
– The entire construction area will be marked/lighted during the day and at night.

In unfavourable meteorological conditions (dry and windy), the large-scale construction work may cause visible accumulations of dust. The airport operator will take preventive measures to keep this at a minimum.

Further operational restrictions will be published by NOTAM.

Abb. 7.7 AIP SUP IFR 19/23. (Quelle: AIP IFR DFS DEUTSCHLAND, Stand 13.07.2023, © Deutsche Flugsicherung GmbH)

Die Veröffentlichung von NOTAM ist in verschiedenen Szenarien notwendig, darunter:

1. Veränderungen der Betriebszeiten des Flugplatzes.
2. Modifikationen an Start- und Landebahnen, Rollgassen, Rollwege und Vorfelder.
3. Temporäre Schließungen oder Flugbetriebsbeschränkungen.
4. Änderungen in der Verfügbarkeit von Navigationshilfen oder Funkfrequenzen.

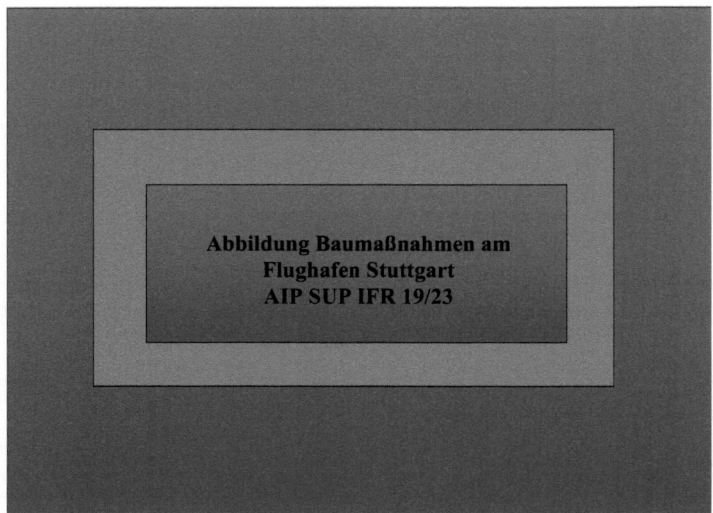

Abb. 7.8 AIP IFR DFS DEUTSCHLAND SUP 19/23 Baumaßnahmen am Flughafen Stuttgart (EDDS) (07 AUG-26 OCT 2023). (Quelle: AIP IFR DFS DEUTSCHLAND, Stand 13.07.2023, © Deutsche Flugsicherung GmbH)

5. Planmäßige Wartungsarbeiten an Flughafeneinrichtungen oder Navigationsinfrastruktur (Teilweise auch Veröffentlichungen durch die DFS)
6. Vorhandensein von Hindernissen, die potenzielle Sicherheitsrisiken für den Flugbetrieb darstellen könnten.

Es ist von höchster Bedeutung, dass NOTAM so früh wie möglich und gemäß den geltenden Vorschriften und Verfahren veröffentlicht werden, um die Flugsicherheit zu gewährleisten und aktuelle Informationen sowohl für Piloten als auch für Flugverkehrsdienste bereitzustellen.

Weiterführende Literatur

Annex 15 Aeronautical Information Services, Chapter 5.1–5.9., 2018
EASA Verordnungen 2020/2148 (Ergänzungsverordnung zur EU-Verordnung 139/2014) im Unterpunkt ADR.OPS.A.057
International Civil Aviation Organisation ICAO Doc 8126, Chapter 7 III-7-1 – III-8 – 1, 2021
International Civil Aviation Organisation ICAO Doc 840 Abbreviations and Codes, 11-4-3., 2016
International Civil Aviation Organisation ICAO DOC 10066 – Chapter 5, 5.2.51.4 Appendix 4, 2018
International Civil Aviation Organisation ICAO DOC 10066 – Chapter 5, 5.2.51.4 Appendix 4., 2018
International Civil Aviation Organisation ICAO-Annex 10 Aeronautical Telecommunications Volume I Radio Navigation aids 7th Edition Amendment 92., Attachment D ATTD1 – ATTD88., 2018
International Civil Aviation Organisation ICAO-Annex 10 Aeronautical Telecommunications Volume II Radio Navigation aids 7th Edition Amendment 92., Chapter 5- 5.1–5.4., 2016
International Civil Aviation Organisation ICAO-Annex 11 Air Traffic Services 15th Edition – Amendment 52., Chapter 7. 7.1–7.4., 2018
International Civil Aviation Organisation ICAO-Annex 14 Aerodromes, Volume I Aerodrome Design and Operations 9th edition Amendment 17., Chapter 9. 9.1–9.16., 2022
International Civil Aviation Organisation ICAO-Annex 14 Aerodromes, Volume II Aerodrome Design and Operations 5th edition Amendment 9., Chapter 5. 5.1–5.3-1., 2020
International Civil Aviation Organisation ICAO-Annex 15 Aeronautical Information Services 16th Edition – Amendment 42., Chapter 5. 5.1 5–9, Chapter 3. 3.1–3.7
International Civil Aviation Organisation ICAO Doc 8126 Aeronautical Information Service 7th Edition., Chapter 6. III -6.1- Chapter 11 III-11-1., 2022
International Civil Aviation Organisation ICAO Doc 8400 ICAO Abbreviations and Codes 8th Edition., 1.1–7.18., 2010
International Civil Aviation Organisation ICAO Circular 329 Assessment, Measurement and Reporting of Runway Surface Conditions., Chapter 6. S. 32–42., 2019
International Civil Aviation Organisation ICAO EUR Doc 041 Guidance on the Issuance of SNOWTAM., S. 6–31., 2021

NOTAM/Navigationsinfrastruktur 8

NOTAM betreffend Navigationsinfrastruktur:
Navigationseinrichtungen können vorübergehend außer Betrieb sein oder Störungen aufweisen, beispielsweise aufgrund von Wartungsarbeiten. Diese Umstände müssen mittels NOTAM offiziell bekannt gegeben werden.
Es kann erforderlich sein, die Funkfrequenzen zu ändern. Auch diese Änderungen müssen über NOTAM kommuniziert werden. Die Veröffentlichungen erfolgen hier aber auch teilweise durch die DFS.

Beispiele
A5550/21 – APCH PROC CHG, DUE TO MAINT OF LJ NDB: RWY 14L – NDB APCH TEMPO SUSPENDED. REF AIP AD 2 EDDK 4-4-1 DATED 03 DEC 2020. 20 OCT 08:00 2021 UNTIL 20 OCT 12:00 2021. CREATED: 27 SEP 15:06 2021.

Das NOTAM A5550/21 informiert über vorübergehende Änderungen in den Anflugverfahren auf Landebahn 14L am Flughafen Köln/Bonn (EDDK) aufgrund von Wartungsarbeiten am LJ NDB. Die NDB-Anflugverfahren sind vom 20. OCT. 0800 Uhr UTC bis zum 20. OCT. 1200 Uhr UTC 2021 ausgesetzt. Das NOTAM verweist auf AIP: REF AIP AD 2 EDDK 4-4-1 DATED 03 DEC 2020.

A5547/21 – SID CHG, DUE TO MAINT OF LW NDB:GPS OVERLAY REMAIN UNCHANGED. RWY 06 – WYP5K, PODIP7K, KUMIK6K AND NVO1K, DCT LW NDB, REF AIP AD 2 EDDK 5-7-1 EF 12 SEP 2019 AND 5-7-3 DATED 03 DEC 2020.19 OCT08:00 2021 UNTIL 19 OCT 12:00 2021. CREATED: 27 SEP 14:02 2021.

Das NOTAM A5547/21 informiert über vorübergehende Anpassungen der SID-Verfahren am Flughafen Köln/Bonn (EDDK) aufgrund von Wartungsarbeiten am LW NDB. Die GPS-Überlagerung bleibt unverändert. Neue Routen (WYP5K, PODIP7K, KUMIK6K und NVO1K) für Starts von Landebahn 06 führen direkt zum LW NDB. Genauere Angaben finden sich in den Abschnitten 5-7-1 und 5-7-3 der AIP AD 2 EDDK. Die Änderungen sind vom 19. OCT 0800 Uhr UTC bis zum 19. OCT. 1200 Uhr UTC 2021 gültig. Das NOTAM wurde am 27. SEP. 2021 um 14:02 Uhr UTC erstellt.

8.1 Grundlegende Regeln für die Erstellung von NOTAM

Grundlegende Regeln für die Erstellung von NOTAM: Das ICAO-NOTAM-Format muss strikt befolgt werden, und es sind nur die folgenden NOTAM-Typen zulässig:

1. **NOTAMN**
2. **NOTAMR**
3. **NOTAMC**

NOTAM, die für die internationale Verbreitung vorgesehen sind, müssen in den Teilen, die in allgemeinverständlicher Sprache verfasst sind, auch einen englischen Text enthalten. Ein NOTAM sollte sich ausschließlich mit einem Thema und einem Zustand dieses Themas befassen. Formulierungen wie „geplanter Ersatztermin" oder „alternative Termine" sollten in einem NOTAM vermieden werden. Geplante Ersatztermine sollten genauso wie reguläre Aktivitätstermine veröffentlicht werden. Fehlerhafte NOTAM sollten entweder durch korrigierte Versionen ersetzt oder storniert und durch ein neues NOTAM ersetzt werden. Es sollten keine „korrigierten Versionen" von NOTAM herausgegeben werden. Bestehende NOTAM, die identische Informationen enthalten, jedoch eine neue Nummer aufweisen, sollten nicht neu nummeriert werden. Daher ist auch eine jährliche Neunummerierung nicht gestattet.

8.2 NOTAM-FORMAT

Merke
Es existieren lediglich drei ICAO NOTAM-Formate:

1. **NOTAM N – New NOTAM**
2. **NOTAM R – Replacement -NOTAM**
3. **NOTAM C – Cancellation -Nachricht**

NOTAM R und das zu ersetzende NOTAM müssen derselben Serie angehören, beispielsweise beide der Serie A.
Jedes NOTAM behandelt ausschließlich ein spezifisches Thema und nur einen Zustand dieses Themas (ein Thema – ein NOTAM).
Ein EST-NOTAM kann nur durch ein NOTAMR oder NOTAMC ersetzt werden.
Bei Veröffentlichungen von NOTAM wie zum Beispiel Baumaßnahmen mit ungewisser Dauer oder Ereignisse wie Vorfälle und Unfälle, die den Flugbetrieb mit unklarer Zeitdauer beeinträchtigen, sollte die Kennzeichnung „EST" (geschätzt) in der C-Zeile verwendet werden. Ein EST-NOTAM kann nur durch ein NOTAMR oder NOTAMC ersetzt werden. Es ist wichtig sicherzustellen, dass ein EST-NOTAM über das DFS/NOF Office entweder storniert oder durch ein neues NOTAM ersetzt oder verlängert wird. Es ist unbedingt zu berücksichtigen, dass bei der Verwendung von Datumsangaben in der NOTAM-D-Zeile keine EST-Angaben in der NOTAM-C-Zeile gemacht werden dürfen.

Beispiel
C) 2403062015 EST
 PERM NOTAM sind für Informationen über Änderungen vorgesehen, die unverzüglich in das AIP aufgenommen werden sollen.
 PERM-NOTAM werden zwei Wochen nach der Veröffentlichung des im NOTAM beschriebenen Sachverhalts im AIP storniert.
 Jedes NOTAM ist einer bestimmten Serie zugeordnet.

8.3 NOTAM-CODE (Q-Zeile)

Qualifikator ‚NOTAM CODE': Dieses Element soll die rationalisierten Versionen der in ICAO Doc 8126 veröffentlichten NOTAM-Codes gemäß ICAO Doc 8400 enthalten. Die NOTAM-Auswahlkriterien (NSC) in ICAO Doc 8126 stellen eine themenbezogene Verknüpfung der NOTAM-Codes mit den Qualifikatoren ‚Traffic', ‚Purpose' und ‚Scope' bereit. Falls die ICAO neue NOTAM-Code-Themen in Doc 8400 einführt, bevor Doc. 8126 geändert wird, erfolgt die Zuordnung der Qualifikatoren ‚Traffic', ‚Purpose' und ‚Scope' basierend auf betrieblichen Erfahrungen und in Bezug auf ähnliche Themen, die im vorhandenen NSC von Doc 8126 enthalten sind. Die veröffentlichenden Flugverkehrsdienste müssen sicherstellen, dass der aus dem NSC ausgewählte NOTAM-Code die betrieblich relevanten Informationen zur Verbreitung angemessen beschreibt.

Beispiele für die Erstellung und Qualifikation der Item Q) Zeile im Zusammenhang mit der NSC-Tabelle
Die Tabellen der NOTAM-Auswahlkriterien NSC (Notam selection criteria) bilden die Grundlage für die NOTAM-Qualifikation.
Die NSC-Tabelle wird wie folgt verwendet:

1. Speicherung und Abruf von Informationen.
2. Um ein NOTAM bestimmten Zwecken zuzuordnen.
3. Zur Bestimmung der Relevanz eines NOTAM für einen bestimmten Kontext.
   (Flugplatz, Gebiet, IFR, oder VFR-Verkehr.)
4. Abweichungen von den entsprechenden Angaben sind nur in Ausnahmefällen zulässig.

Im Folgenden ist das Abkürzungsverzeichnis der NOTAM-Codes vorzufinden sowie die Bedeutung des zweiten und dritten Buchstabens der NSC-Tabelle (Abb. 8.1).
THE NOTAM CODE – DECODE NSC Selection Criteria.
SECOND AND THIRD LETTERS.

AGA
Lighting facilities (L).
LA Approach lighting system (specify runway and type) als.
LB Aerodrome beacon abn.
LC Runway centre line lights (specify runway) rcll.
LD Landing direction indicator lights ldi lgt.
LE Runway edge lights (specify runway) redl.
LF Sequenced flashing lights (specify runway) sequenced flg lgt.
LG Pilot-controlled lighting pcl.
LH High intensity runway lights (specify runway) high intst rwy lgt.
LI Runway end identifier lights (specify runway) rwy end id lgt.
LJ Runway alignment indicator lights (specify runway) rai lgt.

8.3 NOTAM-CODE (Q-Zeile)

Notam Selection Criteria
Index of categories of the NOTAM code based on the second letter
AGA *LIGHTING FACILITIES (L)*
AGA *FACILITIES AND SERVICES (F)*
AGA *MOVEMENT AND LANDING AREA (M)*
CNS *COMMUNICATIONS AND SURVEILLANCE FACILITIES (C)*
CNS *INSTRUMENT AND MICROWAVE LANDING SYSTEMS (I)*
CNS *TERMINAL AND EN-ROUTE NAVIGATION FACILITIES (N)*
CNS *GNSS SERVICES (G)*
ATM *AIRSPACE ORGANIZATION (A)*
ATM *AIR TRAFFIC AND VOLMET SERVICES (S)*
ATM *AIR TRAFFIC PROCEDURES (P)*
NVIGATION WARNINGS —*AIRSPACE RESTRICTIONS (R)*
NAVIGATION WARNINGS —*WARNINGS (W)*
OTHER INFORMATION *(O)*

Abb. 8.1 NOTAM Selection Criteria NSC. (Quelle: Eigene Darstellung)

LK Category II components of approach lighting system (specify runway).
LL Low intensity runway lights (specify runway) low intst rwy lgt.
LM Medium intensity runway lights (specify runway) medium intst rwy lgt.
LP Precision approach path indicator (specify runway) papi.
LR All landing area lighting facilities ldg area lgt fac.
LS Stopway lights (specify runway) stwl.
LT Threshold lights (specify runway) thr lgt.
LU Helicopter approach path indicator hapi.
LV Visual approach slope indicator system (specify type and runway) vasis.
LW Heliport lighting heliport lgt.
LX Taxiway centre line lights (specify taxiway) twy cl lgt.
LY Taxiway edge lights (specify taxiway) twy edge lgt.
LZ Runway touchdown zone lights (specify runway) rtzl.
AGA
Movement and landing area (M).
MA Movement area mov area.
MB Bearing strength (specify part of landing area or movement area) bearing strength.
MC Clearway (specify runway) cwy.
MD Declared distances (specify runway) declared dist.
MG Taxiing guidance system tgs.

MH Runway arresting gear (specify runway) rag.
MK Parking area prkg area.
MM Daylight markings (specify threshold, centre line, etc.) day markings.
MN Apron.
MO Stopbar (specify taxiway) stopbar.
MP Aircraft stands (specify) acft stand.
MR Runway (specify runway) rwy.
MS Stopway (specify runway) swy.
MT Threshold (specify runway) thr.
MU Runway turning bay (specify runway) rwy turning bay.
MW Strip/shoulder (specify runway) strip/shoulder.
MX Taxiway(s) (specify) twy.
MY Rapid exit taxiway (specify) rapid exit twy.

AGA

Facilities and services (F).
FA Aerodrome ad.
FB Friction measuring device (specify type) friction measuring device.
FC Ceiling measurement equipment ceiling measurement eqpt.
FD Docking system (specify AGNIS, BOLDS, etc.) dckg system.
FE Oxygen (specify type) oxygen.
FF Firefighting and rescue fire and rescue.
FG Ground movement control gnd mov ctl.
FH Helicopter alighting area/platform hel alighting area.
FI Aircraft de-icing (specify) acft de-ice.
FJ Oils (specify type) oil.
FL Landing direction indicator ldi.
FM Meteorological service (specify type) met.
FO Fog dispersal system fg dispersal.
FP Heliport.
FS Snow removal equipment sn removal eqpt.
FT Transmissometer (specify runway and, where applicable, designator(s) of. transmissometer(s)) transmissometer.
FU Fuel availability fuel avbl.
FW Wind direction indicator wdi.
FZ Customs/immigration cust/immigration.

ATM

Airspace organization (A).
AA Minimum altitude (specify en-route/crossing/safe) mnm alt.
AC Control zone ctr.

8.3 NOTAM-CODE (Q-Zeile)

AD Air defence identification zone adiz.
AE Control area cta.
AF Flight information region fir.
AH Upper control area uta.
AL Minimum usable flight level mnm usable fl.
AN Area navigation route rnav rte.
AO Oceanic control area oca.
AP Reporting point (specify name or coded designator) rep.
AR ATS route (specify) ats rte.
AT Terminal control area tma.
AU Upper flight information region uir.
AV Upper advisory area uda.
AX Significant point sig.
AZ Aerodrome traffic zone at.

ATM
Air traffic and VOLMET services (S).
SA Automatic terminal information service atis.
SB ATS reporting office aro.
SC Area control centre acc.
SE Flight information service fis.
SF Aerodrome flight information service afis.
SL Flow control centre flow ctl centre.
SO Oceanic area control centre oac.
SP Approach control service app.
SS Flight service station fss.
ST Aerodrome control tower twr.
SU Upper area control centre uac.
SV VOLMET broadcast volmet.
SY Upper advisory service (specify) upper advisory ser.

ATM
Air traffic procedures (P).
PA Standard instrument arrival (specify route designator) star.
PB Standard VFR arrival std vfr arr.
PC Contingency procedures contingency proc.
PD Standard instrument departure (specify route designator) sid.
PE Standard VFR departure std vfr dep.
PF Flow control procedure flow ctl proc.
PH Holding procedure hldg proc.
PI Instrument approach procedure (specify type and runway) instr apch proc.

PK VFR approach procedure vfr apch proc.
PL Flight plan processing, filing and related contingency fpl.
PM Aerodrome operating minima (specify procedure and amended minimum) opr minima.
PN Noise operating restrictions noise opr restrictions.
PO Obstacle clearance altitude and height (specify procedure) oca och.
PR Radio failure procedure rdo failure proc.
PT Transition altitude or transition level (specify) ta/trl.
PU Missed approach procedure (specify runway) missed apch proc.
PX Minimum holding altitude (specify fix) mnm hldg alt.
PZ ADIZ procedure adiz proc.

CNS
Communications and surveillance facilities (C).
CA Air/ground facility (specify service and frequency) a/g fac.
CB Automatic dependent surveillance – broadcast (details) ads-b.
CC Automatic dependent surveillance – contract (details) ads-c.
CD Controller-pilot data link communications (details) cpdlc.
CE En-route surveillance radar rsr.
CG Ground controlled approach system gca.
CL Selective calling system selcal.
CM Surface movement radar smr.
CP Precision approach radar (specify runway) par.
CR Surveillance radar element of precision approach radar system. (specify wavelength) sre.
CS Secondary surveillance radar ssr.
CT Terminal area surveillance radar tar.

CNS
Instrument and microwave landing systems (I).
IC Instrument landing system (specify runway) ils.
ID DME associated with ILS dme.
IG Glide path (ILS) (specify runway) ils gp.
II Inner marker (ILS) (specify runway) ils im.
IL Localizer (ILS) (specify runway) ils llz.
IM Middle marker (ILS) (specify runway) ils mm.
IN Localizer (not associated with ILS) llz.
IO Outer marker (ILS) (specify runway) ils om.
IS ILS Category I (specify runway) ils cat I.
IT ILS Category II (specify runway) ils cat II.
IU ILS Category III (specify runway) ils cat III.

IW Microwave landing system (specify runway) mls.
IX Locator, outer (ILS) (specify runway) ils lo.
IY Locator, middle (ILS) (specify runway) ils lm.
CNS
GNSS services (G).
GA GNSS airfield-specific operations (specify operation) gnss airfield.
GW GNSS area-wide operations (specify operation) gnss area.
CNS
Terminal and en-route navigation facilities (N).
NA All radio navigation facilities (except..) all rdo nav fac.
NB Non-directional radio beacon ndb.
NC DECCA.
ND Distance measuring equipment dme.
NF Fan marker fan mkr.
NL Locator (specify identification) l.
NM VOR/DME vor/dme.
NN TACAN.
NO OMEGA.
NT VORTAC.
NV VOR.
NX Direction-finding station (specify type and frequency) df.
Navigation Warnings.
Airspace restrictions (R).
RA Airspace reservation (specify) airspace reservation.
RD Danger area (specify).. d.
RM Military operating area moa.
RO Overflying of.. (specify) overflying.
RP Prohibited area (specify).. p.
RR Restricted area. r.
RT Temporary restricted area (specify area) tempo restricted area.
Navigation Warnings.
Warnings (W).
WA Air display air display.
WB Aerobatics.
WC Captive balloon or kite captive balloon/kite.
WD Demolition of explosives demolition of explosives.
WE Exercises (specify) exer.
WF Air refuelling air refuelling.
WG Glider flying gld fly.

WH Blasting.
WJ Banner/target towing banner/target towing.
WL Ascent of free balloon ascent of free balloon.
WM Missile, gun, or rocket firing missile/gun/rocket/frng.
WP Parachute jumping exercise, paragliding or hang gliding pje/paragliding/ hang gliding.
WR Radioactive materials or toxic chemicals (specify) radioactive materials/ toxic chemicals.
WS Burning or blowing gas burning/blowing gas.
WT Mass movement of aircraft mass mov of acft.
WU Unmanned aircraft ua.
WV Formation flight formation flt.
WW Significant volcanic activity significant volcanic act.
WY Aerial survey aerial survey.
WZ Model flying model fly.

Other Information (O).
OA Aeronautical information service ais.
OB Obstacle (specify details) obst.
OE Aircraft entry requirements acft entry rqmnts.
OL Obstacle lights on. (specify) obst lgt.
OR Rescue coordination centre rcc.

Im Folgenden ist das Abkürzungsverzeichnis der NOTAM-Codes vorzufinden sowie die Bedeutung des vierten und fünften Buchstabens der NSC-Tabelle.

THE NOTAM CODE – ENCODE FOURTH AND FIFTH LETTERS

- **Availability (A)**
- Available for daylight operation AD.
- Available for night operation AN.
- Available on request AR.
- Available, prior permission required AP.
- Completely withdrawn AW.
- Flight checked and found reliable AF.
- Hours of service are now.. (specify) AH.
- Military operations only AM.
- Not available (specify reason if appropriate) AU.
- Operating but ground checked only, awaiting flight check.
- **AG.**

8.3 NOTAM-CODE (Q-Zeile)

- Operational AO.
- Operative (or reoperative) subject to previously published limitations/conditions.
- AL Previously promulgated shutdown has been cancelled.
- **AX.**
- Resumed normal operation AK.
- Unserviceable AS.
- Withdrawn for maintenance AC.
- **Changes (C).**
- Activated CA.
- Cancelled CN.
- Changed CH.
- Completed CC.
- Deactivated CD.
- Displaced CM.
- Downgraded to CG.
- Erected CE.
- Identification or radio call sign changed to CI.
- Installed CS.
- On test, do not use CT.
- Operating CO.
- Operating frequency(ies) changed to CF.
- Operating on reduced power CP.
- Realigned CL.
- Temporarily replaced by CR.
- Signification Code.
- **Hazard Conditions (H).**
- Approach according to signal area only HT.
- Bird migration in progress (specify direction) HK.
- Braking action is. HA.
  - 1) Poor.
  - 2) Medium/Poor.
  - 3) Medium.
  - 4) Medium/Good.
  - 5) Good.
- Concentration of birds HX.
- Covered by compacted snow to a depth of HC.
- Covered by dry snow to a depth of HD.
- Covered by frozen ruts and ridges HZ.
- Covered by ice HI.

- Covered by water to a depth of HE.
- Covered by wet snow or slush to a depth of HN.
- Friction coefficient is. (specify friction measuring device used).
- **HB.**
- Grass cutting in progress HG.
- Hazard due to (specify) HH.
- Launch in progress. (specify balloon flight identification or project code name, launch site, date/time of launch(es), estimated time passing 18.000 m (60 000 ft), or reaching cruising level if at or below 18.000 m (60.000 ft), together with estimated location, estimated date/time of termination of the flight and planned location of ground contact, when applicable).

HU.
Launch planned. (specify balloon flight identification or project code name, launch site, planned period of launch(es) – date/time, expected climb direction, estimated time to pass 18.000 m (60.000 ft), or reaching cruising level if at or below 18.000 m (60.000 ft), together with m (60.000 ft), together with Estimated location).

- **HJ.**
- Marked by HM.
- Obscured by snow HO.
- Operation cancelled. (specify balloon flight identification or project code name)
- **HQ.**
- Sanding in progress HS.
- Snow banks exist (specify height) HY.
- Snow clearance completed HL.
- Snow clearance in progress HP.
- Standing water HR.
- Totally free of snow and ice HF.
- Work completed HV.
- Work in progress HW.
- **Limitations (L).**
- Aircraft restricted to runways and taxiways LR.
- Closed LC.
- Closed to all night operations LN.
- Closed to IFR operations LI.
- Closed to VFR operations LV.
- Interference from LF.
- Limited to LT.

8.3 NOTAM-CODE (Q-Zeile)

- Operating as a fixed light LK.
- Operating but caution advised due to LX.
- Operating on auxiliary power supply LA.
- Operating without auxiliary power supply LE.
- Operating without identification LG.
- Prohibited to LP.
- Reserved for aircraft based therein LB.
- Subject to interruption LS.
- Unsafe LD.
- Unserviceable for aircraft heavier than LH.
- Usable for length of.. and width of.. LL.
- Will take place LW.
- Plain language XX.
- Other (XX).

> **Übersicht**
> A0936/20 NOTAMR A7265/19
> Q) EDGG/QFUAU/IV/NBO/A/000/999/5052N00709E005.
> A) EDDK B) 2002170951 C) 2005152359EST.
> E) AVGAS NOT AVBL.)

NOTAM-CODE: QFUAU (Abb. 8.2)

In der vorliegenden Darstellung wird deutlich, dass die Kodierung in der Q-Zeile durch Bezugnahme auf die entsprechende NSC-Tabelle erfolgt. Das vorliegende Beispiel betrifft die Darstellung von Einrichtungen und Dienstleistungen. Es wird explizit darauf hingewiesen, dass der Flughafen kein AvGas (Flugbenzin) bereitstellt. Die Ableitung der Q-Zeile im dargestellten NOTAM erfolgt somit gemäß den Vorgaben der NSC-Tabelle.

Die Q-Zeile eines NOTAM umfasst eine Gruppe von Buchstaben und Zahlen, die zusätzliche Kontextinformationen zu einem bestimmten NOTAM bereitstellen. Diese Qualifier-Zeile enthält standardisierte Codes, die spezifische Merkmale des NOTAM definieren, zum Beispiel den Typ des Ereignisses, die betroffenen Flughafeneinrichtungen. Durch die Interpretation der Q-Zeile können Benutzer genauere Informationen über den Umfang des gemeldeten Ereignisses erhalten.

Part III. Aeronautical Information in a Standardized Presentation and Related Services
Appendix G. NOTAM selection criteria
III-App G-37

NOTAM SELECTION CRITERIA CATEGORY: AGA — FACILITIES AND SERVICES (F)

SECOND AND THIRD LETTERS — SIGNIFICATION	CODE	Scope: A				
Fuel availability	FU	Traffic		Purpose		
FOURTH AND FIFTH LETTERS — SIGNIFICATION	**CODE**	I	V	N	B	O	M
Hours of service are now ... (specify)	AH	x	x		x	x	
Available, prior permission required	AP	x	x	x	x	x	
Available on request	AR	x	x	x	x	x	
Not available (specify reason if appropriate)	AU	x	x		x	x	
Completely withdrawn	AW	x	x		x	x	
Installed	CS	x	x		x	x	
Reserved for aircraft based therein	LB	x	x	x	x	x	
Limited to ... (specify)	LT	x	x	x	x	x	
Trigger	TT	x	x		x	x	
Plain language	XX	Select Traffic and Purpose entries with due regard to the NOTAM content and the most commonly used combination of qualifiers.					
Resumed normal operation	AK						
Operative (or re-operative subject to previously published limitations/conditions)	AL	NOTAMC qualifiers should be identical to the original NOTAM.					
Operational	AO						
Completed	CC						
Plain language	XX						

Abb. 8.2 NSC ICAO Doc 8126. (Quelle: Aeronautical Information Service Manuel ICAO Doc 8126)

8.4 NOTAM-CODE: QFAXX

Wenn die NSC-Tabellen keine geeignete Kombination aus „Betreff/Bedingung" für die Informationen, die veröffentlicht werden sollen, beinhalten, sind die Felder mit den Buchstaben „XX" zu versehen. Hier wird bewusst die Angabe LC für Closed vermieden, Grund hierfür ist die Relevanz dieses NOTAM für den Flugbetrieb. Das wird in der NSC-Tabelle in Abb. 8.3 bildlich dargestellt.

Beispiel: Aerodrome NSC-Tabelle Categorie AGA-FACILITIES AND SERVICES

8.4 NOTAM-CODE: QFAXX

NOTAM SELECTION CRITERIA CATEGORY: AGA — FACILITIES AND SERVICES (F)

SECOND AND THIRD LETTERS — SIGNIFICATION	CODE	Scope: A				
Aerodrome	FA	Traffic		Purpose		
FOURTH AND FIFTH LETTERS — SIGNIFICATION	CODE	I	V	N	B	O	M
Available for daylight operation	AD	x	x	x	x	x	
Hours of service are now ... (specify)	AH	x	x		x	x	
Military operations only	AM	x	x	x	x	x	
Available for night operation	AN	x	x	x	x	x	
Available, prior permission required	AP	x	x	x	x	x	
Available on request	AR	x	x	x	x	x	
Completely withdrawn	AW	x	x		x	x	
Identification or radio call sign changed to ... (specify)	CI	x	x		x	x	
Installed	CS	x	x		x	x	
Grass cutting	HG	x	x				x
Work in progress	HW	x	x		x	x	
Concentration of birds	HX	x	x	x	x	x	
Reserved for aircraft based therein	LB	x	x	x	x	x	
Closed	LC	x	x	x	x	x	
Unserviceable for aircraft heavier than ... (specify)	LH	x	x	x	x	x	
Closed to IFR operations	LI	x		x	x	x	
Closed to all night operations	LN	x	x	x	x	x	
Aircraft restricted to runways and taxiways	LR	x	x		x	x	
Limited to ... (specify)	LT	x	x	x	x	x	
Closed to VFR operations	LV		x	x	x	x	
Trigger	TT	x	x		x	x	
Plain language	XX	Select Traffic and Purpose entries with due regard to the NOTAM content and the most commonly used combination of qualifiers.					
Resumed normal operation	AK						
Operative (or re-operative subject to previously published limitations/conditions)	AL	NOTAMC qualifiers should be identical to the original NOTAM.					
Operational	AO						
Completed	CC						
Work completed	HV						
Plain language	XX						

Abb. 8.3 NSC ICAO Doc 8126. (Quelle: Aeronautical Information Service Manuel ICAO Doc 8126)

Übersicht

(A0913/20 NOTAMR A0801/20.
  Q) EDGG/QFAXX/IV/NBO/A/000/999/5052N00709E005.
  A) EDDK B) 2002141300 C) 2002211500.
  E) NOISE ABATEMENT FACILITY CLSD DU TO WIP.)

NOTAM-CODE: QFAXX

Die vorliegende Abbildung verdeutlicht, dass die Codierung in der Q-Zeile durch Konsultation der adäquaten NSC-Tabelle erfolgt. Das exemplarische Szenario bezieht sich auf die Repräsentation von Einrichtungen und Dienstleistungen. Es wird dezidiert darauf hingewiesen, dass die Lärmschutzhalle am Flughafen aufgrund von anstehenden Wartungsarbeiten nicht nutzbar ist. Die Herleitung der Q-Zeile im dargestellten NOTAM folgt den Richtlinien der NSC-Tabelle entsprechend. Sollten die NSC-Tabellen keine adäquate Kombination von „Betreff/Bedingung" für die zu vermittelnden Informationen aufweisen, werden die betreffenden Felder mit den Buchstaben „XX" ausgestattet.

Ein weiteres Beispiel für Aerodrome NSC-Tabelle Categorie AGA-FACILITIES AND SERVICES, um die Unterschiede in den einzelnen Angaben zu veranschaulichen:

> **Übersicht**
> (A0915/17 NOTAMR A0812/17.
> Q) EDGG/QMXLC/IV/NBO/A/000/999/5052N00709E005.
> A) EDDK B) 1703141200 C) 1703142030.
> E) TWY A CLSD BTN TWY A1 AND A2.)

NOTAM-CODE QMXLC (Abb. 8.4)

Der Rollweg A wird zwischen Rollweg A1 und Rollweg A2 gesperrt, somit wird in der Q-Zeile folgender Code angegeben QMXLC.

Die vorliegende graphische Darstellung illustriert, dass die Kodierung in der Q-Zeile durch die dargestellte NSC-Tabelle präzisiert wird. In dem betrachteten Beispiel bezieht sich dies auf die Sperrung eines Rollwegs, wobei die NSC-Tabelle die Kategorien „Movement" und „Landing Area" behandelt. Wie aus der Q-Zeile ersichtlich wird, erfolgt die Übernahme der einzelnen Codes entsprechend den Vorgaben der Tabelle. Die NSC-Tabelle zeigt deutlich mehrere Unterteilungen: Dies umfasst einerseits „Availability" und andererseits „Changes", „Hazard Conditions", „Limitations" und „Trigger". Entsprechend erfolgt die Codierung auf Basis dieser spezifischen Kategorien.

8.4 NOTAM-CODE: QFAXX

NOTAM SELECTION CRITERIA CATEGORY: AGA — MOVEMENT AND LANDING AREA (M)

SECOND AND THIRD LETTERS — SIGNIFICATION	CODE	Scope: A				
Taxiway *(specify)*	MX	Traffic		Purpose		
FOURTH AND FIFTH LETTERS — SIGNIFICATION	**CODE**	I	V	N	B	O	M
Available for daylight operation	AD	x	x				x
Available for night operation	AN	x	x				x
Available on request	AR	x	x				x
Completely withdrawn	AW	x	x		x	x	
Realigned	CL	x	x				x
Installed	CS	x	x		x	x	
Work in progress	HW	x	x				x
Closed	LC	x	x		x	x	
Unserviceable for aircraft heavier than ... *(specify)*	LH	x	x				x
Usable for length of ... and width of ... *(specify)*	LL	x	x				
Closed to all night operations	LN	x	x				x
Limited to ... *(specify)*	LT	x	x				x
Trigger	TT	x	x		x	x	
Plain language	XX	Select Traffic and Purpose entries with due regard to the NOTAM content and the most commonly used combination of qualifiers.					
Resumed normal operation	AK						
Operative (or re-operative subject to previously published limitations/conditions)	AL	NOTAMC qualifiers should be identical to the original NOTAM.					
Operational	AO						
Completed	CC						
Work completed	HV						
Plain language	XX						

Abb. 8.4 NSC ICAO Doc 8126. (Quelle: Aeronautical Information Service Manuel ICAO Doc 8126)

> **Übersicht**
> (A0814/14 NOTAMR A0716/17.
> Q) EDGG/QMXLT/IV/NBO/A/000/999/5052N00709E005.
> A) EDDK B)1705120500 C) 1705121400.
> E) TWY A BTN TWY A3 AND TWY A4 LTD TO ACFT ICAO CODE LETTER D.)

NOTAM-CODE QMXLT (Abb. 8.5)

Der Rollweg A wird zwischen A3 und A4 bis ICAO CODE LETTER D Luftfahrzeuge eingeschränkt bzw. limitiert, somit wird in der Q-Zeile folgender Code angegeben: QMXLT.

NOTAM SELECTION CRITERIA CATEGORY: AGA — MOVEMENT AND LANDING AREA (M)

SECOND AND THIRD LETTERS — SIGNIFICATION	CODE	Scope: A					
Taxiway *(specify)*	MX	Traffic		Purpose			
FOURTH AND FIFTH LETTERS — SIGNIFICATION	CODE	I	V	N	B	O	M
Available for daylight operation	AD	x	x				x
Available for night operation	AN	x	x				x
Available on request	AR	x	x				x
Completely withdrawn	AW	x	x		x	x	
Realigned	CL	x	x				x
Installed	CS	x	x		x	x	
Work in progress	HW	x	x				x
Closed	LC	x	x		x	x	
Unserviceable for aircraft heavier than ... *(specify)*	LH	x	x				x
Usable for length of ... and width of ... *(specify)*	LL	x	x				x
Closed to all night operations	LN	x	x				x
Limited to ... *(specify)*	LT	x	x				x
Trigger	TT	x	x		x	x	
Plain language	XX	Select Traffic and Purpose entries with due regard to the NOTAM content and the most commonly used combination of qualifiers.					
Resumed normal operation	AK						
Operative (or re-operative subject to previously published limitations/conditions)	AL						
Operational	AO	NOTAMC qualifiers should be identical to the original NOTAM.					
Completed	CC						
Work completed	HV						
Plain language	XX						

Abb. 8.5 NSC ICAO Doc 8126. (Quelle: Aeronautical Information Service Manuel ICAO Doc 8126)

Die Darstellung verdeutlicht, dass ein Rollweg aufgrund von bestimmten Einschränkungen limitiert wird. Wie aus der NSC-Tabelle für „Movement" und „Landing Area" ersichtlich wird, erfolgt die Kodierung der Q-Zeile entsprechend den vorgegebenen Angaben.

Übersicht
(A4308/17 NOTAMR A2226/17.
  Q) EDGG/QMRLT/IV/NBO/A/000/999/5052N00709E005.
  A) EDDK B)1708101540 C)1711081540 EST.
  Q) RWY24 BTN THR 24 AND RWY 14L CLSD FOR PARKING ACFT.

8.4 NOTAM-CODE: QFAXX

In der nachfolgenden Darstellung wird die Q-Zeile gemäß der Codierung für „Movement" und „Landing Area" präsentiert. Es ergibt sich eine partielle Sperrung der Start- und Landebahn, wodurch Luftfahrzeuge in diesem betroffenen Abschnitt abgestellt werden dürfen. Die Ableitung der Q-Zeile erfolgt in Übereinstimmung mit den Vorgaben aus der NSC-Tabelle basierend auf diesen spezifischen Angaben (LT) Limited (Abb. 8.6) (Tab. 8.1).

CATEGORY: AGA — MOVEMENT AND LANDING AREA (M)							
SECOND AND THIRD LETTERS — SIGNIFICATION	CODE	Scope: A					
Runway (specify runway)	MR	Traffic			Purpose		
FOURTH AND FIFTH LETTERS — SIGNIFICATION	CODE	I	V	N	B	O	M
Available for daylight operation	AD	x	x	x	x	x	
Hours of service are now ... (specify)	AH	x	x	x	x	x	
Resumed normal operation	AK						
Operative (or re-operative subject to previously published limitations/conditions)	AL						
Military operations only	AM	x	x	x	x	x	
Available for night operation	AN	x	x	x	x	x	
Operational	AO						
Available, prior permission required	AP	x	x	x	x	x	
Available on request	AR	x	x	x	x	x	
Completely withdrawn	AW	x	x	x	x	x	
Completed	CC						
Realigned	CL	x	x	x	x	x	
Displaced	CM	x	x	x	x	x	
Cancelled	CN						
Installed	CS	x	x	x	x	x	
Work completed	HV						
Work in progress	HW	x	x	x	x	x	
Concentration of birds	HX	x	x	x	x	x	
Reserved for aircraft based therein	LB	x	x	x	x	x	
Closed	LC	x	x	x	x	x	
Unserviceable for aircraft heavier than ... (specify)	LH	x	x	x	x	x	
Closed to IFR operations	LI	x		x	x	x	
Usable for length of ... and width of ... (specify)	LL	x	x	x	x	x	
Closed to all night operations	LN	x	x	x	x	x	
Limited to ... (specify)	LT	x	x	x	x	x	
Closed to VFR operations	LV		x	x	x	x	
Trigger	TT	x	x				
Plain language	XX						

- A Availability
- C Changes
- H Hazard Conditions
- L Limitation
- TT Trigger

Abb. 8.6 NSC ICAO Doc 8126. (Quelle: Aeronautical Information Service Manuel ICAO Doc 8126)

Tab. 8.1 Purpose (Zweck). (Quelle: Eigene Darstellung)

N – PURPOSE Information für die sofortige Aufmerksamkeit der Flugbesatzungen
B – PURPOSE für die Flugvorbereitung und Durchführung erscheint in der PIB
O – PURPOSE allgemeine Informationen für den Flugbetrieb
M – PURPOSE verschiedene Informationen, die nicht unter den oben genannten Punkten fallen
Wenn die NSC-Tabellen keine geeignete Kombination aus „Betreff/Bedingung" für die Informationen, die veröffentlicht werden sollen, beinhalten, sind die Felder mit den Buchstaben „XX" zu versehen

8.4.1 PURPOSE (Zweck)

(A5031/17 NOTAMN.
Q) EDGG/QMNXX/IV/NBO/A/000/999/5052N00709E005.
A) EDDK B) 1709150407 C) PERM.
E) TAX IN AND OUT TO APRON D FOR ACFT WITH A WINGSAN OF MORE THAN 36 M (ICAO CODE LETTER C) IT IS MANDATORY TO USE THE TXL N CENTERLINE UNTIL ABEAM ACFT STAND D51. TXL N CENTERLINE IS MARKED IN YELLOW AND IN GREEN/GREEN) (Abb. 8.7).

In der vorliegenden Darstellung wird eine Restriktion für spezifische Luftfahrzeuge dokumentiert. Diese Beschränkung bezieht sich auf den Rollverkehr, der auf bestimmte, farblich markierte Rollwegführungen beschränkt ist. Aufgrund der fehlenden korrekten Zuordnung in der NSC-Tabelle „Movement and Landing Area" werden die Angaben in der Q-Zeile dementsprechend mit „XX" bezeichnet.

Part III. Aeronautical Information in a Standardized Presentation and Related Services
Appendix G. NOTAM selection criteria *III-App G-21*

NOTAM SELECTION CRITERIA CATEGORY: AGA — MOVEMENT AND LANDING AREA (M)

SECOND AND THIRD LETTERS — SIGNIFICATION	CODE	Scope: A					
		Traffic			Purpose		
Apron	MN						
FOURTH AND FIFTH LETTERS — SIGNIFICATION	CODE	I	V	N	B	O	M
Installed	CS	x	x		x	x	
Work in progress	HW	x	x		x	x	
Closed	LC	x	x	x	x	x	
Unserviceable for aircraft heavier than . . . (specify)	LH	x	x	x	x	x	
Aircraft restricted to runways and taxiways	LR	x	x	x	x	x	
Limited to . . . (specify)	LT	x	x	x	x	x	
Trigger	TT	x	x		x	x	
Plain language	XX	Select Traffic and Purpose entries with due regard to the NOTAM content and the most commonly used combination of qualifiers.					
Resumed normal operation	AK						
Operative (or re-operative subject to previously published limitations/conditions)	AL						
Operational	AO	NOTAMC qualifiers should be identical to the original NOTAM.					
Completed	CC						
Work completed	HV						
Plain language	XX						

Abb. 8.7 NSC ICAO Doc 8126. (Quelle: Aeronautical Information Service Manuel ICAO Doc 8126)

8.4 NOTAM-CODE: QFAXX

SECOND AND THIRD LETTERS — SIGNIFICATION	CODE	Scope: A					
Sequenced flashing lights *(specify runway)*	LF	Traffic		Purpose			
FOURTH AND FIFTH LETTERS — SIGNIFICATION	**CODE**	I	V	N	B	O	M
Unserviceable	AS	x			x	x	
Completely withdrawn	AW	x			x	x	
Installed	CS	x			x	x	
Trigger	TT	x			x	x	
Plain language	XX	Select Traffic and Purpose entries with due regard to the NOTAM content and the most commonly used combination of qualifiers.					
Resumed normal operation	AK						
Operative (or re-operative subject to previously published limitations/conditions)	AL	NOTAMC qualifiers should be identical to the original NOTAM.					
Operational	AO						
Completed	CC						
Plain language	XX						

Abb. 8.8 NSC ICAO Doc 8126. (Quelle: Aeronautical Information Service Manuel ICAO Doc 8126)

(A0310/15 NOTAMN.
Q) EDGG/QLFAS/I/BO/A/000/999/5052N00709E005.
A) EDDK B) 1501260700 C) 1501301500.
D) DAILY 0700–1500.
E) SEQUENCE FLASHLIGHTS RWY 24 OUT OF SERVICE). (Abb. 8.8)

Die nachfolgende visuelle Darstellung präsentiert Einschränkungen hinsichtlich der Beleuchtung der Start- und Landebahn im Abschnitt „Specify Runway". Infolgedessen wird die Q-Zeile gemäß den Richtlinien der NSC-Tabelle abgeleitet. Diese Ableitung resultiert in einer Einschränkung im Bereich des Allwetterflugbetriebs, was wiederum zu Beeinträchtigungen im gesamten Flugbetrieb unter schlechten Wetterbedingungen führt.

(A0932/21 NOTAMN.
Q) EDGG/QMKLC/IV/BO/A/000/999/5052N00709E005
A) EDDK B) 2102230700 C) 2102231900.
E) ACFT STAND W10 CLSD DUE TO WIP) (Abb. 8.9).

NOTAM SELECTION CRITERIA CATEGORY: AGA — MOVEMENT AND LANDING AREA (M)

SECOND AND THIRD LETTERS — SIGNIFICATION	CODE	Scope: A					
Parking area	MK	Traffic		Purpose			
FOURTH AND FIFTH LETTERS — SIGNIFICATION	**CODE**	I	V	N	B	O	M
Available, prior permission required	AP	x	x		x	x	
Available on request	AR	x	x		x	x	
Installed	CS	x	x		x	x	
Work in progress	HW	x	x				x
Closed	LC	x	x		x	x	
Unserviceable for aircraft heavier than ... (specify)	LH	x	x		x	x	
Limited to ... (specify)	LT	x	x				x
Trigger	TT	x	x		x	x	
Plain language	XX	Select Traffic and Purpose entries with due regard to the NOTAM content and the most commonly used combination of qualifiers.					
Resumed normal operation	AK						
Operative (or re-operative subject to previously published limitations/conditions)	AL						
Operational	AO	NOTAMC qualifiers should be identical to the original NOTAM.					
Completed	CC						
Work completed	HV						
Plain language	XX						

Abb. 8.9 NSC ICAO Doc 8126. (Quelle: Aeronautical Information Service Manuel ICAO Doc 8126)

Infolge der Sperrung einer Parkposition, welche zu Beschränkungen bei der Abstellung von Luftfahrzeugen führt, erfolgt die Übernahme der spezifischen Kodierungen gemäß den Vorgaben der NSC-Tabelle. Im Abschnitt „Movement and Landing Area" werden die einzelnen Codierungen entsprechend ausgewählt.

(A4760/23 NOTAMN.

Q) EDGG/QMRLC/IV/NBO/A/000/999/5052N00709E005.

A) EDDK B) 2209250530 C) 2209261600.

D) DAILY 0530-1600.

E) RWY 14L/32R CLSD DUE TO WIP.) (Abb. 8.10)

Aufgrund der Sperrung der Start- und Landebahn, die erhebliche Auswirkungen auf den Flugbetrieb hat, erfolgt die Codierung der Q-Zeile entsprechend. Hierbei wird auf die Abbildung der NSC-Tabelle für „Movement and Landing Area" zurückgegriffen.

(A4547/23 NOTAMN.

Q) EDGG/QLYAS/IV/M /A /000/999/5052N00709E005.

A) EDDK B) 2309112100 C) 2309120900EST.

E) TWY EDGE LIGHTS TWY A BTN TWY A1 AND TWY A2 OUT OF SERVICE. MARSHALLER GUIDANCE ON REQ VIA ATC.) (Abb. 8.11)

8.4 NOTAM-CODE: QFAXX

Part III. Aeronautical Information in a Standardized Presentation and Related Services
Appendix G. NOTAM selection criteria

NOTAM SELECTION CRITERIA CATEGORY: AGA — MOVEMENT AND LANDING AREA (M)

SECOND AND THIRD LETTERS — SIGNIFICATION	CODE	Scope: A					
Runway *(specify runway)*	MR	Traffic		Purpose			
FOURTH AND FIFTH LETTERS — SIGNIFICATION	**CODE**	I	V	N	B	O	M
Available for daylight operation	AD	x	x		x	x	
Hours of service are now ... *(specify)*	AH	x	x		x	x	
Military operations only	AM	x	x	x	x	x	
Available for night operation	AN	x	x		x	x	
Available, prior permission required	AP	x	x	x	x	x	
Available on request	AR	x	x	x	x	x	
Completely withdrawn	AW	x	x		x	x	
Realigned	CL	x	x	x	x	x	
Displaced	CM	x	x	x	x	x	
Installed	CS	x	x		x	x	
Work in progress	HW	x	x		x	x	
Concentration of birds	HX	x	x	x	x	x	
Reserved for aircraft based therein	LB	x	x	x	x	x	
Closed	LC	x	x	x	x	x	
Unserviceable for aircraft heavier than ... *(specify)*	LH	x	x	x	x	x	
Closed to IFR operations	LI	x			x	x	
Usable for length of ... and width of ... *(specify)*	LL	x	x	x	x	x	
Closed to all night operations	LN	x	x	x	x	x	
Limited to ... *(specify)*	LT	x	x	x	x	x	
Closed to VFR operations	LV		x		x	x	
Trigger	TT	x	x				
Plain language	XX	Select Traffic and Purpose entries with due regard to the NOTAM content and the most commonly used combination of qualifiers.					
Resumed normal operation	AK						
Operative (or re-operative subject to previously published limitations/conditions)	AL						
Operational	AO	NOTAMC qualifiers should be identical to the original NOTAM.					
Completed	CC						
Work completed	HV						
Plain language	XX						

Abb. 8.10 NSC ICAO Doc 8126. (Quelle: Aeronautical Information Service Manuel ICAO Doc 8126)

Infolge des Ausfalls der Randbefeuerung wird explizit darauf hingewiesen, dass eine Einweiser-Führung auf Anfrage bereitgestellt wird. Die Ableitung der Q-Zeile erfolgt hierbei aus der Kategorie „Taxiway Edge Lights" der NSC-Tabelle, und die Codierung der Q-Zeile erfolgt gemäß den entsprechenden Vorgaben. In den folgenden Kapiteln werden die einzelnen Codierungen in den NSC-Tabellen ausführlich erläutert.

Part III. Aeronautical Information in a Standardized Presentation and Related Services
Appendix G. NOTAM selection criteria   III-App G-15

SECOND AND THIRD LETTERS — SIGNIFICATION	CODE	Scope: A					
Taxiway edge lights *(specify taxiway)*	LY	Traffic			Purpose		
FOURTH AND FIFTH LETTERS — SIGNIFICATION	CODE	I	V	N	B	O	M
Unserviceable	AS	x	x				x
Completely withdrawn	AW	x	x				x
Installed	CS	x	x				x
Plain language	XX	Select Traffic and Purpose entries with due regard to the NOTAM content and the most commonly used combination of qualifiers.					
Resumed normal operation	AK	NOTAMC qualifiers should be identical to the original NOTAM.					
Operative (or re-operative subject to previously published limitations/conditions)	AL						
Operational	AO						
Completed	CC						
Plain language	XX						

Abb. 8.11 NSC ICAO Doc 8126. (Quelle: Aeronautical Information Service Manuel ICAO Doc 8126)

8.4.2 Qualifier „Traffic" (Verkehr)

Hierbei handelt es sich um IFR- und VFR-Verkehr.
Die Buchstaben I, V, IV und K stehen für:

- **I = IFR-Verkehr.**
- **V = VFR-Verkehr.**
- **IV = IFR- und VFR-Verkehr.**
- **K = NOTAM ist eine Checkliste.**

Der passende Verkehrstyp sollte aus den NOTAM-Auswahlkriterien (NSC) entnommen werden. Die NSC enthalten jedoch bestimmte Themen (2. und 3. Buchstaben), bei denen das NOTAM-Thema bzw. der Text eine andere Wahl des „Traffic"-Qualifikators (I, V oder IV) erfordern kann. In solchen Fällen wird der korrekte „Traffic"-Eintrag durch das veröffentlichende Flugverkehrsdienst bestimmt.

8.4.3 Qualifier „Purpose" (Zweck)

Dieser Qualifikator bezieht sich auf bestimmte Zwecke (Absichten) eines NOTAM und ermöglicht somit die Auswahl entsprechend den Anforderungen des Benutzers.

Die geeigneten „Purpose"(Zweck)-Qualifikatoren sollten den NOTAM-Auswahlkriterien (NSC) entnommen werden. Bei der Auswahl des NOTAM-Codes sollte die Auswirkung auf den Zweck berücksichtigt werden. Die folgenden Einträge und Kombinationen sind zulässig: K, M, B, BO und NBO. Die Reihenfolge in dieser Liste spiegelt die Abstufung in Bezug auf die betriebliche Bedeutung von niedrigster bis höchster wider. Es ist wichtig, die ICAO-Klassifikation bei der NOTAM-Veröffentlichung nicht auf- oder abzuwerten.

Für eine NOTAM-Checkliste sollte ausschließlich der Qualifikator K verwendet werden.

Die Bedeutungen von ‚PURPOSE' (Zweck) sind wie folgt:

N = NOTAM, die für die unmittelbare Aufmerksamkeit der Flugzeugbesatzung ausgewählt wurden. Aufgrund ihrer Bedeutung erfordern diese NOTAM die sofortige Aufmerksamkeit der Flugzeugbesatzung. Flugzeugbesatzungsmitglieder können die spezifische Zustellung solcher NOTAM oder deren Aufnahme in bestimmte Vorab-Informationsbulletins anfordern. Ein spezifisches Vorab-Informationsbulletin enthält nur NOTAM, die sich auf äußerst wichtige Themen beziehen und als NBO qualifiziert sind.

B = NOTAM von betrieblicher Bedeutung, ausgewählt für die Aufnahme in Vorab-Informationsbulletins. Das NOTAM wird in einem Vorab-Informationsbulletin erscheinen, dass alle NOTAM enthält, die für eine allgemeine Abfrage des Vorab-Informationsbulletins relevant sind. NOTAM mit den Qualifikatoren B, BO oder NBO werden im Vorab-Informationsbulletin erscheinen.

O = NOTAM, die Flugoperationen betreffen. Das NOTAM wird in einem Vorab-Informationsbulletin erscheinen, das alle relevanten NOTAM enthält. NOTAM mit den Qualifikatoren BO oder NBO werden im Vorab-Informationsbulletin erscheinen.

M = Sonstige NOTAM, die nicht unter die oben genannten Punkten fallen, aber auf Anfrage verfügbar sind. Das NOTAM dient einem „sonstigen" Zweck und wird nicht automatisch in einem Vorab-Informationsbulletin veröffentlicht, es sei denn, es wird ausdrücklich angefordert.

8.4.4 Qualifier „Scope" (Anwendungsbereich)

Der Qualifikator „UMFANG" bezieht sich auf das Thema eines NOTAM und ordnet es einem spezifischen Anwendungsbereich zu. Dieser Qualifikator wird verwendet, um festzulegen, unter welcher Kategorie ein NOTAM in einem Vorab-Informationsbulletin präsentiert wird, nämlich unter „Flugplatz", „Strecke" oder „Navigationswarnung".

Die ICAO NOTAM-Auswahlkriterien bieten einige Leitlinien zur Auswahl des Anwendungsbereichs, geben jedoch keine Anleitung, wenn Kombinationen wie „AE" als entweder/oder oder als beides beabsichtigt sind. Allgemeine Regeln für die Anwendung der Bereiche „A", „E" und „W" und weitere Details für die Bereiche „AE" und „AW" werden im Anhang angegeben.

Die folgenden Einträge sind zulässig

A = Flugplatz, bezieht sich auf den Anwendungsbereich „Flugplätze". Die Angabe eines Flugplatzes.

E = Der Anwendungsbereich E bezieht sich auf Strecken.

Der Qualifikator „A" bezieht sich auf den Anwendungsbereich „Flugplatzinformationen". Die Angabe von einem oder mehreren FIR im Element A) ist zwingend erforderlich.

Der Qualifikator „W" bezieht sich auf den Anwendungsbereich „Navigationswarnungen" (Luftstraßenbeschränkungen und Warnungen). Eine Navigationswarnung betrifft den Luftraum und ist normalerweise in der ENR-Information im AIP enthalten. Die Angabe von einem oder mehreren FIR im Element A) ist zwingend erforderlich.

Der Qualifikator „AE" bezieht sich auf die Anwendungsbereiche „Flugplatz" und „Strecke". Er wird verwendet, wenn ein NOTAM (z. B. bestimmte Navigationshilfen, CTR) sowohl den Betrieb auf dem Flugplatz als auch in der Luft betrifft. Das Element A) muss den Standortindikator des Flugplatzes enthalten.

AW steht für die Begriffe „Flugplatz" und „Warnung" und verknüpft die NOTAM mit den beiden Bereichen ‚A' (Aerodrome/Flugplatz) und ‚W' (Warning/Warnung). Obwohl der Bereich ‚AW' nicht explizit in den Tabellen des Internationalen Zivilluftfahrtverbands (ICAO) NSC aufgeführt ist, sollte er immer dann verwendet werden, wenn ein einzelnes NOTAM sowohl den Flugverkehr am Flugplatz als auch den Flugverkehr in der Luftstrecke betrifft, der von einer Navigationswarnung beeinträchtigt wird, die am Flugplatz oder in unmittelbarer Nähe stattfindet. Im Punkt A) des NOTAM sollte der Flugplatzkennbuchstabe angegeben werden, während im Punkt Q) die geografischen Koordinaten des Ortes, an dem die Aktivität stattfindet, zusammen mit dem zugehörigen Radius vermerkt sein sollten.

Tab. 8.2 Qualifier "Scope". (Quelle: Eigene Darstellung)

QUALIFIER 'SCOPE'	NOTAM ITEM A
A	Aerodrome
AE	Aerodrome
E	FIR (s)
W	FIR (s)
AW	Aerodrome
K	FIR (s)

Zusammenfassung der Qualifikationsmöglichkeiten bezüglich des Begriffs „Scope" (Tab. 8.2)

8.4.5 Qualifiers 'LOWER/UPPER'

Diese Qualifikatoren assoziieren ein NOTAM mit einem vertikalen Luftraumabschnitt durch Bezugnahme auf spezifische untere und obere Grenzwerte. Dadurch wird es möglich, bei Anfragen für Vorabfluginformationen untere und obere Grenzwerte anzugeben. Dies ermöglicht es, die NOTAM auszuschließen, die sich nicht auf den angeforderten vertikalen Abschnitt beziehen und somit nicht im abgerufenen Vorabflug-Informationsbulletin erscheinen sollen.

Die festgelegten unteren und oberen Grenzwerte sind mit dem Umfang („Scope") verknüpft. Im Falle der Klassifizierung eines NOTAM durch den Umfang als Luftrauminformation (Flugroute oder Warnung) oder als eine Kombination von Flugplatz- und Luftrauminformation (Flugroute oder Warnung) müssen die entsprechenden unteren und oberen Grenzwerte gemäß den definierten vertikalen Werten für den betreffenden Luftraum festgelegt werden.

Sofern der Umfang eines NOTAM ausschließlich als Flugplatzinformation einstuft, sollten die Standardwerte 000/999 eingetragen werden. Die in diesen Qualifikatoren angegebenen Grenzwerte sind auf sogenannte „Flugflächen" beschränkt. Die „untere" Grenze muss kleiner oder gleich der „oberen" Grenze sein. Wenn die NOTAM-Information auf einen Luftraum verweist, sollten die unteren und oberen Grenzen entsprechend den vertikalen Werten des definierten Luftraums festgelegt werden. Wenn sich die NOTAM-Information jedoch auf Hindernisse bezieht, sollten die unteren und oberen Grenzen anhand der vertikalen Werte des jeweiligen Hindernisses festgelegt werden, sofern dieses nicht ausschließlich als Flugplatzinformation klassifiziert ist. Im Falle von Navigationswarnungen (NOTAM-Codes ‚QW' und ‚QR') sollten die in den „unteren" und „oberen" Werten angegebenen Werte mit den in den Elementen F) und G) angegebenen Werten übereinstimmen. Die Werte im Qualifikator „Untere" sollten auf die nächstgelegene 100-Fuß-Einheit abgerundet werden, während die Werte im Qualifikator „Obere" auf die nächstgelegene 100-Fuß-Einheit aufgerundet werden sollten.

Sobald die Werte in den Feldern F) und G) in Form von ‚Flugflächen' (FL) angeben werden, sollten dieselben FL-Werte entsprechend als ‚Untere/Obere'-Werte in Element Q) eingetragen werden. Falls hingegen die Werte in den Feldern F) und G) als ‚Höhe über dem Meeresspiegel' (AMSL) ausgedrückt werden, sollten die zugehörigen FL-Werte (basierend auf der Standardatmosphäre) als ‚Untere/Obere'-Werte in Element Q) eingetragen werden.

Wenn die Werte in den Feldern F) und G) in Form von ‚Höhe über Grund' (AGL) angegeben sind und die entsprechende Höhe anhand der Geländehöhe des betroffenen Gebiets berechnet werden kann, sollten die entsprechenden FL-Werte (basierend auf der Standardatmosphäre und AMSL-Werten) als ‚Untere/Obere'-Werte in Element Q) eingetragen werden.

Wenn die Werte in den Feldern F) und G) als ‚Höhe über Grund' (AGL) angegeben werden und keine entsprechenden Flugflächen definiert werden können (d. h. die Geländehöhe des betroffenen Gebiets ist unbekannt, trotz aller Anstrengungen zur Datenerfassung), sollte die höchste Geländehöhe des Staates, der FIR (Fluginformationsregion) oder der betroffenen Region zum Wert in Feld G) hinzugefügt werden, um den Qualifikator ‚Obere' in Feld Q) zu berechnen, während im Qualifikator ‚Untere' in Feld Q) der Standardwert ‚000' eingetragen wird.

Im Fall der Luftraumorganisation (bezogen auf NOTAM, die, die Struktur von ATS-Routen, TMA, CTR, ATZ usw. betreffen), sollten die angegebenen ‚Untere/Obere'-Werte den vertikalen Begrenzungen des betroffenen Luftraums entsprechen. Bei ATS-Einheiten und deren Systemen werden die entsprechenden Grenzen des verweisenden Luftraums eingetragen.

Die Verwendung der Standardwerte 000/999 sollte vermieden werden, soweit dies möglich ist, es sei denn, es handelt sich um NOTAM-Informationen, die ausschließlich für einen Flugplatz veröffentlicht werden. Falls die vertikalen Grenzen einer Luftraumorganisation nur teilweise beeinträchtigt sind, sollten die unteren und oberen Begrenzungen auf den betroffenen Teil beschränkt werden.

Im Falle von Hindernissen auf Flugstrecken sind keine Angaben in den Elementen F) und G) enthalten. Stattdessen sollten angemessene Werte in Element

Q) verwendet werden, die auf der örtlichen Geländehöhe basieren. Die Verwendung des Standardwerts ‚000/999' sollte vermieden werden. Wenn mehrere Hindernisse (gruppierte) in unmittelbarer Nähe in einem NOTAM veröffentlicht werden, sollte die obere Grenze das höchste Hindernis widerspiegeln.

Die meisten Informationen, die mit Flugplätzen in Verbindung stehen und unter den Bereich ‚Scope', ‚A' fallen, beziehen sich auf Bodenanlagen, für die es nicht notwendig ist, eine obere Grenze anzugeben. Daher sollten, wenn spezifische Höhenangaben nicht erforderlich sind, diese NOTAM-Informationen die Standardwerte ‚000/999' enthalten. Wenn jedoch flugplatzbezogene Informationen auch den darüberliegenden oder umgebenden Luftraum betreffen, müssen die unteren und oberen Grenzen angegeben werden, und der ‚Scope'-Qualifikator sollte ‚AE' oder ‚AW' lauten.

8.5 Allgemeine Regeln über die geografische Referenz

Dieser Qualifikator ermöglicht die geografische Zuordnung eines NOTAM zu einer Einrichtung, einem Dienst oder einem Bereich, der mit dem in Element A) angegebenen Flugplatz oder den FIR(s) korreliert. Dieser Qualifikator besteht aus zwei Teilen:

Der erste Teil umfasst eine Gruppe von Koordinaten, die 11 Zeichen enthält und auf die nächste Minute auf- oder abgerundet wird. Das bedeutet, der Breitengrad (N/S) wird in 5 Zeichen ausgedrückt, während der Längengrad (E/W) in 6 Zeichen angegeben wird.

Der zweite Teil besteht aus einem Einflussradius, der aus drei Ziffern besteht und auf die nächsthöhere volle nautische Meile aufgerundet wird. Dieser Einflussradius umfasst den gesamten Bereich, der von den gerundeten Koordinaten aus beeinflusst wird. Zum Beispiel wird eine Entfernung von 10,2 nautischen Meilen als 011 angegeben.

8.5.1 Koordinaten – Die geographische Referenz

Bei NOTAM mit ‚Scope' ‚A' sollten die Koordinaten des Aerodrome Reference Points (ARP) eingetragen werden. Bei NOTAM mit ‚Scope' ‚AE' oder ‚AW' sind die entsprechenden Koordinaten einzufügen, die sich von denen des ARP unterscheiden können.

Beispielsweise haben VOR-Anlagen, die sich auf einem Flugplatz befinden, nicht zwangsläufig dieselben Koordinaten wie der ARP. Gleiches gilt für Navigationswarnungen, die den Flugplatzverkehr beeinflussen und sich in der Nähe eines Flugplatzes oder direkt auf dem Flugplatz befinden können.

Für NOTAM mit ‚Scope' ‚E' oder ‚W', die sich auf bekannte Punkte beziehen (Navigationshilfen, Meldepunkte, Städte, usw.), sollten die entsprechenden Koordinaten vermerkt werden. Falls ein NOTAM mit ‚Scope' ‚E' oder ‚W' sich auf einen Bereich (FIR, Land, Gefahrengebiet, etc.) bezieht, repräsentieren die Koordinaten das ungefähre Zentrum eines Kreises, dessen Radius den gesamten Bereich umfasst.

Wenn ein NOTAM mit ‚Scope' ‚E' oder ‚W' Informationen enthält, die keiner spezifischen geografischen Position zugeordnet werden können, stellen die Koordinaten das ungefähre Zentrum eines Kreises dar, dessen Radius den gesamten Einflussbereich umspannt. Dies kann das Zentrum einer FIR oder mehrerer FIRs sein, beispielsweise für einen gesamten Staat.

8.5.2 Der geographische Radius als Referenzpunkt

Für NOTAM mit ‚Scope' ‚A' wird der Standardwert ‚005' eingetragen. Für NOTAM mit ‚Scope' ‚E', ‚W', ‚AE', ‚AW' wird der Radius so festgelegt, dass er den gesamten Einflussbereich des NOTAM abdeckt. Die angegebene Radiusgröße sollte dabei möglichst genau sein. Das Verwenden eines übermäßig großen Radius (z. B. durch Eingabe des Standardwerts ‚999') führt zu einer unnötigen Abdeckung im PIB und sollte vermieden werden. Beim Runden von Koordinaten zur Einfügung in das entsprechende Format in der Q-Zeile erfolgt eine Verschiebung des Mittelpunkts des Radius, was dazu führen kann, dass der PIB nicht den gesamten Einflussbereich des NOTAM abdeckt. In einem solchen Fall wird der Radius in der Q-Zeile erhöht. Die tatsächlichen Koordinaten werden gerundet, um sie in das Q-Zeilenformat aufzunehmen, wobei der Mittelpunkt des Radius verschoben wird. Wenn der Radius in der Q-Zeile 1 Seemeile beträgt, wird das NOTAM nicht vollständig im PIB erfasst. Daher wird der Radius auf 2 Seemeilen angepasst.

8.5.2.1 NOTAM Zeile Item A) Fluginformationsgebiet

Im Fall einer einzelnen Fluginformationsregion (FIR) sollte der Eintrag in Element A) mit dem im Element Q) eingegebenen ‚FIR'-Qualifikator identisch sein. Wenn in Element A) ein Flugplatzkennzeichen angegeben ist, sollte es sich um

8.5 Allgemeine Regeln über die geografische Referenz

einen Flugplatz oder Hubschrauberlandeplatz in der im Element Q) angegebenen FIR handeln. Dies sollte auch dann befolgt werden, wenn der Flugplatz oder Hubschrauberlandeplatz in einer darüber liegenden FIR eines anderen Staates liegt.

8.5.2.2 Startzeit des NOTAM (Unter Zeile Item B) Startzeit des NOTAM

(Unter Zeile Item B)

Eine zehnstellige Zeitangabe, die das Jahr, den Monat, die Tage, die Stunden und Minuten angibt, zu welchem Zeitpunkt das Notam wirksam wird: Die Zeitangabe erfolgt in UTC.

Beispiel
Item B) 1710231130 (23 October 2017, 11:30 UTC)
Die Verwendung von ‚WIE' oder ‚WEF' ist nicht gestattet. Der Beginn eines UTC-Tages wird durch ‚0000' angegeben und nicht durch ‚0001'. Ein NOTAM wird ab dem Zeitpunkt seiner Veröffentlichung als „gültig" betrachtet, tritt jedoch erst zu dem in Element B) angegebenen Datum und der angegebenen Uhrzeit „in Kraft". Die in Element B) angegebene Datum-Zeit-Gruppe muss gleich oder später sein als das tatsächliche Erstellungsdatum und die Erstellungszeit des NOTAM. Für NOTAMR und NOTAMC muss die in Element B) angegebene Zeit jedoch der tatsächlichen Datum-Zeit-Gruppe der Erstellung dieses NOTAMR oder NOTAMC entsprechen. Zukünftige Inkraftsetzungen sind nicht zulässig.

8.5.2.3 Endzeit des NOTAM (Unter Zeile Item C)

Für NOTAM mit einer vorher bekannten Gültigkeitsdauer wird eine zehnstellige Datum Angabe vermerkt. Diese Gruppe gibt das Jahr, den Monat, den Tag, die Stunde und die Minute an, zu der das NOTAM seine Wirksamkeit verliert und ungültig wird. Dieses Datum und diese Uhrzeit müssen nach dem in Element B) angegebenen Datum und der Uhrzeit liegen.

Beispiel: Item C) 2006121030 (12 Juni 2020, 10:30 UTC)
Falls Datumsangaben in Punkt D) verwendet werden, sollte in Punkt C) auf die Verwendung von ‚EST' verzichtet werden.

Für NOTAM, die Informationen von dauerhafter Gültigkeit enthalten und in das AIP aufgenommen wird, sollte anstelle einer Datums-Zeit-Angabe die Abkürzung ‚PERM' verwendet werden. Grundsätzlich ist zu beachten, dass Permanent NOTAM im AIP so schnell wie möglich aufgenommen werden sollten.

8.5.2.4 NOTAM Zeile Item D Tages/Zeitplan Allgemeine Regeln

Abschnitt D) – sollte nur hinzugefügt werden, wenn die in einem NOTAM enthaltenen Informationen nur zu bestimmten Zeiträumen innerhalb des gesamten ‚in Kraft' befindlichen Zeitraums relevant sind, das heißt, zwischen den in den Abschnitten B) und C) angegebenen Daten und Uhrzeiten. In diesen Fällen muss in Abschnitt D) der tatsächliche Aktivierungszeiträum im Detail festgelegt werden. Der Beginn der ersten Aktivität in Abschnitt D) muss immer dem Datum und der Uhrzeit in Abschnitt B) entsprechen. Dieser Zeitraum muss immer als erster Eintrag in Abschnitt D) erscheinen. Falls das NOTAM während eines Aktivitätszeitraums herausgegeben wird, der durch Wochentage definiert ist und sich wiederholt, muss der erste Tag, der in Abschnitt D) angegeben wird, nicht zwangsläufig wörtlich dem Datum in Abschnitt B) entsprechen.

Folgende Beispiele werden wie folgt unter den Punkten vorgestellt: Punkt D), Punkt B), Punkt C).

Beispiel 1

> **Übersicht**
> B) 1303040000 C) 1303171700.
> D) MON WED FRI H24, SAT SUN 0600-1700.

Merke: (H24 = 0000–2359) (Abb. 8.12).

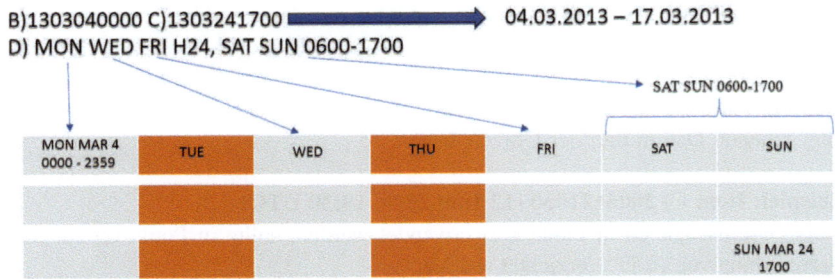

Abb. 8.12 NOTAM Zeile Item D. (Quelle: Eigene Darstellung)

8.5 Allgemeine Regeln über die geografische Referenz

Beispiel 2):

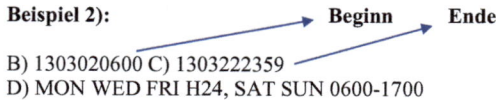

B) 1303020600 C) 1303222359
D) MON WED FRI H24, SAT SUN 0600-1700

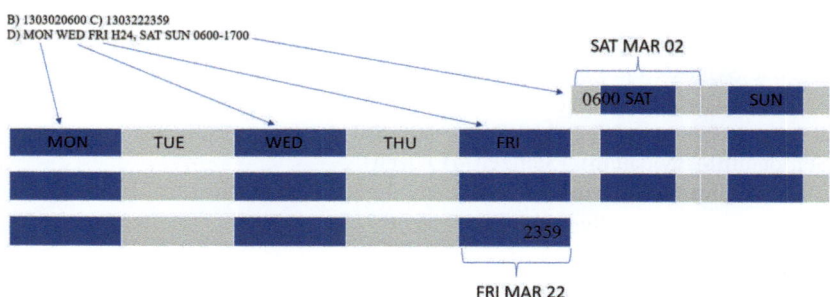

Abb. 8.13 NOTAM Zeile Item D. (Quelle: Eigene Darstellung)

Die D) Zeile beschreibt den Prozess, dass an folgenden Tagen, wie montags, mittwochs und freitags beispielsweise Arbeiten in jeglicher Form 24 h lang abgedeckt sind. Die Samstage und Sonntage weisen einen Rahmen von einer Arbeitszeit innerhalb 06:00 Uhr bis 17:00 Uhr UTC auf (Abb. 8.13).

Die Abbildung stellt den Prozess dar, dass montags, mittwochs und freitags, die Arbeitszeit 24 h beträgt. An Samstagen und Sonntagen beläuft sich die Arbeitszeit zwischen 06:00 bis 17:00 Uhr.

Das Ende des zuletzt gemeldeten Aktivitätszeitraums in Punkt D) sollte immer mit dem Ende der Gültigkeit des in Punkt C) angegebenen NOTAM korrespondieren. Beachten Sie, dass dieser Zeitraum nicht zwangsläufig als letzter Eintrag in Punkt D) aufgeführt sein muss.

Die syntaktischen Strukturen oder Regeln, die sich auf ein Datum beziehen, sind ebenso auf Wochentage anwendbar.

Punkt D) sollte gemäß den nachstehenden Regeln strukturiert werden. Diese bieten präzise und eindeutige Standardausdrücke, die eine automatisierte Verarbeitung bei der Erstellung des Vorfluginformationsbulletins ermöglichen und gleichzeitig eine gute und klare Lesbarkeit in manuellen Umgebungen gewährleisten.

Es sollte eine Zeitangabe für jeden Aktivitätszeitraum eingefügt werden. Wenn die Aktivität einen vollen Tag abdeckt, sollte „H24" nach den Datumsangaben eingefügt werden.

Ein Datum sollte nur einmal erscheinen. Wenn die Aktivität mehr als 24 h umfasst, wird die folgende Syntax empfohlen: (Startdatum), (Startzeit)-(Enddatum), (Endzeit).

Wenn die Aktivität an bestimmten Tagen weniger als 24 h dauert, wird die folgende Syntax empfohlen: (Datum), (Startzeit)-(Endzeit).

Wenn die Aktivität eine Abfolge identischer Perioden von weniger als 24 h an aufeinanderfolgenden Tagen ist, wird die folgende Syntax empfohlen: (Startdatum)-(Enddatum), (Startzeit)-(Endzeit).

Bei aufeinanderfolgenden Aktivitäten, die die Mitternacht UTC überspannen, werden die folgenden Syntaxen empfohlen:

a) (Startdatum erste Periode), (Startzeit)–2359, (Startdatum nächste Periode(n))-(Enddatum nächste Periode(n)) 0000-(Endzeit), (Startzeit)-2359, (Startdatum letzte Periode) 0000-(Endzeit).

b) (Startdatum)-(Startdatum der letzten Periode), (Startzeit)-(Endzeit). Bitte beachten Sie, dass das Enddatum in b) oben aus Punkt D) weggelassen wird, jedoch in Punkt C) erscheint. Die Datumsangaben stehen immer im Zusammenhang mit den Startzeiten der jeweiligen Perioden.

Selbstständige automatische Verarbeitung (und in gewissem Maße manuelle Verarbeitung) ermöglicht daher die Ausschließung eines NOTAM aus PIB, wann immer es inaktive Zeiträume zwischen den in den Punkten B) und C) angegebenen Daten und Zeiten gibt.

8.5.3 NOTAM Zeile Item D Tages/Zeitplan Allgemeine Regeln

Abschnitt D: Tages-/Zeitplan – Abkürzungen und Symbole
Zusammenfassend ist festzuhalten, dass in Abschnitt D folgende Angaben von besonderer Bedeutung sind: Im Kontext von Flugverkehrsnachrichten (NOTAM) ist Abschnitt D essenziell, da dieser die Konventionen und Abkürzungen für die Darstellung von Tages- und Zeitplänen beschreibt. Diese Informationen sind für Flugsicherungsdienste und Flughafenbetreiber von entscheidender Bedeutung, um Änderungen in den Betriebszeiten und Aktivitäten effektiv zu kommunizieren.

8.5 Allgemeine Regeln über die geografische Referenz   145

Abkürzungen für Daten und Uhrzeiten:
In diesem Kontext sind Abkürzungen von großer Bedeutung, da sie die Darstellung von Zeitplänen vereinfachen. Zum Beispiel wird der Übergang der Betriebszeiten der Flugsicherung von 1000-2000 durch die Abkürzungen B) YYMMTT1000 C) YYMMTT2000 dargestellt. Dies ermöglicht eine präzise und kompakte Übermittlung von zeitbezogenen Informationen.

Jahr und Monate:
Es ist wichtig zu beachten, dass das Jahr in Abschnitt D nicht explizit angegeben wird, da es in anderen Teilen des NOTAM, nämlich in den Abschnitten B und C, enthalten ist. Wenn sich der Zeitplan über das Jahresende erstreckt, wird dennoch darauf geachtet, dass die chronologische Reihenfolge der Monate beibehalten wird.

Daten und Wochentage:
Die Verwendung von Abkürzungen für Daten und Wochentage, wie z. B. 01 für den ersten Tag des Monats oder MON für Montag, erleichtert die Lesbarkeit und Klarheit der Informationen. Dies ermöglicht den Lesern, schnell zu erkennen, an welchem Tag oder Datum eine bestimmte Aktivität stattfindet.

Uhrzeiten:
Die Darstellung von Uhrzeiten in Abschnitt D erfolgt in Form von vierstelligen Zahlen, wie z. B. 1030 für 10:30 Uhr. Diese klare Darstellung minimiert Missverständnisse und erleichtert die schnelle Interpretation der Zeitpläne.

Abkürzungen für Zeitintervalle und zugehörigen Text:
Eine weitere wichtige Konvention ist die Verwendung von ‚EXC' für Ausnahmen, wenn das NOTAM nicht aktiv ist. Es ist jedoch zu beachten, dass volle Tagesausnahmen für Zeiträume, die Mitternacht überspannen, nicht zulässig sind. Dies stellt sicher, dass Ausnahmen klar und präzise kommuniziert werden.

- **Beispiel 1: D) FRI-TUE 0500-1800 EXC NOV 06.**
- **Beispiel 2: D) MON-FRI 1200-1600 EXC OCT 16.**
- **Beispiel 3: D) TUE-SUN 0600-1200 EXC FEB 12.**

Darüber hinaus wird ‚DAILY' empfohlen, wenn Aktivitäten jeden Tag von Punkt B) bis Punkt C) gelten.
Die Verwendung des Ausdrucks „nächtlich" wird vermieden, um Verwirrung zu vermeiden.

Folgende Beispiele werden aufgeführt:
Siehe (Abb. 8.14, 8.15 und 8.16)

Beispiel: Wiederkehrendes Ereignis, das an einem bestimmten Wochentag aktiv ist.
(Repetitive event active on a certain weekday).
B) 2209010000 C) 2209292359.
D) EVERY THU H24 (Abb. 8.17).
Weiteres Beispiel:

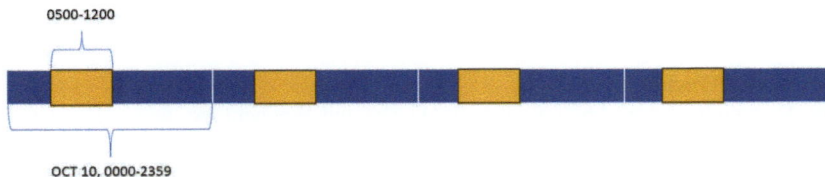

Abb. 8.14 DAILY 0500-1200 (Repetitive event active every day). (Quelle: Eigene Darstellung)

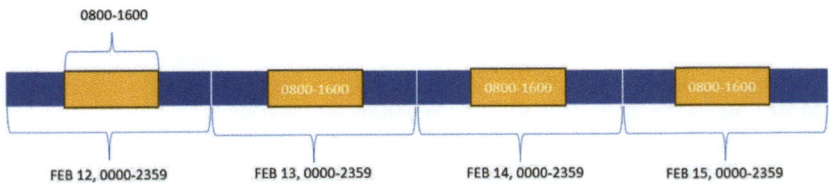

Abb. 8.15 DAILY 0800-1600 (Repetitive event active every day). (Quelle: Eigene Darstellung)

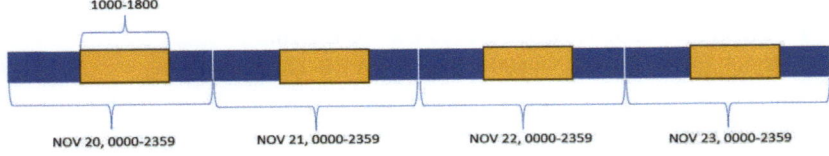

Abb. 8.16 DAILY 1000-1800 (Repetitive event active every day). (Quelle: Eigene Darstellung)

8.5 Allgemeine Regeln über die geografische Referenz 147

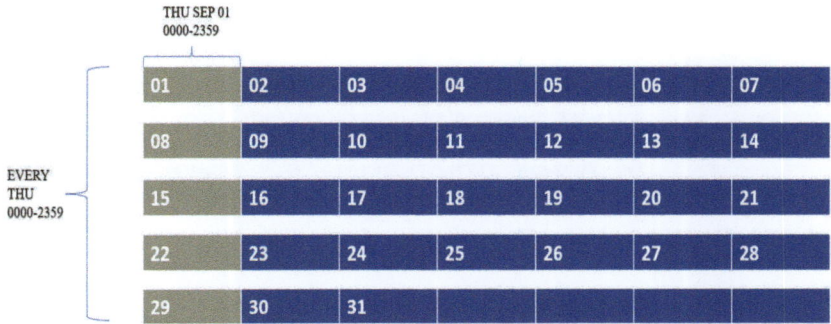

Abb. 8.17 DAILY von 0000-2359 every Thursday. (Quelle: Eigene Darstellung)

Aktivität nur an bestimmten Tagen innerhalb eines bestimmten Zeitraums:
(Activity only on specific days within the period).
B) 2309050000 C) 2309162359.
D) 05 10 14 16 H24 (Abb. 8.18).
Weitere Beispiele werden aufgeführt:
Verschiedene Tageszeiträume VON-BIS.
(Various day-periods explained by FROM-TO).
D) 14-19 23-26 H24 (Abb. 8.19).
Beispiel:
Kombination aus Tag und Zeiträumen.
(Combination of day-periods and time-periods).
D) SEP 20-30 0500-1200, OCT 01-08 1800-2200 (Abb. 8.20).
Beispiel:
Kombination aus Tag und Zeiträumen.

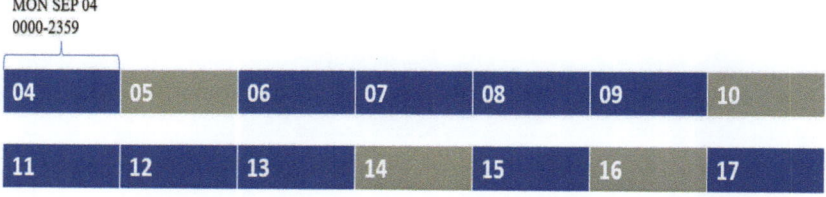

Abb. 8.18 DAILY 0000-2359 05.09.23, 10.09.23, 14.09.23,16.09.23. (Quelle: Eigene Darstellung)

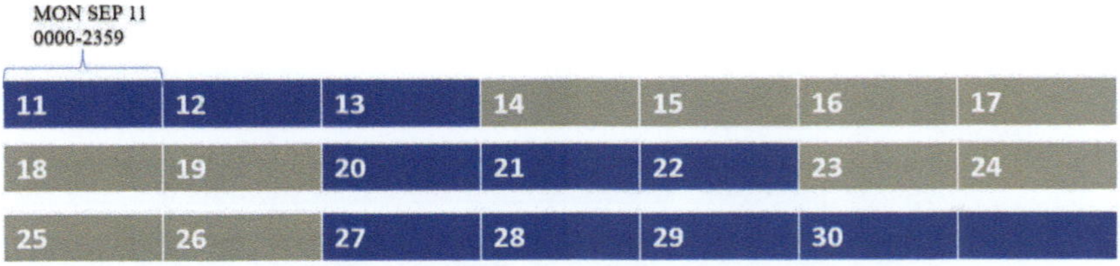

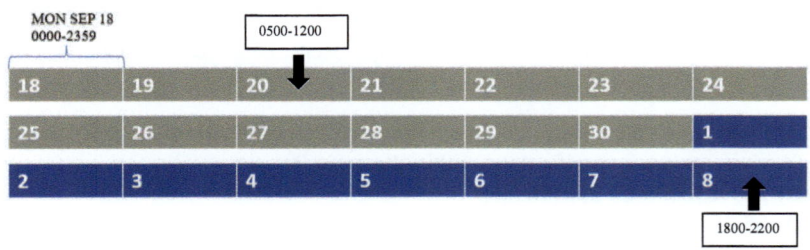

Abb. 8.19 DAILY Verschiedene Tageszeiträume. (Quelle: Eigene Darstellung)

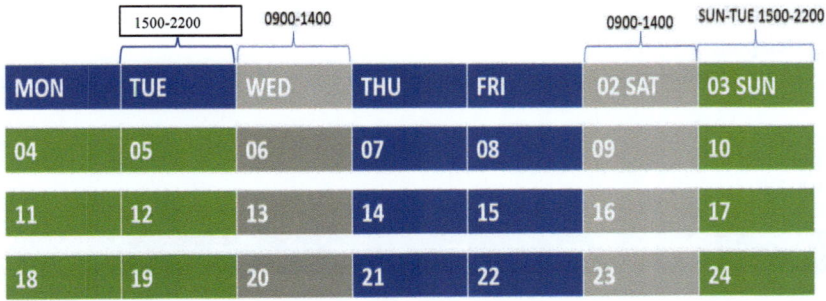

Abb. 8.20 DAILY Kombination aus Tag und Zeiträumen. (Quelle: Eigene Darstellung)

D) WED SAT 0900-1400, SUN-TUE 1500-2200 (Abb. 8.21).

Abb. 8.21 DAILY Kombination aus Tag und Zeiträume. (Quelle: Eigene Darstellung)

8.5 Allgemeine Regeln über die geografische Referenz

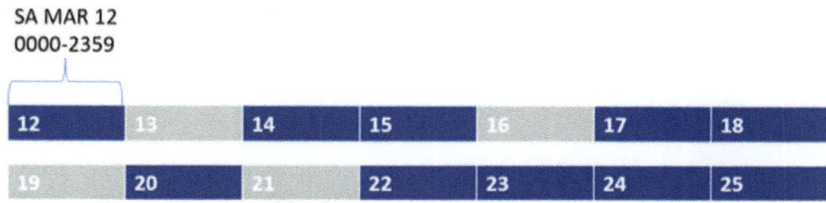

Abb. 8.22 DAILY Verschiedene Tage. (Quelle: Eigene Darstellung)

Satzzeichen:

Die Verwendung von Satzzeichen wie Kommas und Bindestrichen hat einen wichtigen Einfluss auf die Lesbarkeit von Abschnitt D. Kommas werden verwendet, um Gruppen von Daten oder Tagen mit denselben Zeitintervallen zu trennen, während Bindestriche verwendet werden, um Zeitplanelemente zu separieren.

Es ist zu beachten, dass Schrägstriche (/) in Abschnitt D nicht verwendet werden dürfen. Die Verwendung von Kommas wird ausdrücklich empfohlen, da sie die Lesbarkeit sowohl für Menschen als auch für Computersysteme verbessern.

Die oben genannten Konventionen und Beispiele sollen verdeutlichen, wie Zeitpläne in Abschnitt D effektiv strukturiert werden können, um verschiedene Arten von Aktivitäten und Zeitperioden präzise darzustellen. Dies ist von entscheidender Bedeutung für die reibungslose Kommunikation von Änderungen in den Betriebszeiten und Aktivitäten im Luftverkehr (Abb. 8.22).

Beispiel für die NOTAM-Zeile Item D).

Example for activity only on specific days within the period:

B) 2203120000 C) 2203212359.

D) 13 16 19 21 H24.

Die Aktivität des NOTAM ist nur an bestimmten Tagen für 24 h präsent. Wie aus der Abbildung ersichtlich wird, ist das NOTAM am 13.03.22; 16.03.22; 19.03.22; und 21.03.22 aktiv.

8.6 Angaben von SR (Sunrise) und SS (Sunset in der Notam Item D) Zeile

Sonnenaufgang (SR) und Sonnenuntergang (SS):
Wenn die aktive Zeit eines NOTAM dem Sonnenaufgang entspricht bzw. Sonnenuntergang, die tatsächlichen Zeiten des Sonnenaufgangs am ersten Geltungstag und des Sonnenuntergangs am letzten Tag, können jeweils diese in den Punkten B), C), D), angegeben werden.

Beispiel 1:
B) 2209240519 C) 2209241731 D) SR -SS.
Beispiel 2:
B) 2209240519 C) 2209241731 D) SR MINUS60 -SS PLUS60.

8.7 Abschnitt E) – NOTAM-Text Abschnitt E)

Besteht aus Freitext in allgemein verständlicher Sprache und sollte keine NOTAM-Codes enthalten. In NOTAM, die für internationale Verbreitung bestimmt sind, sollte der freie Text in englischer Sprache verfasst sein. Zur Erstellung des freien Texts sollten die entschlüsselten Standardausdrücke verwendet werden, die in den Auswahlkriterien für NOTAM enthalten sind.

E) ILS RWY 32R U/S.
E) ILS RWY 14L, DME PART U/S.
E) RWY 06/24 CLSD.
E) TWY T, B AND T2 CLSD.
E) TWY A5 AND TWY A7 CLSD.
E) EDGE LGT RWY 14R/32L U/S.
E) CL LGT TWY B BTN THR 06 AND THR 14R U/S.
E) TWY E CLSD BTN TWY A3 AND TWY A4.

Prinzipiell ist zu berücksichtigen, dass Lufträume in der Regel für einen längeren Zeitraum oder dauerhaft etabliert werden und ihre Information auf Luftfahrtkarten im Luftfahrthandbuch (AIP) veröffentlicht wird. Dennoch erfordern Luftraum-NOTAM besondere Aufmerksamkeit, da es die Möglichkeit gibt, dass Lufträume kurzfristig aktiviert oder deaktiviert werden, ihr räumlicher Umfang angepasst wird oder sie nur temporär, zum Beispiel für einen begrenzten Zeitraum von wenigen Tagen, eingerichtet werden können.

Literatur

Annex 15 Aeronautical Information Services, Chapter 5.1–5.9., 2018
EASA Verordnungen 2020/2148 (Ergänzungsverordnung zur EU-Verordnung 139/2014) im Unterpunkt ADR.OPS.A.057
International Civil Aviation Organisation ICAO Doc 8126, Chapter 7 III-7–1 – III-8 – 12021
International Civil Aviation Organisation ICAO Doc 8400 Abbreviations and Codes, 11–4–3., 2016
International Civil Aviation Organisation ICAO DOC 10066 – Chapter 5, 5.2.51.4 Appendix 4, 2018
International Civil Aviation Organisation ICAO DOC 10066 – Chapter 5, 5.2.51.4 Appendix 4., 2018
International Civil Aviation Organisation ICAO-Annex 10 Aeronautical, 2024
Telecommunications Volume I Radio Navigation aids 7th Edition Amendment 92., Attachment D ATTD1 – ATTD88., 2018
International Civil Aviation Organisation ICAO-Annex 10 Aeronautical Telecommunications Volume II Radio Navigation aids 7th Edition Amendment 92., Chapter 5- 5.1–5.4., 2016
International Civil Aviation Organisation ICAO-Annex 11 Air Traffic, 2020
Services fifteenth Edition – Amendment 52., Chapter 7. 7.1–7.4., 2018
International Civil Aviation Organisation ICAO-Annex 14 Aerodromes, Volume I Aerodrome Design and Operations 9th edition Amendment 17., Chapter 9. 9.1- 9.16., 2022
International Civil Aviation Organisation ICAO-Annex 14 Aerodromes, Volume II Aerodrome Design and Operations 5th edition Amendment 9., Chapter 5. 5.1–5.3–1., 2020
International Civil Aviation Organisation ICAO-Annex 15 Aeronautical Information Services 16th Edition – Amendment 42., Chapter 5. 5.1 5–9, Chapter 3. 3.1–3.7, 2021
International Civil Aviation Organisation ICAO Doc 8126 Aeronautical Information Service 7th Edition., Chapter 6. III -6.1- Chapter 11 III-11–1., 2022
International Civil Aviation Organisation ICAO Doc 8400 ICAO Abbreviations and Codes 8th Edition., 1.1–7.18., 2010
International Civil Aviation Organisation ICAO Circular 329 Assessment, Measurement and Reporting of Runway Surface Conditions., Chapter 6. S.32–42., 20

9 „Umsetzung der EASA-Verordnung 2148/2020 in Verbindung mit der EU-Verordnung 139/2014: Verfahren und Prozesse für Flughafenbetreiber"

Für den theoretischen Teil der Schulung, der für Mitarbeitende von Relevanz ist, die als NOTAM-Ersteller benannt werden, sind Mindestanforderungen erforderlich, die folgende Bereiche abdecken müssen:

a) Rechtlicher Rahmen, der die Ausstellung eines NOTAM regelt, einschließlich der Fälle, in denen die Erstellung eines NOTAM erforderlich ist. Abschluss des NOTAM-Formats, einschließlich Wortabkürzungen und Phrasenverkürzungen (Die Verwendung von Phrasenverkürzungen erleichtert die Kommunikation und das Verständnis von NOTAM für Fachleute im Luftverkehrswesen), die auf NOTAM anwendbar sind. Die Verwendung elektronischer Anwendungen zur Initiierung eines NOTAM, wenn zutreffend. Die Betriebsverfahren am Flughafen für die Erstellung und interne Verbreitung eines NOTAM.

b) Nach erfolgreichem Abschluss der theoretischen Schulung sollte der praktische Teil des Schulungsprogramms mindestens die Vertrautheit mit der Erstellung eines NOTAM und die Umsetzung der relevanten Betriebsverfahren am Flughafen umfassen.

c) Nach erfolgreichem Abschluss der praktischen Schulung sollte die Kompetenz einer Person, die zur Erstellung eines NOTAM benannt wurde, bewertet werden, und wenn sie als ausreichend erachtet wird, kann die Person als NOTAM-Ersteller benannt werden.

d) Für sonstiges Personal, dessen Aufgaben nur das Verständnis eines NOTAM erfordern, sollte der theoretische Teil der Schulung angepasst werden.

Das Hauptziel der AMC („Acceptable Means of Compliance") ist es, die Umsetzung der vorgeschlagenen Anforderungen zu unterstützen, indem sie die erforderliche Schulung für Flughafenpersonal, das für die Erstellung von NOTAM

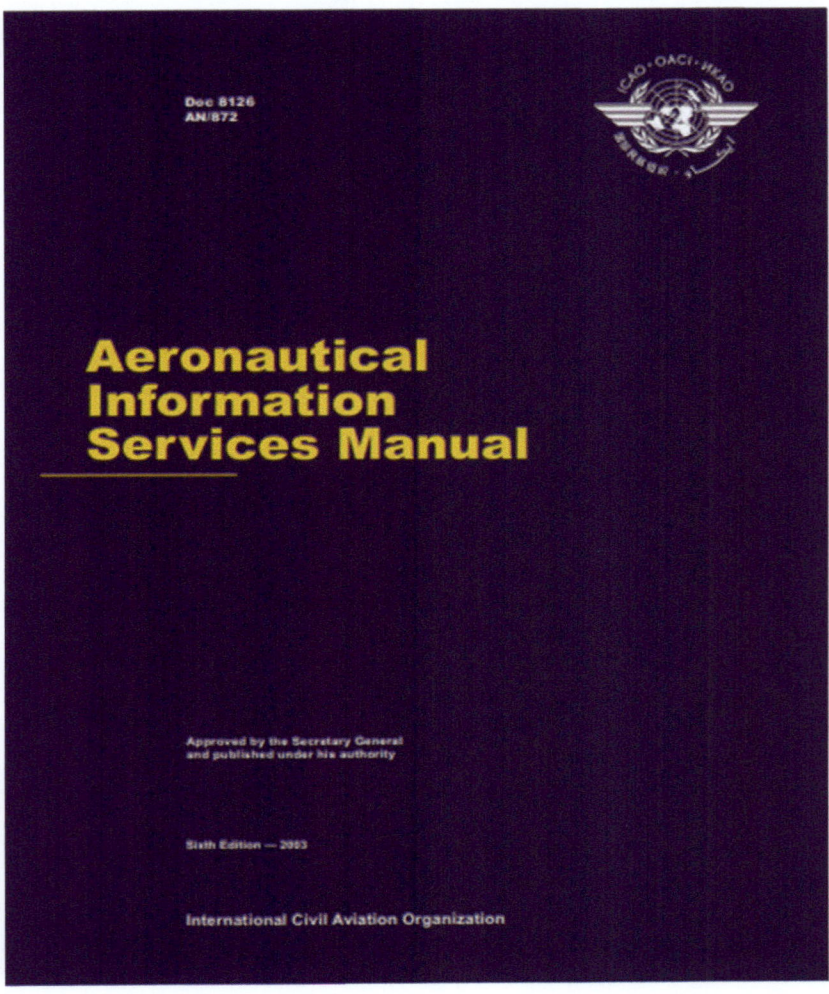

Abb. 9.1 Aeronautical Information Services Manual. (Quelle: Aeronautical Information Service Manuel ICAO Doc 8126, Chapter 6. NOTAM -Chapter 11)

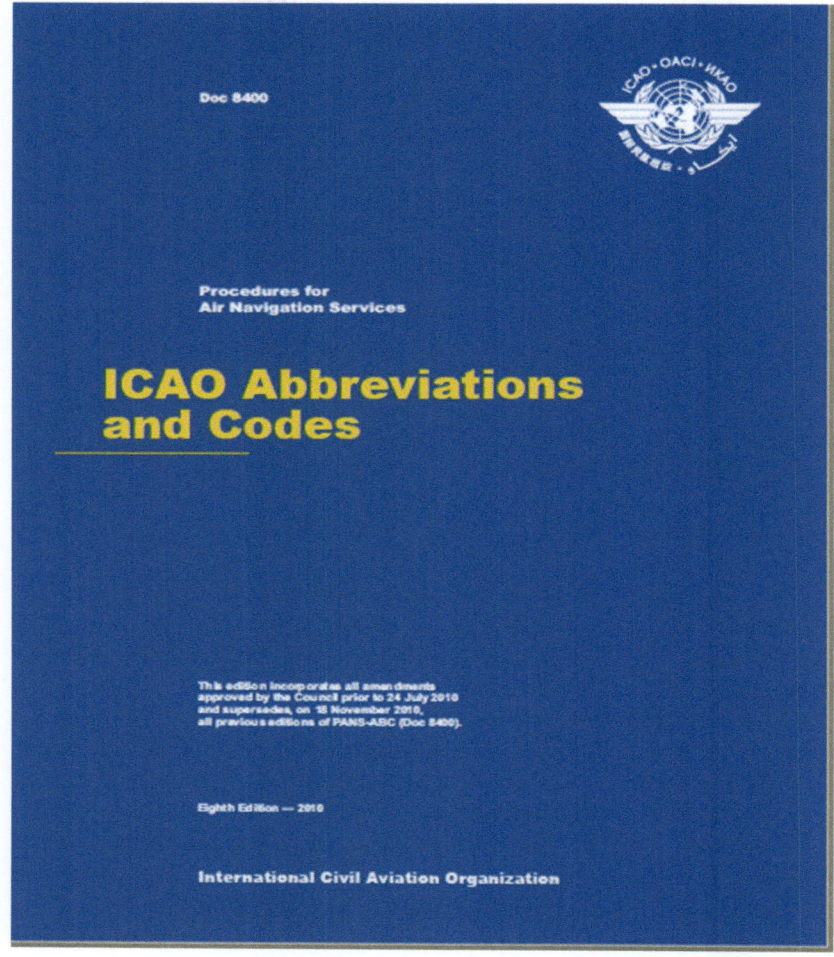

Abb. 9.2 ICAO Doc 8400, Abbreviations and Codes, THE NOTAM CODE, Use of NOTAM Code Groups. (Quelle: ICAO Doc 8400, Abbreviations and Codes, THE NOTAM CODE, Use of NOTAM Code Groups)

verantwortlich ist oder in der Lage sein muss, NOTAM zu verstehen, bereitstellt, konkretisiert und identifiziert. Bei der AMC handelt es sich um Dokumente, die von der Europäischen Agentur für Flugsicherheit (EASA) erstellt werden, um detaillierte Leitlinien und Erläuterungen zu den in den EU-Verordnungen für die Luftfahrt enthaltenen Anforderungen bereitzustellen. Die Richtlinien zur Ausfüllung eines NOTAM-Formats sind in Kap. 6 des Handbuchs für Luftfahrtdienste der Internationalen Zivilluftfahrtorganisation (ICAO) (Dokument 8126) zu finden. Informationen über den ICAO NOTAM-Code und die verwendeten Abkürzungen sind in den ICAO-Verfahren für Luftnavigationsdienste – ICAO-Abkürzungen und Codes (PANS ABC – Dokument 8400) verfügbar.

Es ist darauf hinzuweisen, dass lediglich die Abkürzungen verwendet werden dürfen, die im Dokument ICAO 8126 und Dokument 8400 veröffentlicht wurden (Abb. 9.1 und 9.2).

Inhalte für Schulungen für das Flughafenpersonal
EASA AMC1 ADR.OPS.A.057

1. Herkunft von NOTAM: Fälle, in denen die Herkunft eines NOTAM erforderlich ist.
2. Fälle, in denen ein NOTAM nicht hergestellt werden sollte.
3. NOTAM-Typen und das Verständnis von NOTAM.
4. Verwendung von elektronischen Anwendungen zur Initiierung eines NOTAM.
5. Flughafenverfahren zur Herkunft und internen Verbreitung eines NOTAM.
6. Der theoretische Teil der Schulung für Mitarbeitende, die als NOTAM-Ersteller bezeichnet werden sollen, müssen mindestens die folgenden Bereiche abdecken:
    1. Regelwerk zur Herkunft und Ausgabe von NOTAM und deren Beziehung zu anderen luftfahrtspezifischen Datenprodukten.
    2. Ausfüllen von NOTAM-Formularen, einschließlich Wortabkürzungen und Phrasenverkürzungen, die auf NOTAM anwendbar sind. Die theoretische Schulung sollte mit einer Abschlussprüfung abgeschlossen werden.
    3. Nach erfolgreichem Abschluss der theoretischen Schulung sollte der praktische Teil des Schulungsprogramms mindestens die Vertrautheit mit der Herkunft von NOTAM und die Umsetzung der relevanten Betriebsverfahren des Flughafens umfassen.
    4. Nach erfolgreichem Abschluss der praktischen Schulung sollte die Kompetenz einer Person, die als NOTAM-Ersteller bezeichnet ist, bewertet werden, und sofern sie als angemessen befunden wird, kann die Person als NOTAM-Ersteller bezeichnet werden.

5. Für alle anderen Mitarbeitenden des Flughafens, deren Aufgabe aufgrund ihrer Funktion nur das Verständnis eines NOTAM erfordert, sollte der theoretische Teil der Schulung an ihre Bedürfnisse angepasst werden. Die Schulung sollte jedoch praktische Beispiele zur Beurteilung ihres Verständnisses enthalten. Sowohl die theoretische als auch die praktische Schulung sollten von einer Bewertung der betreffenden Person begleitet werden.

EASA GM1 ADR.OPS.A.057(c) Der Flughafenbetreiber sollte in folgenden Fällen von der Veröffentlichung von NOTAM absehen. Die nachfolgenden Szenarien definieren Situationen, in denen der Betreiber eines Flughafens nicht verpflichtet ist, ein NOTAM zu erstellen.

Andererseits sieht die Verordnung die Szenarien vor, in denen der AIS-Dienstleister (Aeronautical Information Service) ein NOTAM herausgeben beziehungsweise nicht veröffentlichen sollte. Dies bedeutet, dass es Umstände gibt, in denen ein Flughafenbetreiber zwar die Erstellung eines NOTAM initiieren kann, diese jedoch letztendlich nicht herausgegeben wird, da solche Informationen nicht durch NOTAM verbreitet werden dürfen.

1. Regelmäßige Wartungsarbeiten an Vorfeldern und Rollwegen, die keine Auswirkungen auf die sichere Bewegung von Flugzeugen haben.
2. Temporäre Hindernisse in der Nähe von Flugplätzen/Hubschrauberlandeplätzen, die keinen Einfluss auf den sicheren Betrieb von Flugzeugen haben.
3. Teilweiser Ausfall von Beleuchtungseinrichtungen auf Flugplätzen/Hubschrauberlandeplätzen, wenn ein solcher Ausfall den Flugbetrieb nicht direkt beeinträchtigt.
4. Teilweiser vorübergehender Ausfall der Luft-Boden-Kommunikation, wenn geeignete alternative Frequenzen verfügbar und funktionsfähig sind.
5. Das Fehlen von Mitarbeitenden des Vorfelds; Straßensperrungen an Stellen, wo der Flugbetrieb nicht aktiv ist.
6. Schulungsaktivitäten, die von Vorfeldmitarbeitern durchgeführt werden.
7. Einschränkungen bei Flugplatzanlagen oder allgemeine Diensten ohne operationellen Einfluss.
8. Ankündigungen oder Warnungen bezüglich möglicher/potenzieller Einschränkungen ohne operationellen Einfluss.
9. Allgemeine Erinnerungen an bereits veröffentlichte Informationen.
10. Nichtverfügbarkeit von Backup- und Sekundärsystemen, sofern diese Systeme keinen operationellen Einfluss haben.

11. Verfügbarkeit von Ausrüstung für Bodeneinheiten, ohne Informationen über den operationellen Einfluss auf den Luftraum und die Anlagennutzer.
12. Informationen über Laseremissionen ohne operationellen Einfluss und über Feuerwerke unterhalb der Mindestflughöhen.
13. Schließung von Teilen des Vorfeldbereichs als auch Rollwegen und Rollgassen. Im Zusammenhang mit örtlich koordinierten, geplanten Arbeiten von weniger als einer Stunde Dauer.
14. Schließung, Änderungen oder Nichtverfügbarkeit im Betrieb von Flugplätzen/Hubschrauberlandeplätzen außerhalb der Betriebszeiten des Flugplatzes/ Hubschrauberlandeplätze.

9.1 Sachgerechte Umsetzung der EASA-Richtlinien für die Veröffentlichung von NOTAM durch Flughafenbetreiber

Konformitätsanforderungen für die Initiierung von NOTAM durch Flughafenbetreiber gemäß den EASA-Vorschriften 139/2014 und 2020/2148.

Die Initiierung von NOTAM unterliegt den Bestimmungen, die in der Verordnung 2020/2148 (Ergänzungsverordnung zur EU-Verordnung 139/2014) festgelegt sind.

Allgemeine Richtlinien für den NOTAM-Prozess für Flughafenbetreiber

1. Die Veröffentlichung aller Abweichungen vom Inhalt des Aeronautical Information Publication (AIP) innerhalb des Zuständigkeitsbereichs des Flughafenbetreibers.
2. NOTAM mit dauerhaften Änderungen müssen innerhalb von drei Monaten in das AIP aufgenommen werden.
3. Die Verbreitung von NOTAM, die sich auf den Ausfall von Navigationsanlagen durch die DFS (Deutsche Flugsicherung GmbH) beziehen.
4. Die Verwendung des SNOWTAM-Formats zur Bekanntgabe der Zustandscodes der Landebahn bei widrigen Wetterbedingungen, wie Schnee oder Frost.

Die Verpflichtung des Flughafenbetreibers zur Veröffentlichung von NOTAM ergibt sich aus einer Vielzahl von Situationen, die den sicheren Betrieb des Flughafens und die Flugsicherheit betreffen. Nachfolgend sind die spezifischen

9.1 Sachgerechte Umsetzung der EASA-Richtlinien ...

Umstände aufgeführt, bei denen der **Flughafenbetreiber verpflichtet ist, NOTAM zu veröffentlichen:**

1. Aufnahme, Beendigung oder wesentliche Änderung des Betriebs von Flugplätzen oder Hubschrauberflugplätzen oder Pisten: Jede Änderung im Betrieb eines Flugplatzes oder einer Landebahn muss bekannt gegeben werden.
2. Aufnahme, Einstellung oder wesentliche Änderung des Betriebs von Flugplatzdiensten: Änderungen in den Dienstleistungen, die auf dem Flughafen angeboten werden, erfordern ebenfalls eine Benachrichtigung.
3. Herstellung, Einstellung oder wesentliche Änderung der Betriebsfähigkeit der Funknavigationsdienste und der Bord/Boden-Kommunikationsdienste, für die der Flugplatzbetreiber zuständig ist: Veränderungen in den Funknavigations- und Kommunikationsdiensten müssen kommuniziert werden.
4. Nichtverfügbarkeit von Backup-Systemen und Sekundärsystemen mit direkten betrieblichen Auswirkungen: Wenn Backup-Systeme nicht verfügbar sind, muss dies gemeldet werden.
5. Errichtung, Außerbetriebsetzung oder wesentliche Änderung optischer Hilfsmittel: Änderungen an optischen Hilfsmitteln zur Flugzeugführung müssen bekannt gegeben werden.
6. Unterbrechung oder Wiederinbetriebnahme wichtiger Komponenten von Flugplatzbefeuerungssystemen: Jegliche Unterbrechung oder Wiederinbetriebnahme von Beleuchtungssystemen auf dem Flugplatz muss mitgeteilt werden.
7. Festlegung, Aufhebung oder wesentliche Änderung der Verfahren für Flugsicherungsdienste, für die der Flugplatzbetreiber zuständig ist: Veränderungen in den Verfahren für Flugsicherungsdienste müssen bekannt gegeben werden.
8. Auftreten oder Behebung größerer Mängel oder Hindernisse auf dem Rollfeld: Das Auftreten oder die Beseitigung von Hindernissen auf dem Rollfeld erfordert eine Meldung.
9. Änderungen und Einschränkungen der Verfügbarkeit von Kraftstoff, Öl und Sauerstoff: Wenn Treibstoff, Öl oder Sauerstoff nicht verfügbar sind oder es Einschränkungen gibt, muss dies mitgeteilt werden.
10. Errichtung, Außerbetriebsetzung oder Wiederinbetriebnahme von Gefahrenfeuern, die Luftfahrthindernisse kennzeichnen: Änderungen an Gefahrenfeuern müssen bekannt gegeben werden.
11. Geplante Laserlichtemissionen, Laserdisplays und Suchscheinwerfer in der Umgebung des Flugplatzes, wenn dadurch die Nachtsichtfähigkeit des Piloten beeinträchtigt sein dürfte: Ankündigungen bezüglich geplanter Laserlichtemissionen und deren Auswirkungen auf die Nachtsichtfähigkeit der Piloten sind erforderlich.

12. Errichtung oder Beseitigung oder Änderung von Luftfahrthindernissen in den Start und Steigflug-, Fehlanflug- und Anflugbereichen sowie auf dem Pistenstreifen: Änderungen an Luftfahrthindernissen müssen bekannt gegeben werden.
13. Änderungen der Rettungs- und Brandschutzkategorien des Flugplatzes: Änderungen in den Rettungs- und Brandschutzkategorien des Flugplatzes müssen kommuniziert werden.
14. Vorhandensein, Beseitigung oder wesentliche Änderung gefährlicher Bedingungen aufgrund von Schnee, Schneematsch, Eis, radioaktiven Stoffen, toxischen Chemikalien, Vulkanascheablagerungen oder Wasser auf der Bewegungsfläche: Gefährliche Bedingungen, die den Flugbetrieb beeinflussen können, müssen gemeldet werden.
15. Gänzlich oder teilweise glatte und/oder nasse Piste: Die Zustandsänderungen der Landebahn, insbesondere in Bezug auf Glätte oder Nässe, sind von Bedeutung und müssen bekannt gegeben werden.
16. Sperrung einer Start- oder Landebahn aufgrund von Markierungsarbeiten oder Angabe der voraussichtlichen Dauer für die Freigabe der Start- oder Landebahn nach Abschluss dieser Arbeiten, sofern die Ausrüstung, die für diese Arbeiten genutzt wurde, gegebenenfalls entfernt werden kann.
17. Anwesenheit von Faktoren, die sich auf die Flugsicherheit auswirken, wie das Vorhandensein von Wildtieren, Hindernissen, Flugshows und Großveranstaltungen.

NOTAM
ICAO-Abkürzungs-Phraseologie
Informationen über eine Örtlichkeit
Zustand der Örtlichkeit
Dauer des Zustandes
kurz und eindeutig
In englischer Sprache.

Folgendes NOTAM-Beispiel wird aufgeführt

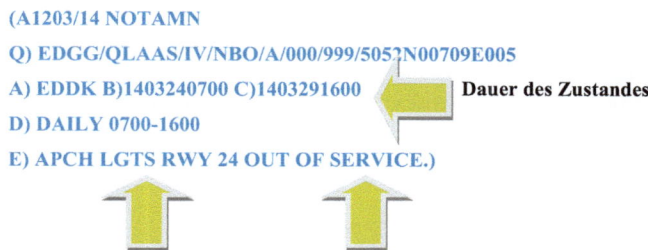

(A1203/14 NOTAMN

Q) EDGG/QLAAS/IV/NBO/A/000/999/5052N00709E005

A) EDDK B)1403240700 C)1403291600 ← Dauer des Zustandes

D) DAILY 0700-1600

E) APCH LGTS RWY 24 OUT OF SERVICE.)

Informationen über eine Örtlichkeit und Zustand der Örtlichkeit – so kurz wie möglich, eindeutig in englischer Sprache ICAO-Abkürzungs-Phraseologie.

9.2 Signifikante Abkürzungen in der NOTAM-Erstellung

Im folgenden Kapitel werden sämtliche wesentlichen Abkürzungen präsentiert, die in Bezug auf die Erstellung von NOTAM von Bedeutung sind. Diese Abkürzungen ermöglichen die Beschreibung des jeweiligen NOTAM in der E-Zeile.

A

ABM querab *(abeam)*
ABN Flugplatzleuchtfeuer *(aerodrome beacon)*
ACC Bezirkskontrollstelle *(area control centre)*
ACFT Luftfahrzeug *(aircraft)*
ACT in Betrieb *(active)*
AD Flugplatz *(aerodrome)*
ADDN zusätzlich *(additional)*
AGL über Grund *(above ground)*
AIP Luftfahrthandbuch *(aeronautical information publication)*
ALT Ausweichflugplatz *(alternate aerodrome)*
AMDT Berichtigung *(amendment)*
AMSL über mittlerem Meeresspiegel *(above mean sea level)*
APCH Anflug *(approach)*

APP Anflugkontrolle *(approach control)*
APR *April*
APRX ungefähr *(approximately)*
ARP Flugplatzbezugspunkt *(aerodrome reference point)*
ASAP sobald wie möglich *(as soon as possible)*
ASDA verfügbare Startabbruchstrecke *(accelerate stop distance available)*
ASPH *Asphalt*
ATC Flugverkehrskontrolle *(air traffic control)*
ATTN Achtung *(attention)*
ATZ Flugplatzverkehrszone *(aerodrome traffic zone)*
AUG *August*
AVBL verfügbar *(available)*

B
B blau *(blue)*
BDRY Grenze *(boundary)*
BLW unter *(below)*
BTN zwischen *(between)*

C
CLSD geschlossen *(closed)*
CONC Beton *(concrete)*
CONST Bau, gebaut *(construction, constructed)*
CONT fortsetzen, fortgesetzt *(continue, continued)*
CTA Kontrollbezirk *(control area)*
CTR Kontrollzone *(control zone)*
CUST Zoll *(customs)*
CWY Freifläche *(clearway)*

D
DCT direkt *(direct)*
DEC Dezember *(December)*
DEST Bestimmungsort *(destination)*
DIST Entfernung *(distance)*

E
E Ost *(east)*
ELEV Ortshöhe über Meer *(elevation)*
ENE Ostnordost *(east-northeast)*

ESE Ostsüdost *(east-southeast)*
EST Schätzung, geschätzt *(estimate, estimated)*
EXC ausgenommen *(except)*

F
FEB Februar *(February)*
FIR Fluginformationsgebiet *(flight information region)*
FIS Fluginformationsdienst *(flight information service)*
FL Flugfläche *(flight level)*
FLT Flug *(flight)*
FREQ Frequenz *(frequency)*
FRI Freitag *(Friday)*
FT Fuß *(feet)*

G
G grün *(green)*
GLD Segelflugzeug *(glider)*
GND Grund *(ground)*

H
H24 ununterbrochener Betrieb bei Tag und Nacht *(continuous day and night service)*
HEL Hubschrauber *(helicopter)*
HGT Höhe, Höhe über *(height or height above)*
HOL Feiertag *(holiday)*
HR Stunden *(hours)*
HX keine festgelegte Betriebszeit *(no specific working hours)*

I
IFR Instrumentenflugregeln *(instrument flight rules)*
INOP außer Betrieb, ausgefallen *(inoperative)*
INTST Intensität *(intensity)*

J
JAN Januar *(January)*
JUL Juli *(July)*
JUN Juni *(June)*

L
LAT geografische Breite *(latitude)*
LCA lokal, Ort, gelegen *(local, location, locally, located)*
LDA verfügbare Landestrecke *(landing distance available)*
LDG Landung *(landing)*
LGTD beleuchtet *(lighted)*
LIH Hochleistungsbefeuerung *(light intensity high)*
LIL Niederleistungsbefeuerung *(light intensity low)*
LONG geografische Länge *(longitude)*

M
MAR März *(March)*
MAY Mai *(May)*
MIL militärisch *(military)*
MIN Minuten *(minutes)*
MNM Mindest- *(minimum)*
MON Montag *(Monday)*
MSL mittlerer Meeresspiegel *(mean sea level)*

N
N Nord *(north)*
NE Nordost *(northeast)*
NGT Nacht *(night)*
NM Seemeile(n) *(nautical miles)*
NNE Nordnordost *(north-northeast)*
NNW Nordnordwest *(north-northwest)*
NOV *November*
NW Nordwest *(northwest)*

O
OBST Hindernis *(obstacle)*
OCNL gelegentlich *(occasionally)*
OCT Oktober *(October)*
OPN offen, Öffnung *(open, opening)*
OPR Halter, in Betrieb *(operator, operating)*
OPS Betrieb *(operations)*
O/R auf Anforderung *(on request)*

P

PERM dauernd *(permanent)*
PJE Fallschirmsprung *(parachute jumping exercise)*
PPR vorherige Genehmigung erforderlich *(prior permission required)*
PSN Standort *(position)*

R

R rot *(red)*
RCL Pistenmittellinie *(runway centre line)*
REF Bezugnahme auf ... *(reference to ...)*
RMZ Gebiet mit Funkkommunikationspflicht *(radio mandatory zone)*
RWY Piste *(runway)*

S

S Süd *(south)*
SAT Samstag *(Saturday)*
SE Südost *(southeast)*
SEP September
SFC Oberfläche, Boden *(surface)*
SR Sonnenaufgang *(sunrise)*
SS Sonnenuntergang *(sunset)*
SSE Südsüdost *(south-southeast)*
SSW Südsüdwest *(south-southwest)*
SUN Sonntag *(Sunday)*
SVCBL benutzbar, einsatzbereit *(serviceable)*
SW Südwest *(southwest)*
SWY Stoppbahn *(stopway)*

T

TDZ Aufsetzzone *(touchdown zone)*
THR Schwelle *(threshold)*
THU Donnerstag *(Thursday)*
TIL bis *(until)*
TKOF Start *(take-off)*
TMA Nahverkehrsbereich *(terminal control area)*
TMZ Gebiet mit Transponderpflicht *(transponder mandatory zone)*
TODA verfügbare Startstrecke *(take-off distance available)*
TORA verfügbare Startlaufstrecke *(take-off run available)*
TRA zeitweilig reservierter Luftraum *(temporary reserved airspace)*

TUE Dienstag *(Tuesday)*
TWR Flugplatzkontrollstelle *(aerodrome control tower)*
TWY Rollbahn *(taxiway)*

U
UFN bis auf Weiteres *(until further notice)*
UNL unbegrenzt *(unlimited)*
U/S unbrauchbar *(unserviceable)*
UTC koordinierte Weltzeit *(coordinated universal time)*

V
VDF UKW-Peilstelle *(VHF direction finding station)*
VFR Sichtflugregeln *(visual flight rules)*
VIS Sicht *(visibility)*
VMC Sichtwetterbedingungen *(visual meteorological conditions)*

W
W *West*
W weiß *(white)*
WED Mittwoch *(Wednesday)*
WEF mit Wirkung vom *(with effect from)*
WIE mit sofortiger Wirkung *(with immediate effect)*
WIP Bauarbeiten *(work in progress)*
WNW Westnordwest *(west-northwest)*

Y
Y gelb *(yellow)*

Z
Z UTC *in Wettermeldungen*

Literatur

International Civil Aviation Organisation ICAO Doc 8400, Abbreviations and Codes, THE NOTAM CODE, Use of NOTAM Code Groups, 2010
International Civil Aviation Organisation ICAO Doc 8400 Abbreviations and Codes, 11-4-3, 2016

International Civil Aviation Organisation ICAO DOC 10066 – Chapter 5, 5.2.51.4 Appendix 4, 2018

International Civil Aviation Organisation ICAO-Annex 10 Aeronautical, 2024 Telecommunications Volume II Radio Navigation aids 7th Edition Amendment 92, Chapter 5- 5.1–5.4, 2016

International Civil Aviation Organisation ICAO-Annex 11 Air Traffic, 2020 Services 15th Edition – Amendment 52, Chapter 7. 7.1–7.4, 2018

International Civil Aviation Organisation ICAO-Annex 14 Aerodromes, Volume I Aerodrome Design and Operations 9th edition Amendment 17, Chapter 9. 9.1–9.16, 2022

International Civil Aviation Organisation ICAO-Annex 14 Aerodromes, Volume II Aerodrome Design and Operations 15th edition Amendment 9, Chapter 5. 5.1–5.3-1, 2020

International Civil Aviation Organisation ICAO-Annex 15 Aeronautical Information Services 16th Edition - Amendment 42, Chapter 5. 5.1 5-9, Chapter 3. 3.1–3.7, 2021

Telecommunications Volume I Radio Navigation aids 7th Edition Amendment 92, Attachment D ATTD1 – ATTD88, 2018

EASA, European Union Aviation Safety Agency, ADR.OPS.A.057 Generierung von NOTAM ADR.OPS. A. 060 Meldung von Oberflächenkontaminierungen. ADR.OPS. A. 065 Meldung des Zustands der Pistenoberfläche, 2023

NOTAM Test – Lernzielkontrolle 10

Aufgabe 1) Multiple-Choice-Fragen
Ab welcher Dauer sollten NOTAM in das AIP übernommen werden?

- 14 Tage
- 3 Monate
- Halbes Jahr

Lösung: 3 Monate

Aufgabe 2) Welche Aussage über Trigger-NOTAM ist falsch?

- Trigger-NOTAM sind Hinweise auf eine Neuveröffentlichung
- Trigger-NOTAM beinhalten einen Verweis auf die Stelle im AIP
- Trigger-NOTAM werden 28 Tage veröffentlicht

Lösung: Trigger-NOTAM werden 28 Tage veröffentlicht

Trigger-NOTAM sind Hinweise auf eine Neuveröffentlichung (falsch)

Trigger-NOTAM beinhalten einen Verweis auf die Stelle im AIP (falsch)

Aufgabe 3) Wann muss ein Flugplatzbetreiber kein NOTAM veröffentlichen?

- Bei erwarteten Verspätungen aufgrund Personalmangels
- Einschränkungen der Verfügbarkeit von Kraftstoffen
- Teilausfall der Befeuerung des Platzes

Lösung: Bei erwarteten Verspätungen aufgrund Personalmangels

Aufgabe 4) Durch welchen NOTAM-Typ kann ein EST-NOTAM nicht ersetzt werden?

- NOTAM N
- NOTAM R
- NOTAM C

Lösung: NOTAM N

Aufgabe 5) Was sagt die Verkehrsart in der Q-Zeile eines NOTAM aus?

- Es beschreibt die ICAO-Codeletter der LFZ, für die das NOTAM gilt
- Es sagt aus, ob es für Passagierverkehr, Frachtverkehr oder beides Anwendung findet
- Es zeigt an, ob es für IFR, VFR oder beides Anwendung findet

Lösung: Es zeigt an, ob es für IFR, VFR oder beides Anwendung findet

Aufgabe 6) Nennen Sie zwei Fluginformationsgebiete in Deutschland.

Lösung: EDGG

EDMM

Aufgabe 7) Nennen Sie drei Punkte im OFP IFR Flugplan (Flugvorbereitung), die eine Entscheidungsfindung auf Bezug von NOTAM für die Piloten darstellen.

Lösung: Taxi Fuel

Contingency Fuel

Reserve Fuel

Aufgabe 8) Erläutern Sie die folgenden Abkürzungen.
a) AIP b) AIRAC c) IFR d) RVR
e) SIDs f) STARs

Lösung:

a) Aeronautical Information Publication

b) Aeronautical Information Regulation and Control

c) Instrument flight rules

d) Runway visual range

e) Standard Instrument Departure

f) Standard Terminal Arrival Routes

Aufgabe 9) Unter welchen Umständen müssen VFR-Piloten einen Flugplan aufgeben?

1. Wenn der Flug über die Grenzen Deutschlands hinausführt.

2. Wenn nachts geflogen wird (das heißt auch, wenn der am Tag begonnene Flug in die Nacht hineinreicht).

3. Wenn der Flug in ein Gebiet mit Flugbeschränkungen hineinführt.

4. Wenn ein Regelwechsel von VFR nach IFR oder umgekehrt stattfindet.

5. Wenn Kunstflug im kontrollierten Luftraum oder über Flugplätzen mit Flugverkehrskontrolle beabsichtigt ist.

Aufgabe 10) NOTAM sind immer Teil einer NOTAM-Serie. Geben Sie zwei Beispiele für NOTAM-Serien an und erläutern Sie diese Beispiele.

Lösung:

1. Serie A: Informationen für den zivilen internationalen Flugverkehr (IFR & VFR)
2. Serie D: Streckeninformationen ausschließlich für VFR

Aufgabe 11) Welche Informationen müssen in einem NOTAM enthalten sein?

Lösung:

Gültigkeitsdauer des NOTAM bzw. des darin beschrieben Zustands. Jedes NOTAM beinhaltet nur einen Gegenstand und nur einen Zustand dieses Gegenstands (one subject – one NOTAM). NOTAM sollten, wenn möglich, mindestens 24 Stunden vor der zu erfolgenden Änderung aufgegeben werden. NOTAM zeichnen sich dadurch aus, dass es sich bei der durch sie verbreiteten Information entweder um eine befristete Information oder jedoch eine Information von langer/permanenter Dauer handelt, die ad hoc aufgetreten ist.

Aufgabe 12) Erläutern Sie den Begriff AMDT (AMENDMENT). Ergänzen Sie ebenso die Begriffserklärung beziehungsweise die Abkürzung für Trigger-NOTAM. Beachten Sie dabei, dass sich Trigger-NOTAM explizit auf Amendments beziehen.

Lösung:

Dauerhafte Änderungen des Luftfahrthandbuches, wie Fehlerkorrekturen oder das Hinzufügen einer neuen Start- und Landebahn zum Abschnitt eines Flugplatzes, werden in den regelmäßig erscheinenden Amendments (AMDT) veröffentlicht. Des Weiteren werden Trigger-NOTAM veröffentlicht, um über die Veröffentlichung des Amendments zu informieren. Hinreichende Bedingung ist, die Angabe PERM bei dem Trigger-NOTAM anzugeben.

Aufgabe 13) Erläutern Sie den Begriff SUP (SUPPLEMENT)?

Lösung:

Änderungen, die zwar nicht dauerhaft, aber doch für einen längeren Zeitraum gültig sind,

werden in den Supplements (SUP) veröffentlicht.

Aufgabe 14)
Bestimmen Sie die einzelnen Punkte der aufgeführten NOTAM innerhalb unten aufgeführten Abbildung.

10 NOTAM Test – Lernzielkontrolle

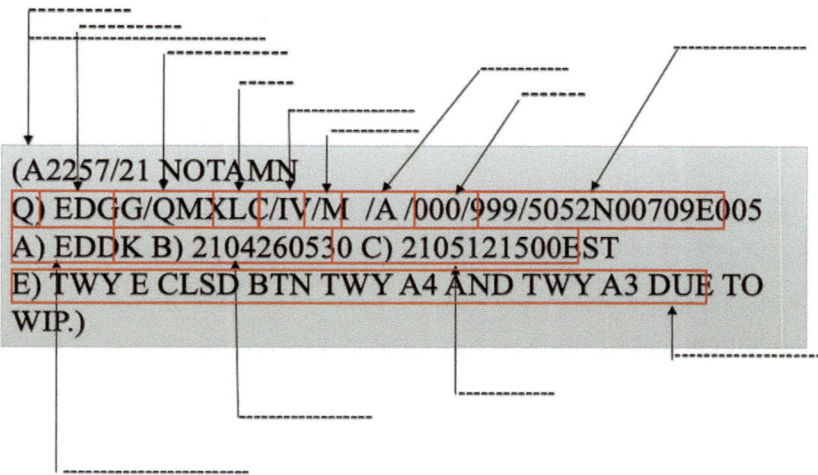

Lösung:

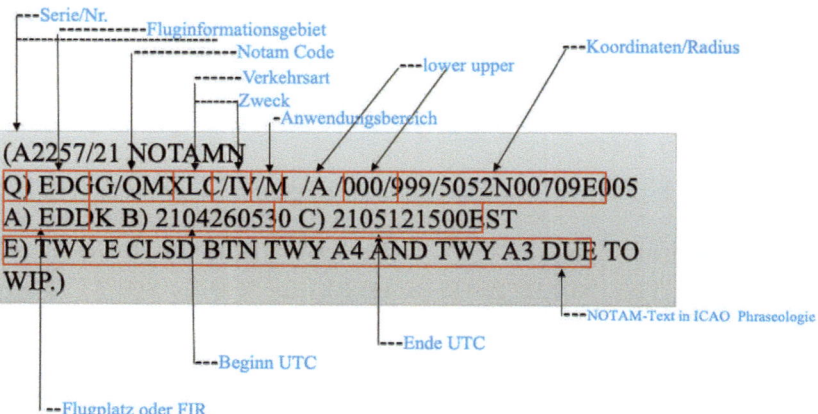

1. Seriennummer A2257/21 NOTAMN (Neues NOTAM)
2. Fluginformationsgebiet EDGG (Langen)
3. NOTAM Code QMXLC (NSC-Tabelle)
4. Verkehrsart IV (Instrumenten-Flug-(IFR) und Sichtflugregeln (VFR))
5. Zweck
6. Anwendungsbereich

7. lower/upper Oberuntergrenze
8. Koordinaten/Radius
9. Flugplatz oder FIR (Fluginformationsgebiet)
10. Beginn UTC (Beginn Maßnahme, Beschränkung, Einschränkung oder Information)
11. Ende UTC (Ende Maßnahme, Beschränkung, Einschränkung oder Information)
12. NOTAM-Text in ICAO Phraseologie

Aufgabe 15) Bitte füllen Sie die Tabelle aus.
Die folgenden Datenelemente (NOTAM-Typenformate) in der unten aufgeführten Tabelle sind einzeln zu definieren.

Notam Typenformate	Definition
Serie/Nr	
FIR	
NOTAM Code	
Traffic/Purpose/Scope	
Lower/Upper	
Lat/Long/Radius	
Item A,B,C,D,E,F,G	

Lösung:

Notam Typenformate	Definition
Serie/Nr	**NOTAM sind immer ein Teil einer Serie von A bis Z**
FIR	**Fluginformationsgebiet**
NOTAM Code	**Festgelegte Angaben in den NSC-Tabellen**
Traffic/Purpose/Scope	**IFR oder VFR, Zweck, Geltungsbereich, Anwendungsbereich**
Lower/Upper	**untere/obere Grenzen z. B. für Luftrauminformation**
Lat/Long/Radius	**Koordinaten**
Item A,B,C,D,E,F,G	**A = FIR oder AD, B = Beginn, C = Ende, D = Zeitangaben E, Text, F = Lower, G = Upper**

Aufgabe 16)
Die Tabellen der NOTAM-Auswahlkriterien (NSC) bilden die Grundlage für die NOTAM-Qualifizierung.

10 NOTAM Test – Lernzielkontrolle

Vervollständigen Sie die fehlenden Angaben in der Zeile Q) (Abb. 10.1).

(A1383/19 NOTAMN
Q) EDGG/Q_ _ _ /_ _/_ _/_/_ _ _/_ _ _ /5052N00709E005
A) EDDK B) 1903241030 C) 1903251030
E) ACFT STAND C10 CLSD DUE TO CONCRETE BREAKOUT ABM TAXILANE-S ACFT STAND C14 AND C 10 NOT AFFECTED.)

Aufgrund der Einschränkungen bei der Platzierung von Luftfahrzeugen infolge der Sperrung einer Parkposition werden die spezifischen Kodierungen gemäß den Richtlinien der NSC-Tabelle übernommen. Im Abschnitt „Movement and Landing Area" werden die individuellen Kodierungen entsprechend selektiert.

Lösung:
Q) EDGG/QMPLC/IV/BO/A/000/999

6-B-18   *Aeronautical Information Services Manual*

CATEGORY: AGA — MOVEMENT AND LANDING AREA (M)

SECOND AND THIRD LETTERS — SIGNIFICATION	CODE	Scope: A				
Aircraft stands (specify)	MP	Traffic		Purpose		
FOURTH AND FIFTH LETTERS — SIGNIFICATION	**CODE**	I	V	N	B	O	M
Resumed normal operation	AK						
Operative (or re-operative subject to previously published limitations/conditions)	AL						
Operational	AO						
Available, prior permission required	AP	x	x		x	x	
Available on request	AR	x	x		x	x	
Completely withdrawn	AW	x	x				x
Completed	CC						
Cancelled	CN						
Installed	CS	x	x				x
Work completed	HV						
Work in progress	HW	x	x				x
Closed	LC	x	x		x	x	
Unserviceable for aircraft heavier than ... (specify)	LH	x	x		x	x	
Limited to ... (specify)	LT	x	x				x
Trigger	TT	x	x		x	x	
Plain language	XX						

Abb. 10.1 NSC ICAO Doc 8126. (Quelle: Aeronautical Information Service Manuel ICAO Doc 8126)

CATEGORY: AGA — MOVEMENT AND LANDING AREA (M)

SECOND AND THIRD LETTERS — SIGNIFICATION	CODE	Scope: A					
Taxiway (specify)	MX	Traffic		Purpose			
FOURTH AND FIFTH LETTERS — SIGNIFICATION	**CODE**	I	V	N	B	O	M
Available for daylight operation	AD	x	x				x
Resumed normal operation	AK						
Operative (or re-operative subject to previously published limitations/conditions)	AL						
Available for night operation	AN	x	x				x
Operational	AO						
Available on request	AR	x	x				x
Completely withdrawn	AW	x	x				x
Completed	CC						
Realigned	CL	x	x				x
Cancelled	CN						
Installed	CS	x	x				x
Work completed	HV						
Work in progress	HW	x	x				x
Closed	LC	x	x				x
Unserviceable for aircraft heavier than . . . (specify)	LH	x	x				x
Usable for length of . . . and width of . . . (specify)	LL	x	x				x
Closed to all night operations	LN	x	x				x
Limited to . . . (specify)	LT	x	x				x
Plain language	XX						

Abb. 10.2 NSC ICAO Doc 8126. (Quelle: Aeronautical Information Service Manuel ICAO Doc 8126)

Aufgabe 17)
Die Tabellen der NOTAM-Auswahlkriterien (NSC) bilden die Grundlage für die NOTAM-Qualifizierung. Vervollständigen Sie die fehlenden Angaben in der Zeile Q) (Abb. 10.2).

Aufgrund von Einschränkungen oder Bauaktivitäten, die die Hindernisfreiheitsfläche beeinträchtigen, erfolgt eine Herabstufung der Rollwege in ihrer Ausführung. Infolgedessen werden die Kodierungen gemäß der NSC-Tabelle übernommen, um auf diese Problematik hinzuweisen. Dies führt dazu, dass den Piloten entsprechende Unterlagen zur Verfügung gestellt werden, um einen sicheren Flugbetrieb zu gewährleisten.

(A2578/13 NOTAMN
    Q) EDGG/Q_ _ _ _/_ _/_/_ _ _/_ _ _/
    5052N00709E005
    A) EDDK B) 1305171300 C) 1305210600

E) TWY A BTN TWY A4 AND A5 LIMITED TO MAX
ACFT CAT D DUE TO WIP).

Lösung: Q) EDGG/QMXLT/IV/M/A/999/000/

Aufgabe 18)
Verfassen Sie ein NOTAM für den Rollweg B mit folgender Aussage: Rollverkehr auf Rollweg B zwischen Schwelle 14R und Schwelle 06, querab der Baustelle bzw. Hindernisse nur mit Einweiser in beiden Richtungen möglich.

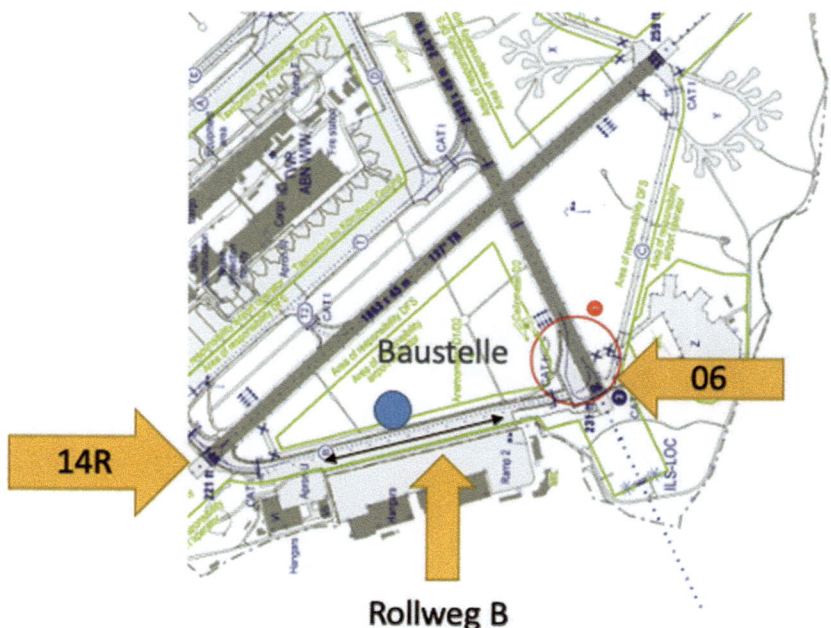

Quelle: DFS/AIP AD 2 EDDK 2-5 Stand 28.12.2023 ©DFS Deutsche Flugsicherung GmbH

Lösung:
TAX ON TWY B BTN THR 14R AND THR 06 ABM CONSTRUCTION AREA ONLY WITH MARSHALLER GUIDANCE.

Aufgabe 19)
Der Rollweg A zwischen der Schwelle 32R und Rollweg A2 wurde gesperrt. Die Piste 32R steht nur für Starts über Rollweg A2 zur Verfügung. Ein Backtrack auf der Piste 32R ist aus operativen Gründen nicht möglich. Die Piste 14L wurde für Landungen und Starts gesperrt. Verfassen Sie ein NOTAM für die oben genannten Punkte inclusive der Angaben für die verfügbare Startrollstrecke (TORA), Startstrecke (TODA) und Startabbruchstrecke (ASDA) ab Rollweg A2 für Startrichtung 32R.

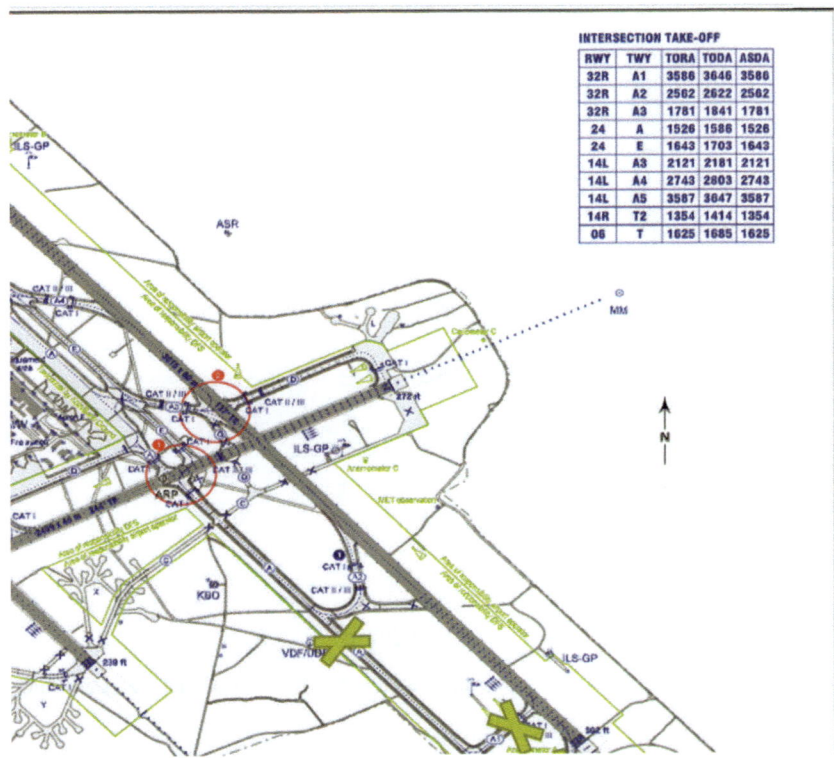

Quelle: DFS/AIP AD 2 EDDK 2-5 Stand 28.12.2023 ©DFS Deutsche Flugsicherung GmbH

Lösung: TWY A BTN THR 32R AND TWY A2 CLSD.RWY 32R CLSD FOR LDG.
RWY 14L CLSD FOR TKOF AND LDG.ONLY INT TKOF RWY 32R IS POSSIBLE VIA TWY A2. DECLARED DIST INT TKOF TWY A2
TORA 2562
TODA 2622
ASDA 2562

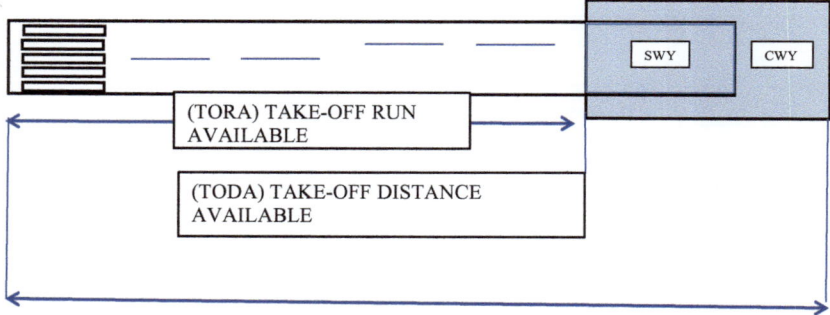

TAKE-OFF DISTANCE AVAILABLE:
The length of the take-off run available plus the length of the clearway where provided.
TAKE-OFF RUN AVAILABLE:
The length of runway declared available and suitable for the ground run of an aeroplane taking off.

EDDK AD 2.13 Declared distances

RWY Designator	TORA (m)	TODA (m)	ASDA (m)	LDA (m)
1	2	3	4	5
06 TWY T	2459 1625	2519 1685	2459 1625	2459 NIL
24 TWY A TWY E	2459 1526 1643	2519 1586 1703	2459 1526 1643	2459 NIL NIL
14L TWY A3 TWY A4 TWY A5	3815 2121 2743 3587	3875 2181 2803 3647	3815 2121 2743 3587	3815 NIL NIL NIL
32R TWY A1 TWY A2 TWY A3	3815 3586 2562 1781	3875 3646 2622 1841	3815 3586 2562 1781	3815 NIL NIL NIL
14R TWY T2	1863 1354	1923 1414	1863 1354	1863 NIL
32L	1863	1923	1863	1863

Quelle: DFS/AIP AD 2 EDDK 1-9, Stand 23.03.23 ©DFS Deutsche Flugsicherung GmbH

Aufgabe 20)

Im Anflug der Piste 32L wurde ein Kampfmittel gefunden, es handelt sich um eine Bombe englischer Bauart. Verfassen Sie ein NOTAM mit einem Überflugverbot von 1500 FT über Grund und einem Radius von 500 m mit den folgenden Koordinaten. Folgende Zeitangabe soll im NOTAM angegeben werden: Die Sperrung wird am 24.05.21 im Zeitraum von 0700 UTC bis 1000 UTC durchgeführt. Entnehmen Sie die Angaben für die Codierung der Q-Zeile aus dem ICAO-Dokument 8126 NSC-Tabelle, Category AGA – Facilities and Services (F).

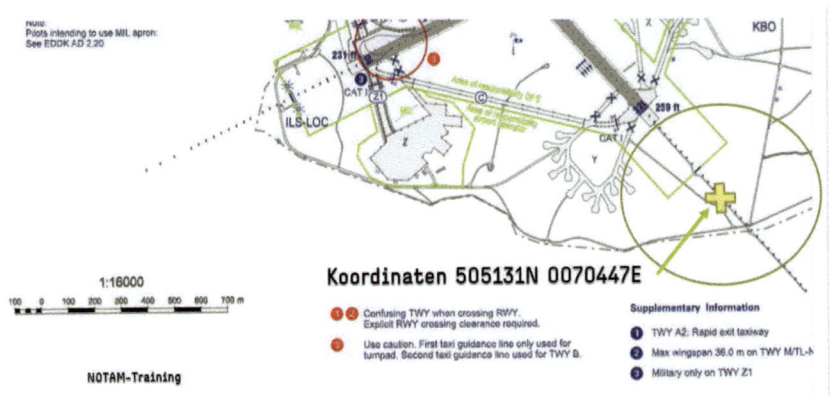

Quelle: DFS/AIP AD 2 EDDK 2-5 Stand 28.12.2023 ©DFS Deutsche Flugsicherung GmbH

Lösung:
A4251/21 NOTAMN
Q) EDGG/QFALC/IV/NBO/A/GND/1500FT AGL/505131N 0070447E A) EDDK B) 2105240700 C) 2105241000
E) BOMB DISPOSAL OVERFLYING PROHIBITED RADIUS 500 m CENTERED AROUND AND AGL 1500 FT PSN 505131N 0070447E AT EDDK APCH AREA RWY 32L DUE TO BOMB DISPOSAL. RWY14R/32L CLSD DUE TO BOMB DISPODAL.

Aufgabe 21)
Im Zeitraum vom 02.01. bis zum 28.01.2022 findet eine Instandsetzungsmaßnahme auf dem TWY M-Blue und dem TWY M statt, die eine Sperrung der Rollwege und eine temporäre Limitierung des Vorfelds D auf LFZ max. Codeletter C zur Folge hat.

Alle LFZ werden mittels Einweiser an der Baustelle über TWY M-Orange (in/out) vorbeigelotst.

Die Arbeiten sollen gemäß den unten genannten Daten stattfinden, bitte verfassen Sie nur ein NOTAM mit den verschiedenen Zeitangaben bzw. Daten.

Bauabschnitt 1 an folgenden Tagen 02.01- 09.01- 16.01- 23.01.2022 täglich sonntags von 13:00 Uhr bis 17:00 Uhr lokal. Bauabschnitt 2 immer vom 05.01. bis zum 28.01.2022, mittwochs und freitags täglich 24 h.

JAN 2022

MON	TUE	WED	THU	FRI	SAT	SUN
					01	02
03	04	05	06	07	08	09
10	11	12	13	14	15	16
17	18	19	20	21	22	23
24	25	26	27	28	29	30
31						

Lösung:
B) 2201021200 C) 2201282359
D) SUN 1200-1600, WED FRI H24
E) TWY M AND TWY M-BLUE CLOSED DUE TO WIP. GUIDANCE IN/OUT VIA TWY M-ORANGE WITH MARSHALLER ONLY. APRON D RESTRICTED TO MAX AIRCRAFT CLASS CODE LETTER C.

Aufgabe 22)
Im Zeitraum vom 03.02.2022 bis zum 18.02.2022 findet eine Instandsetzungsmaßnahme auf dem TWY A1 und dem TWY A2 statt, die eine Sperrung der Rollwege zur Folge hat. Die Arbeiten sollen gemäß den unten genannten Daten stattfinden, bitte verfassen Sie nur ein NOTAM mit den verschiedenen Zeitangaben bzw. Daten. Die Maßnahme soll an folgenden Tagen stattfinden: 03.02- 05.02- 10.02- 12.02- 17.02- 18.02.- täglich 24 Std.

FEB 2022

MON	TUE	WEN	THU	FRI	SAT	SUN
	01	02	03	04	05	06
07	08	09	10	11	12	13
14	15	16	17	18	19	20
21	22	23	24	25	26	27
28						

Lösung:
B) 2202030000 C) 2202182359
D) 03 05 10 12 17 18 H24
OR
D) THU SAT THU SAT THU FRI H24
E) TWY A1 AND TWY A2 CLOSED DUE TO WIP

Aufgabe 23)
Im Zeitraum vom 07.03.2022 bis zum 16.03.2022 findet eine Instandsetzungsmaßnahme in zwei Bauabschnitten auf der Piste 14R/32L statt, die eine Sperrung der Piste zur Folge hat. Die Arbeiten sollen gemäß den unten genannten Daten stattfinden, bitte verfassen Sie nur ein NOTAM mit den verschiedenen Zeitangaben bzw. Daten. Die Maßnahme soll an folgenden Tagen stattfinden: 07.03.2022, 0400 UTC bis zum 09.03.2022, 1800 UTC, und vom 12.03.2022, 1600 UTC bis zum 16.03.2022, 1500 UTC.

March 2022

MON	TUE	WEN	THU	FRI	SAT	SUN
	01	02	03	04	05	06
07	08	09	10	11	12	13
14	15	16	17	18	19	20
21	22	23	24	25	26	27
28	29	30	31			

Lösung:
B) 2203070400 C) 2203161500
D) 07 0400-09 1800, 12 1600-16 1500
E) RWY 14R/32L CLOSED DUE TO WIP

Aufgabe 24)
Im Zeitraum vom 02.04.- bis zum 22.05.2022 jeweils an den Wochenenden von 08:00 Uhr lokal bis 17:00 Uhr lokal findet eine Instandsetzungsmaßnahme auf der Piste 06/24 statt, die eine Sperrung der Piste zur Folge hat. Ausnahme: Am 16.04- und am 21.05.2022 werden die Instandsetzungsarbeiten nicht durchgeführt, sodass die Piste 06/24 nicht gesperrt wird an diesen beiden Tagen, bitte verfassen Sie nur ein NOTAM mit den Zeitangaben bzw. vorgegebenen Daten.

April 2022

MON	TUE	WEN	THU	FRI	SAT	SUN
				01	02	03
04	05	06	07	08	09	10
11	12	13	14	15	16	17
18	19	20	21	22	23	24
25	26	27	28	29	30	01

Mai 2022

MON	TUE	WEN	THU	FRI	SAT	SUN
02	03	04	05	06	07	08
09	10	11	12	13	14	15
16	17	18	19	20	21	22
23	24	25	26	27	28	29
30	31					

Lösung:
B) 2204020600 C) 2205221500
D) SAT-SUN 0600-1500 EXC APR 16 MAI 21
E) RWY 06/24 CLSD DUE TO WIP

Aufgabe 25)
Im Zeitraum vom 03.01. bis zum 31.01.2022 findet immer montags 24 h eine Instandsetzungsmaßnahme auf der Position D64 statt, die eine Sperrung der Position zur Folge hat. Die Arbeiten sollen gemäß den unten genannten Daten stattfinden, bitte verfassen Sie nur ein NOTAM mit den Zeitangaben bzw. Daten. Die Maßnahme soll immer montags 24 h an folgenden Tagen stattfinden: 03.01.- 10.01.- 17.01.- 24.01.- 31.01.2022, 24 h.

JAN 2022

MON	TUE	WEN	THU	FRI	SAT	SUN
					01	02
03	04	05	06	07	08	09
10	11	12	13	14	15	16
17	18	19	20	21	22	23
24	25	26	27	28	29	30
31						

Lösung:
B) 2201030000 C) 2201312359
D) EVERY MON H24
E) ACFT PSN D64 CLSD DUE TO WIP

Aufgabe 26)

10 NOTAM Test – Lernzielkontrolle

- Erläutern Sie die folgenden Abkürzungen.

a) AIP	Aeronautical Information Publication
b) AIRAC	Aeronautical Information Regulation and Control
c) IFR	Instrument Flight Rules
d) RVR	Runway Visual Range
e) BTN	Between
f) ABM	Abeam
g) TODA	Take of Distance Available
h) TORA	Take of Run Available
i) SUP VFR	Supplement Visual Flight Rules
j) SIDs	Standard Instrument Departure
k) STARs	Standard Terminal Arrival Rules
l) AIS	Aeronautical Information Services

Aufgabe 27)
Im Zeitraum vom 01.09.- bis zum 30.09.2022 jeweils an den Wochenenden von 07:00 Uhr Lokal bis 16:00 Uhr Lokal findet eine Instandsetzungsmaßnahme auf dem Rollweg T statt zwischen Rollweg T2 und Rollweg B, die eine teilweise Sperrung des Rollwegs zur Folge hat.
Aufgrund der Maßnahme wird der Rollweg T eingeschränkt bis ICAO CODE LETTER C Luftfahrzeuge, mit Einweiserführung.
Ausnahme:
Am 11.09.2022 werden die Instandsetzungsarbeiten nicht durchgeführt, sodass der Rollweg T nicht gesperrt wird an diesem Tag, bitte verfassen Sie nur ein NOTAM mit den Zeitangaben bzw. vorgegebenen Daten.

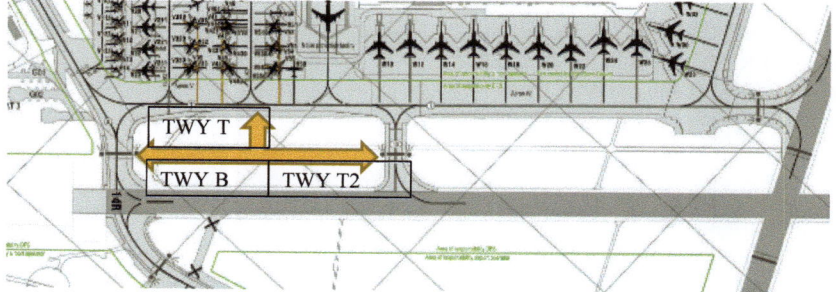

Quelle: DFS/AIP AD 2 EDDK 2-7 A Stand 28.12.2023, ©DFS Deutsche Flugsicherung GmbH

SEPTEMBER 2022

MO	TUE	WED	THU	FRI	SAT	SUN
			01	02	03	04
05	06	07	08	09	10	11
12	13	14	15	16	17	18
19	20	21	22	23	24	25
26	27	28	29	30		

Lösung:
B) 2209030500 C) 2209251400 D) SAT-SUN 0500-1400 EXC SEP 11 E) TWY T BTN TWY T2 AND TWY B RESTRICTED TO ICAO CODE LETTER C DUE TO WIP. TAX BTN TWY T2 AND TWY B ONLY WITH MARSHALLER GUIDANCE IN AND OUT.

Aufgabe 28)
Im Zeitraum vom 01.08.2022 bis zum 29.08.2022 findet eine Instandsetzungsmaßnahme auf dem TWY A3 und dem TWY A4 statt, die eine Sperrung der Rollwege zur Folge hat. Die Arbeiten sollen gemäß den unten genannten Daten stattfinden, bitte verfassen Sie nur ein NOTAM mit den verschiedenen Zeitangaben bzw. Daten. Beachten Sie bitte, dass die Maßnahmen für fünf Wochen an jedem Montag für 24 h stattfinden sollen: 01.08.2022, 08.08.2022, 15.08.2022, 22.08.2022, 29.08.2022.

Lösung:
B) 2208010000 C) 2208292359
D) EVERY MON H24
E) TWY A3 AND TWY A4 CLOSED DUE TO WIP

10 NOTAM Test – Lernzielkontrolle

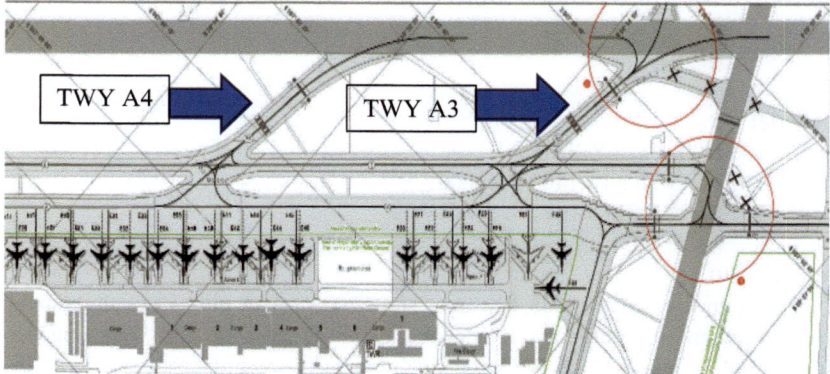

Quelle: DFS/AIP AD 2 EDDK 2-7 A Stand 28.12.2023, ©DFS Deutsche Flugsicherung GmbH

Aufgabe 29)

Im Zeitraum vom 06.06.2022 bis zum 26.06.2022 findet eine Instandsetzungsmaßnahme in zwei Bauabschnitten auf der Piste 14L/32R statt, die eine Sperrung der Piste zur Folge hat.

Die Arbeiten sollen gemäß den unten genannten Daten stattfinden, bitte verfassen Sie nur ein NOTAM mit den verschiedenen Zeitangaben bzw. Daten. Die Maßnahme soll an folgenden Tagen stattfinden: 06.06.2022, 0500 UTC bis zum 10.06.2022, 1600 UTC, und vom 14.06.2022, 1400 UTC bis zum 26.06.2022, 1600 UTC.

Juni 2022

MO	TUE	WED	THU	FRI	SA	SO
		1	2	3	4	5
6	7	8	9	10	11	12
13	14	15	16	17	18	19
20	21	22	23	24	25	26
27	28	29	30	31		

Lösung:
B) 2206060500 C) 2206261600
D) 06 0500-10 1600, 14 1400-26 1600
E) RWY 14L/32R CLOSED DUE TO WIP

Aufgabe 30)
Im Zeitraum vom 02.10.2023 bis zum 31.10.2023 findet eine Instandsetzungsmaßnahme auf der Start- und Landebahn 14L/32R statt, die eine Sperrung der Start- und Landebahn zur Folge hat. Der Kreuzungsbereich der Start- und Landebahnen 06/24 und 14L/32R wird nicht gesperrt, sodass die Start- und Landebahn 06/24 für den Flugbetrieb zur Verfügung steht während der Maßnahmen. Die Arbeiten sollen gemäß den unten genannten Daten stattfinden, bitte verfassen Sie nur ein NOTAM mit den verschiedenen Zeitangaben bzw. Daten. Die Maßnahme soll an folgenden Tagen stattfinden: 02.10- 09.10- 16.10- 23.10- 30.10- 31.10 täglich von 08:00 -17:00 UTC. Die Start- und Landebahn 24 kann während der Sperrung über den Rollweg A3 und Kreuzen der Piste 14L/32R über den Rollweg D zum Rollen genutzt werden.

MON	TUE	WED	THU	FRI	SAT	SUN
						1
2	3	4	5	6	7	8
9	10	11	12	13	14	15
16	17	18	19	20	21	22
23	24	25	26	27	28	29
30	31					

10 NOTAM Test – Lernzielkontrolle

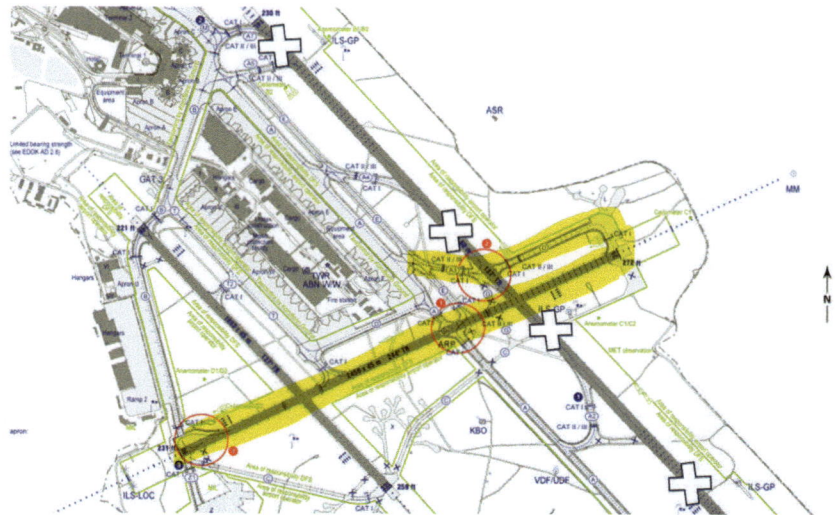

Quelle: DFS/AIP AD 2 EDDK 2-5 Stand 28.12.2023, ©DFS Deutsche Flugsicherung GmbH

Lösung:
B) 2310020800 C) 2310311700
D) 02 09 16 23 30 31 DAILY 0800-1700
E) RWY 14L/32R CLSD DUE TO WIP, TAX TO THR RWY 24 VIA INT TWY A3 RWY 14L/32R AND TWY D AVBL

Aufgabe 31)
(A5006/17 NOTAMR A4952/17
Q) EDGG/—- /– /– /-/--/--/5052N00709E005
A) EDDK B) 1709131615 C) 1709211500
D) DAILY 0500-1500 EXC SAT SUN
E) WIP WITHIN OCS OF RWY 14L/32R. PEOPLE AND VEHICLES WITHIN ZONE B
(BTN 75 AND 90M FM RCL) PARALLEL EAST OF RWY 14L/32R.)

Part III Appendix 7   III- A 7-23

NOTAM SELECTION CRITERIA CATEGORY: AGA — MOVEMENT AND LANDING AREA (M)

SECOND AND THIRD LETTERS — SIGNIFICATION	CODE	Scope: A				
Runway (specify runway)	MR	Traffic		Purpose		
FOURTH AND FIFTH LETTERS — SIGNIFICATION	CODE	I	V	N	B	O	M
Available for daylight operation	AD	x	x		x	x	
Hours of service are now ... (specify)	AH	x	x		x	x	
Military operations only	AM	x	x	x	x	x	
Available for night operation	AN	x	x		x	x	
Available, prior permission required	AP	x	x	x	x	x	
Available on request	AR	x	x	x	x	x	
Completely withdrawn	AW	x	x		x	x	
Realigned	CL	x	x	x	x	x	
Displaced	CM	x	x	x	x	x	
Installed	CS	x	x		x	x	
Work in progress	HW	x	x		x	x	
Concentration of birds	HX	x	x	x	x	x	
Reserved for aircraft based therein	LB	x	x	x	x	x	
Closed	LC	x	x	x	x	x	
Unserviceable for aircraft heavier than ... (specify)	LH	x	x	x	x	x	
Closed to IFR operations	LI	x		x	x	x	
Usable for length of ... and width of ... (specify)	LL	x	x	x	x	x	
Closed to all night operations	LN	x	x	x	x	x	
Limited to ... (specify)	LT	x	x	x	x	x	
Closed to VFR operations	LV		x	x	x	x	
Trigger	TT	x	x		x	x	
Plain language	XX	Select Traffic and Purpose entries with due regard to the NOTAM content and, the most common used combination of qualifiers.					
Resumed normal operation	AK						
Operative (or re-operative subject to previously published limitations/conditions)	AL						
Operational	AO	NOTAMC qualifiers should be identical with the original NOTAM.					
Completed	CC						
Work completed	HV						
Plain language	XX						

Quelle: NSC ICAO Doc 8126 Aeronautical Information Service Manuel ICAO Doc 8126

Aufgrund von Bauarbeiten in den Sicherheitsbereichen der Start- und Landebahnen, die unter den Bedingungen des Allwetterflugbetriebs zu Einschränkungen führen, ist es zwingend erforderlich, ein NOTAM in Bezug darauf zu erlassen. Die einzelnen Codierungen gemäß der NSC-Tabelle werden selektiert und in der Q-Zeile aufgeführt, um die Informationen entsprechend zu kommunizieren.
Aufgabe 1) Vervollständigen Sie die Q-Zeile des oben angegebenen NOTAM. Sie können die NSC-Tabelle hinzuziehen.
Aufgabe 2) Erläutern Sie alle Abkürzungen, die in der E-Zeile des NOTAM stehen.
Lösung zu 1: Q) EDGG/QMRXX/IV/BO/A000/999/5052N00709E005

10 NOTAM Test – Lernzielkontrolle

Lösung zu 2: WIP: Work in progress; OCS: Obsticale clearance surface; RWY: Runway; BTN: Between; FM: from; RCL: Runway center line.

Aufgabe 32)
Vervollständigen Sie die Q-Zeile des oben angegebenen NOTAM. Sie können die NSC-Tabelle hinzuziehen.

(A2202/17 NOTAM
Q) EDGG/—-/–/-/-/—/—/5052N00709E005
A) EDDK B) 1705120500 C) 1705121600
E) TWY A BTN TWY A03, A04, AND A5 RESTRICTED TO MAX ACFT CLASS CODE LETTER D, DUE TO WIP).

III-A 7-26 *Aeronautical Information Services manual*

NOTAM SELECTION CRITERIA CATEGORY: AGA — MOVEMENT AND LANDING AREA (M)

SECOND AND THIRD LETTERS — SIGNIFICATION	CODE	Scope: A					
Taxiway (specify)	MX	Traffic		Purpose			
FOURTH AND FIFTH LETTERS — SIGNIFICATION	**CODE**	I	V	N	B	O	M
Available for daylight operation	AD	x	x				x
Available for night operation	AN	x	x				x
Available on request	AR	x	x				x
Completely withdrawn	AW	x	x		x	x	
Realigned	CL	x	x				x
Installed	CS	x	x		x	x	
Work in progress	HW	x	x				x
Closed	LC	x	x		x	x	
Unserviceable for aircraft heavier than … (specify)	LH	x	x				x
Usable for length of … and width of … (specify)	LL	x	x				x
Closed to all night operations	LN	x	x				x
Limited to … (specify)	LT	x	x				x
Trigger	TT	x	x		x	x	
Plain language	XX	Select Traffic and Purpose entries with due regard to the NOTAM content and, the most common used combination of qualifiers.					
Resumed normal operation	AK						
Operative (or re-operative subject to previously published limitations/conditions)	AL						
Operational	AO	NOTAMC qualifiers should be identical with the original NOTAM.					
Completed	CC						
Work completed	HV						
Plain language	XX						

Quelle: NSC ICAO Doc 8126
Aeronautical Information Service Manuel ICAO Doc 8126

Aufgrund von Bauarbeiten im Randbereich der Rollwege erfolgt eine Herabstufung des Rollwegs, wodurch diesen während der Bauzeit nur bestimmte

Luftfahrzeuge nutzen dürfen. Im Einklang mit dieser Herabstufung werden die entsprechenden Codierungen für die Q-Zeile aus der NSC-Tabelle festgelegt. Es ist von entscheidender Bedeutung, sicherzustellen, dass diese Codierungen mit den entsprechenden Einschränkungen oder Sperrungen übereinstimmen, damit alle Mitarbeiter im Flugbetrieb diese Informationen erhalten.
Lösung: Q) EDGG/QMXLT/IV/M/A/000/999/5052N00709E005

Aufgabe 33)
Erläutern Sie alle Abkürzungen, die in der E-Zeile des NOTAM bei der Aufgabe 32 stehen.
Lösung:
TWY *TAXIWAY*
BTN *BETWEEN*
MAX *MAXIMUM*
ACFT *AIRCRAFT*
WIP *WORK IN PROGRRESS*

Aufgabe 34)
34 a) Erläutern Sie die Bedeutung der E-Zeile des angegebenen NOTAM bei der Aufgabe 34.
34 b) Zusätzlich dazu sollen Sie präzise festlegen, welche der unten aufgeführten Luftfahrzeugtypen berechtigt sind, sich in den oben genannten NOTAM definierten Flugbetriebsflächen zu bewegen.
Luftfahrzeug:
1. A 350-1000
2. B 767-200
3. A330-200
4. A 320-200
5. 757-200

Lösung 34 a):

Der Rollweg Alfa zwischen Rollweg A3, A4 und A5 wird bis maximal ICAO Code letter D Luftfahrzeuge eingeschränkt aufgrund von Instandsetzungsarbeiten beziehungsweise Sanierungen am Randbereich.
Lösung 34 b):

Das Luftfahrzeug A) 350-1000 ist aufgrund seines ICAO-Codes der Klasse ‚E' nicht berechtigt, in diesem Bereich zu rollen. Das Luftfahrzeug B) 767-200 ist aufgrund seines ICAO-Codes der Klasse ‚D' befugt, sich in diesem Bereich zu bewegen. Das Luftfahrzeug C) A330-200 ist aufgrund seines ICAO-Codes der

Klasse ‚E' nicht berechtigt, in diesem Bereich zu rollen. Das Luftfahrzeug D) A320-200 ist aufgrund seines ICAO-Codes der Klasse ‚C' berechtigt, in diesem Bereich zu rollen. Das Luftfahrzeug E) 757-200 ist aufgrund seines ICAO-Codes der Klasse ‚D' berechtigt, in diesem Bereich zu rollen.

Aufgabe 35)
(A3844/17 NOTAM
Q) EDGG/QMXLT/IV/M/A/000/999/5052N00709E005
A) EDDK B) 17007201444 C) 1707211200
E) TWY T ABEAM ACFT STAND V39 CLOSED DUE TO CONCRETE BREAK OUT
TWY T BETWEEN T2 AND TWY B RESTRICTED TO ICAO CODE LETTER C GUIDANCE WITH MARSHALLER ONLY.)
Erklären Sie die Informationen in der E-Zeile des gegebenen NOTAM und stellen Sie eine Auflistung aus der nachstehenden Auswahl der Luftfahrzeuge auf, die in dem definierten Bereich berechtigt sind, sich zu bewegen.
Lfz A ist ein A319-100; Lfz B ist ein A321-200; Lfz C 737-800; Lfz D ist eine 737-900; Lfz E 757-300; Lfz F 787-800; Lfz G A330-300; Lfz H A380-800; Lfz I Antonov 124-100; Lfz J 777-200.
Lösung:

Der Rollweg T quer ab der Position V 39 wurde aufgrund von Betonausbruch gesperrt. Der Rollweg T zwischen Rollweg T 2 und der Rollweg B wurde bis maximal ICAO letter C Klasse eingeschränkt. Hier in dem Bereich dürfen die Luftfahrzeuge nur mit Einweiser-Führung geführt werden.
Das Luftfahrzeug A) A319-100 ist aufgrund seines ICAO-Codes der Klasse ‚C' befugt, sich in diesem Bereich zu bewegen.
Das Luftfahrzeug B) A320-200 ist aufgrund seines ICAO-Codes der Klasse ‚C' befugt, sich in diesem Bereich zu bewegen.
Das Luftfahrzeug C) 737-800 ist aufgrund seines ICAO-Codes der Klasse ‚C' befugt, sich in diesem Bereich zu bewegen.
Das Luftfahrzeug D) 737-900 ist aufgrund seines ICAO-Codes der Klasse ‚C' befugt, sich in diesem Bereich zu bewegen.
Das Luftfahrzeug E) 757-300 ist aufgrund seines ICAO-Codes der Klasse ‚D' nicht berechtigt, in diesem Bereich zu rollen.
Das Luftfahrzeug F) 787-800 ist aufgrund seines ICAO-Codes der Klasse ‚E' nicht berechtigt, in diesem Bereich zu rollen.
Das Luftfahrzeug G) A330-300 ist aufgrund seines ICAO-Codes der Klasse ‚E' nicht berechtigt, in diesem Bereich zu rollen.

Das Luftfahrzeug H) A380-800 ist aufgrund seines ICAO-Codes der Klasse ‚F' nicht berechtigt, in diesem Bereich zu rollen.
Das Luftfahrzeug I) ANTONOV 124-100 ist aufgrund seines ICAO-Codes der Klasse ‚F' nicht berechtigt, in diesem Bereich zu rollen.
Das Luftfahrzeug J) 777-200 ist aufgrund seines ICAO-Codes der Klasse ‚E' nicht berechtigt, in diesem Bereich zu rollen.

Aufgabe 36)
Im Zeitraum vom 01.09.- bis zum 08.10.2022 jeweils an jeden Donnerstag und Freitag von 05:00 Uhr UTC bis 17:00 Uhr UTC findet eine Instandsetzungsmaßnahme auf dem Rollweg A zwischen der Piste 06/24 und Rollweg D statt, die eine Sperrung des Rollwegs A in diesem Bereich zur Folge hat. Es soll explizit im NOTAM darauf hingewiesen werden das, dass das Kreuzen der Piste 06/24 über den Rollweg E durchgeführt werden kann, um in die Richtung der Piste 32R rollen zu können und umgekehrt. Ausnahme: Am 09.09.22- und am 01.10.2022 werden die Instandsetzungsarbeiten nicht durchgeführt, sodass der Rollweg A nicht gesperrt wird an diesen beiden Tagen, bitte verfassen Sie nur ein NOTAM mit den Zeitangaben bzw. vorgegebenen Daten.

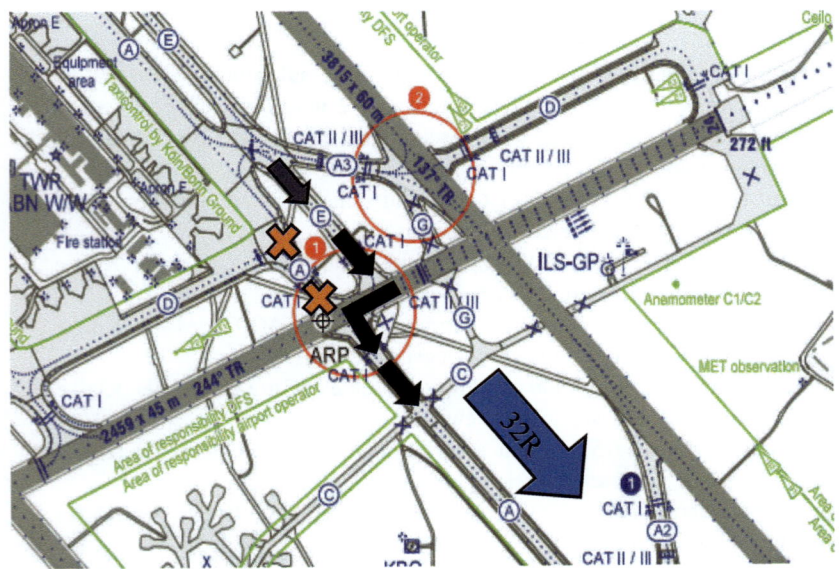

Quelle: DFS/AIP AD 2 EDDK 2-5 Stand 28.12.2023, ©DFS Deutsche Flugsicherung GmbH

SEP/OKT 2022

MON	TUE	WEN	THU	FRI	SAT	SUN
			01	02	03	04
06	07	08	09	10	11	12
13	14	15	16	17	18	19
20	21	22	23	24	25	26
27	28	29	30	01	02	03
04	05	06	07	08	09	10

Lösung:
B) 2209010500 C) 2210081700
D) THU-FRI 0500-1700 EXC SEP 09 OKT 01
E) TWY A BTN RWY 06/24 AND TWY D CLSD DUE TO WIP. EXPECT TAX VIA TWY E CROSS RWY 06/24 AND ENTER TWY A TO THE HLDG POINT RWY 32R AND VICE VERSA

Aufgabe 37)
Im Zeitraum vom 14.08.2023 bis zum 31.08.2023 von 06:00 Uhr UTC bis 16:00 Uhr UTC und vom 01.09.23 bis zum 17.09.2023 von 12:00 Uhr UTC bis 20:00 Uhr UTC findet eine Instandsetzungsmaßnahme auf den Positionen D10 bis D26 und von D32 bis D42 statt, die eine Sperrung der Positionen zur Folge hat. Bitte verfassen Sie nur ein NOTAM mit den Zeitangaben bzw. vorgegebenen Daten.

AUG/SEP 2023

MON	TUE	WEN	THU	FRI	SAT	SUN
14	15	16	17	18	19	20
21	22	23	24	25	26	27
28	29	30	31	01	02	03
04	05	06	07	08	09	10
11	12	13	14	15	16	17

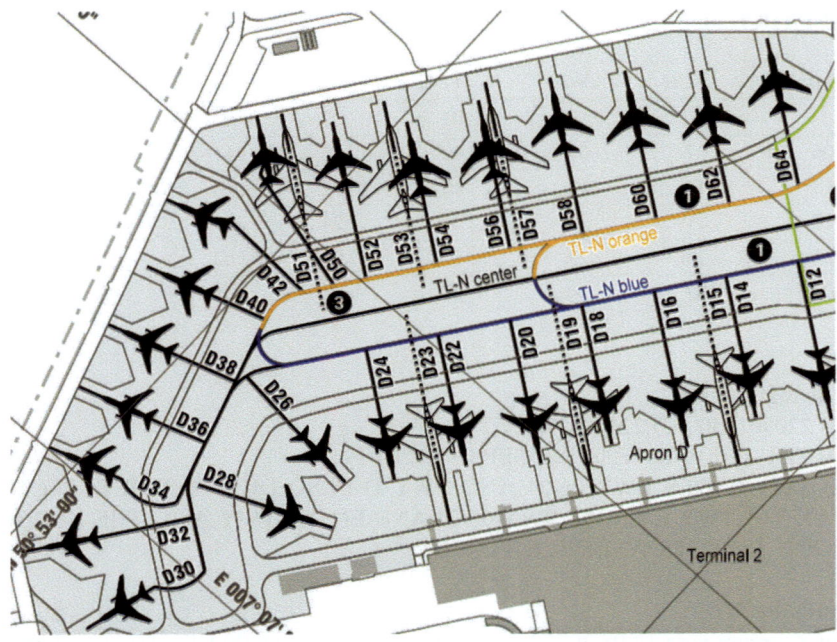

Quelle: DFS/AIP AD 2 EDDK 2-7 A Stand 28.12.2023, ©DFS Deutsche Flugsicherung GmbH

Lösung:
B) 2308140600 C) 2309172000
D) AUG 14–31 0600-1600, SEP 01–17 1200-2000
E) ACFT STANDS D10 TO D26 AND D32 TO D42 CLSD DUE TO WIP ON APRON D

Aufgabe 38)
Im Zeitraum vom 01.11.22 von 05:00 UTC bis zum 15.11.2022 bis 14:00 Uhr UTC und von 16.11.22 von 10:00 Uhr UTC bis zum 23.11.22 bis 16:00 Uhr UTC werden Instandsetzungsmaßnahmen auf der Start- und Landebahn 14R/32L durchgeführt, die eine Sperrung der Start- und Landebahn zur Folge haben. Bitte verfassen Sie nur ein NOTAM mit den Zeitangaben bzw. vorgegebenen Daten.

10 NOTAM Test – Lernzielkontrolle

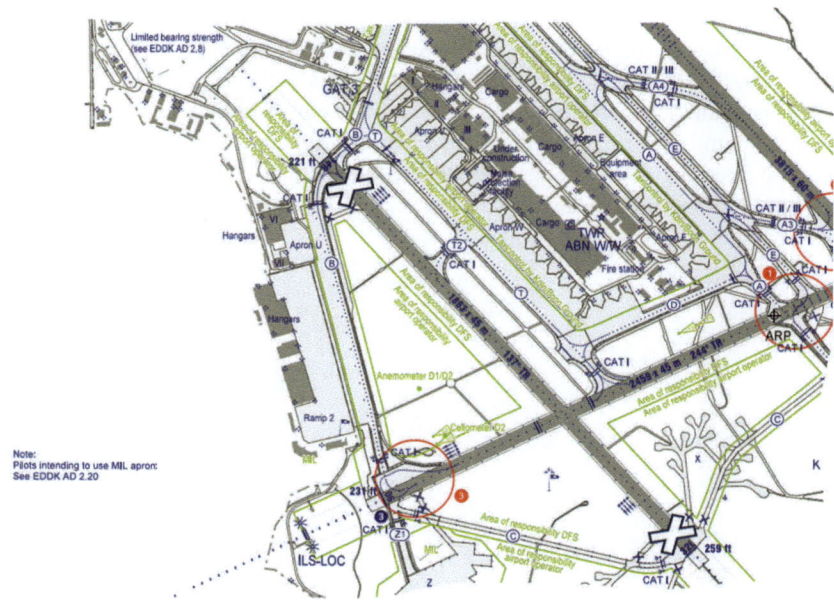

Quelle: DFS/AIP AD 2 EDDK 2-5 Stand 28.12.2023, ©DFS Deutsche Flugsicherung GmbH

Lösung:

B) 2211010500 C) 2211231600
D) 01 0500-15 1400, 16 1000-23 1600
E) RWY 14R/32L CLSD DUE TO WIP

MON	TUE	WEN	THU	FRI	SAT	SUN
	01	02	03	04	05	06
07	08	09	10	11	12	13
14	15	16	17	18	19	20
21	22	23	24	25	26	27
28	29	30				

Aufgabe 39)

Im Zeitraum vom 02.09.2023.- bis zum 28.09.2022 jeweils an den Samstagen 02.09, 09.09, 16.09, 23.09 von 04:00 Uhr UTC bis 16:00 Uhr UTC und an den Dienstagen und Donnerstagen im September 24 h einige Instandsetzungsmaßnahmen auf dem Rollweg B zwischen der Piste 14R/32L und Vorfeld U stattfinden, die eine Sperrung des Rollwegs B in diesem Bereich zur Folge hat. Verfassen Sie nur ein NOTAM mit den Zeitangaben bzw. vorgegebenen Daten.

Quelle: DFS/AIP AD 2 EDDK 2-5 Stand 28.12.2023, ©DFS Deutsche Flugsicherung GmbH

SEP/2023

MON	TUE	WED	THU	FRI	SAT	SUN
				01	02	03
04	05	06	07	08	09	10

(Fortsetzung)

(Fortsetzung)

MON	TUE	WED	THU	FRI	SAT	SUN
11	12	13	14	15	16	17
18	19	20	21	22	23	24
25	26	27	28	29	30	

Lösung:
B) 2309020400 C) 2309282359
D) SAT 0400-1600, TUE THU H24
E) TWY B BTN RWY 14R/32L AND APRON U CLSD DUE TO WIP

Aufgabenstellungen zum Thema GRF (RWYCC)

Aufgabe 40)
Folgende Information wurde als SNOWTAM für den Flughafen Köln/Bonn veröffentlicht. Entschlüsseln Sie die einzelnen Angaben der SNOWTAM.

01180130 14L 5/2/2 100/75/75 NR/06/06 WET/SLUSH/SLUSH
01180200 14R 2/3/3 75/100/100 06/12/12 SLUSH/WET SNOW/WET SNOW 30
01180225 06 3/2/3 50/75/75 08/06/10 WET SNOW/SLUSH/WET SNOW

Lösung:

Runway 14L/32R die Kontrollfahrt wurde am 18. Januar um 01:30 UTC durchgeführt.
Die Start- und Landebahn 14L ist auf dem ersten Drittel (TDZ) mit Wasser kontaminiert, daher wird als RCC die 5 (Ablagerung < = 3 mm = NR) zu (100 % Bedeckung) angegeben, da das gesamte erste Drittel zu 100 % nass ist.
Im zweiten Drittel (MIDPOINT) ist die Start- und Landebahn 14L mit 6 mm Matsch kontaminiert, demzufolge wird als RCC die 2 (Ablagerung > 3 mm) zu 75 % Bedeckung vermerkt. Das letzte Drittel ist ebenfalls zu 75 % mit einer Ablagerung von 06 mm Matsch kontaminiert (STOPEND), RCC ist mit 2 angegeben.

Runway 14R/32L die Kontrollfahrt wurde am 18. Januar um 02:00 UTC durchgeführt.
Die Start- und Landebahn 14R ist auf dem ersten Drittel (TDZ) mit Matsch kontaminiert (Ablagerung 6 mm) zu (75 % Bedeckung), RCC ist mit 2 angegeben.
Im zweiten Drittel (MIDPOINT) ist die Start- und Landebahn 14R mit nassem Schnee kontaminiert (Ablagerung 12 mm), zu 100 % bedeckt, RCC ist mit 3 angegeben.
Im letzten Drittel (STOPEND) ist die Start- und Landebahn 14R mit nassem Schnee kontaminiert (Ablagerung 12 mm), zu 100 % bedeckt, RCC ist 3. Die verfügbare Start- und Landebahn-Breite beträgt 30 m.
Runway 06/24 die Kontrollfahrt wurde am 18. Januar um 02:25 UTC durchgeführt.
Die Start- und Landebahn 06 ist auf dem ersten Drittel (TDZ) mit nassem Schnee kontaminiert (Ablagerung 8 mm), zu (50 % bedeckt), RCC beträgt 3.
Im zweiten Drittel (MIDPOINT) ist die Start- und Landebahn 06 mit Matsch kontaminiert (Ablagerung 6 mm), zu (75 % bedeckt), RCC beträgt 2.
Im letzten Drittel (STOPEND) ist die Start- und Landebahn mit nassem Schnee kontaminiert (Ablagerung 10 mm), zu (75 % bedeckt), RCC beträgt 3.

Aufgabe 41)
Folgende Information wurde als SNOWTAM für den Flughafen Köln/Bonn veröffentlicht. Entschlüsseln Sie die einzelnen Angaben der SNOWTAM.

EDDK

```
02151630 14L 2/2/5 75/100/100 06/08/03 SLUSH/SLUSH/WET SNOW
02151700 14R 1/5/1 100/100/100 NR/03/NR ICE/WET SNOW/ICE
02151730 06 2/5/2 75/100/100 06/03/06 SLUSH/WET SNOW/SLUSH
```

Lösung:

Start- und Landebahn 14L/32R
Die Start- und Landebahn 14L/32R und deren Kontrollfahrt wurde am 15. Februar um 16:30 UTC durchgeführt. Die Start- und Landebahn 14L ist auf dem ersten Drittel (TDZ) mit Matsch kontaminiert, daher wird als RCC die 2 (Ablagerung >

3 mm) zu (75 % Bedeckung) im SNOWTAM angegeben. Im zweiten Drittel (MIDPOINT) ist die Start- und Landebahn 14L mit 08 mm Matsch kontaminiert, demzufolge wird als RCC die 2 (Ablagerung > 3 mm) zu 100 % Bedeckung vermerkt. Das letzte Drittel ist ebenfalls zu 100 % mit einer Ablagerung von 03 mm nassem Schnee (WET SNOW) kontaminiert, dabei wird (STOPEND) RCC wird mit 5 angegeben.

Start- und Landebahn 14R/32L
Die Start- und Landebahn 14R/32L und deren Kontrollfahrt wurde am 15. Februar um 17:00 UTC durchgeführt. Die Start- und Landebahn 14R/32L ist auf dem ersten Drittel (TDZ) mit ICE kontaminiert, daher wird als RCC die 1 mit einer Bedeckung von 100 % angegeben. Im zweiten Drittel (MIDPOINT) ist die Start- und Landebahn 14R/32L mit nassem Schnee (WET SNOW) kontaminiert (Ablagerung 03 mm) und zu 100 % bedeckt, dabei ist der RCC-Wert mit 5 angegeben. Im letzten Drittel (STOPEND) ist die 14R/32L mit ICE kontaminiert, daher wird als RCC die 1 mit einer Bedeckung von 100 % angegeben.

Start- und Landebahn 06/24
Die Start- und Landebahn 06/24 und deren Kontrollfahrt wurde am 15. Februar um 17:30 UTC durchgeführt. Die Start- und Landebahn 06/24 ist auf dem ersten Drittel (TDZ) mit Matsch kontaminiert, daher wird als RCC die 2 (Ablagerung > 3 mm) zu (75 % Bedeckung) im SNOWTAM angegeben. Im zweiten Drittel (MIDPOINT) ist die Start- und Landebahn 06/24 mit nassem Schnee (WET SNOW) kontaminiert und bis zu 100 % bedeckt. Der RCC-Wert ist mit 5 angegeben. Die Ablagerung wird mit 03 mm angegeben. Im letzten Drittel (STOPEND) ist die 06/24 mit Matsch kontaminiert, daher wird als RCC-Wert die 2 mit einer Bedeckung von 100 % und einer Ablagerung von 06 mm angegeben.

Aufgabe 42)
Folgende Information wurde als SNOWTAM für den Flughafen Köln/Bonn veröffentlicht. Entschlüsseln Sie die einzelnen Angaben der SNOWTAM.
EDDK SNOWTAM

0823 1530 14L 5/2/2 75/50/75 NR/08/08 WET/STANDING WATER/ STANDING WATER
0823 1600 14R 5/2/5 75/75/75 NR/06/NR WET/STANDING WATER/ WET

> **0823 1630 06 5/2/2 100/75/100 NR/06/06 WET/STANDING WATER/ STANDING WATER**

Lösung:
Start- und Landebahn 14L/32R
Die Start- und Landebahn 14L/32R und deren Kontrollfahrt wurde am 23. August um 15:30 UTC durchgeführt. Die Start- und Landebahn 14L/32R ist auf dem ersten Drittel (TDZ) nass, daher wird als RCC-Wert 5 zu (75 % Bedeckung) im SNOWTAM angegeben. Im zweiten Drittel (MIDPOINT) ist die Start- und Landebahn 14L/32R mit 08 mm stehendem Wasser kontaminiert, demzufolge wird als RCC-Wert die 2 (Ablagerung > 3 mm) zu 50 % bedeckt angegeben. Das letzte Drittel ist zu 75 % mit einer Ablagerung von 08 mm stehendem Wasser (STANDING WATER) kontaminiert, (STOPEND), der RCC-Wert wird mit 2 angegeben.

Start- und Landebahn 14R/32L
Die Start- und Landebahn 14R/32L ist auf dem ersten Drittel (TDZ) nass, daher wird als RCC-Wert die 5 mit einer Bedeckung von 75 % Ablagerung NR angegeben. Im zweiten Drittel (MIDPOINT) ist die Start- und Landebahn 14R/32L mit stehendem Wasser (STANDING WATER) kontaminiert (Ablagerung 06 mm) und bis zu 75 % bedeckt, daher wird der RCC-Wert mit 2 angegeben. Im letzten Drittel (STOPEND) ist die 14R/32L nass, daher wird als RCC-Wert die 5 mit einer Bedeckung von 75 % und einer Ablagerung NR angegeben.

Start- und Landebahn 06/24
Die Start- und Landebahn 06/24 und deren Kontrollfahrt wurde am 23. August um 16:30 UTC durchgeführt. Die Start- und Landebahn 06/24 ist auf dem ersten Drittel (TDZ) nass, daher wird als RCC-Wert die 5 mit einer Bedeckung von 100 % Ablagerung NR angegeben. Im zweiten Drittel (MIDPOINT) ist die Start- und Landebahn mit stehendem Wasser (STANDING WATER) kontaminiert (Ablagerung 06 mm) und bis zu 75 % bedeckt, daher wird der RCC-Wert mit 2 angegeben. Im letzten Drittel (STOPEND) ist die 06/24 mit stehendem Wasser (STANDING WATER) kontaminiert (Ablagerung 06 mm) und bis zu 100 % bedeckt. Der RCC-Wert ist mit 2 angegeben.

Aufgabe 43)

In der vorliegenden Abbildung ist die Start- und Landebahn 14L/32R dargestellt. Zu berücksichtigen ist, dass jedes Drittel eine bestimmte Kontamination aufweist. Es findet eine Kontrollfahrt am 18.02.2022 um 03:50 Uhr UTC auf der Start- und Landebahn statt. Bestimmen Sie für die Start- und Landebahn den RCC (Runway Condition Code) für jedes Drittel (**TDZ, MID POINT, STOP END**).

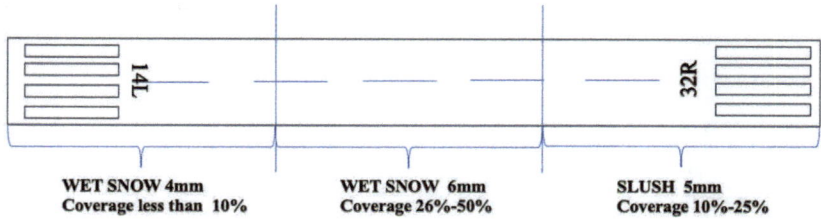

Fragestellung:

Bestimmen Sie für die Start und Landebahn 14L/32R für jedes drittel den RCC

RCC at the first Runway third of RWY14L RCC IS 6
RCC at the second Runway third of RWY14L RCC IS 3
RCC at the third Runway third of RWY14L RCC IS 6

Lösung SNOWTAM:
02180350 14L 6/3/6 NR/50/25 NR/06/05 DRY/WET SNOW/SLUSH

Hinweis 1: Auf dem ersten Drittel der Start- und Landebahn 14L/32R befindet sich weniger als 10 % nasser Schnee. Daher wird der Bahnzustandscode (RWYCC) als 6 gemeldet, und in der Zustandsbeschreibung wird angegeben, dass die Landebahn „trocken" ist (DRY).

Hinweis 2: Wenn die aktuellen Bedingungen auf der Landebahn nicht berichtet werden, wird dies durch die Verwendung von „NR" für das entsprechende Drittel der Landebahn angezeigt.

Hinweis 3: Wenn die Landebahn trocken ist oder wenn die Schneedecke weniger als 10 % der Landebahn bedeckt, sollte der Punkt E (SNOWTAM) als „NR" angegeben werden. Das bedeutet, dass keine besonderen Bedingungen oder Informationen für diesen Bereich der Landebahn gemeldet werden.

Aufgabe 44)

In der vorliegenden Abbildung ist die Start- und Landebahn 14L/32R dargestellt. Zu berücksichtigen ist, dass jedes Drittel eine bestimmte Kontamination aufweist. Es findet eine Kontrollfahrt am 11.01.2022 um 01:50 Uhr UTC auf der Start- und Landebahn 14L/32R statt. Bestimmen Sie für die Start- und Landebahn den RCC (Runway Condition Code) für jedes Drittel **(TDZ, MID POINT, STOP END)**.

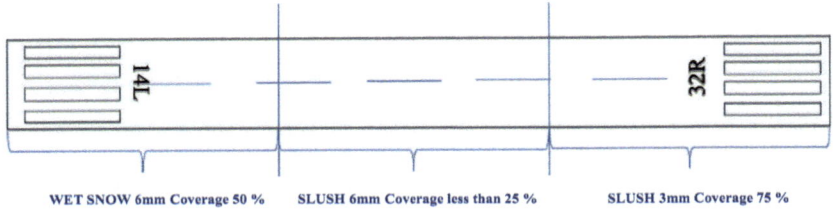

Lösung:
RCC = 3/6/5
01110150 14L 3/6/5 50/25/75 06/06/03 WET SNOW/SLUSH/SLUSH

Aufgabe 45)

Folgende Information wurde als SNOWTAM für den Flughafen Köln/Bonn veröffentlicht. Entschlüsseln Sie die einzelnen Angaben der SNOWTAM.
01080910 14L 5/5/5 100/100/100 NR/NR/NR WET/WET/WET
01080920 14R 1/1/1 75/75/75 NR/NR/NR ICE/ICE/ICE
01080940 06 1/1/1 75/75/75 NR/NR/NR ICE/ICE/ICE
RWY 14L CHEMICALLY TREATED.

Start- und Landebahn 14L/32R

Die Start- und Landebahn 14L/32R und deren Kontrollfahrt wurde am 08. Januar um 09:10 UTC durchgeführt. Das SNOWTAM enthält die Information, dass die Start- und Landebahn 14L/32R im ersten Drittel nass ist, was zur Folge hat, dass die RCC-Angabe 5 beträgt und das gesamte Drittel der Bahn zu 100 % mit Wasser kontaminiert ist. Die nachfolgenden beiden Drittel sind ebenfalls zu 100 % nass und dementsprechend mit Wasser kontaminiert. Die Ablagerungstiefe ist (< = 3 mm), sodass die Angaben NR für alle drei Drittel aufgeführt werden.

10 NOTAM Test – Lernzielkontrolle

Start- und Landebahn 14R/32L
Die Start- und Landebahn 14R/32L und deren Kontrollfahrt wurde am 08. Januar um 09:20 UTC durchgeführt. Die SNOWTAM-Angabe für die Start- und Landebahn 14R/32L wird mit Vereisung angegeben. Dies betrifft alle Drittel mit einer Kontaminationsbedeckung von 75 %.

Start- und Landebahn 06/24
Die Start- und Landebahn 06/24 und deren Kontrollfahrt wurde am 08. Januar um 09:40 UTC durchgeführt. Die SNOWTAM-Angabe für die Start- und Landebahn 06/24 stellen exakt die gleichen Angaben dar. Es wird zusätzlich im SNOWTAM darauf hingewiesen, dass die Start- und Landebahn 14L/32R einer chemischen Behandlung unterzogen wurde, um Vereisung infolge ungünstiger Wetterbedingungen zu verhindern.

Aufgabe 46)
Folgende Information wurde als SNOWTAM für den Flughafen Köln/Bonn veröffentlicht. Entschlüsseln Sie die einzelnen Angaben der SNOWTAM.
11230945 14L 5/3/5 75/75/100 NR/06/NR WET/WET SNOW/WET
11231015 14R 3/3/3 75/50/100 06/08/06 WET SNOW/WET SNOW/WET SNOW
11231030 06 2/2/2 75/75/100 08/06/09 SLUSH/SLUSH/SLUSH

Start- und Landebahn 14L/32R
Die Start- und Landebahn 14L/32R und deren Kontrollfahrt wurde am 23. November um 09:45 UTC durchgeführt. Die Start- und Landebahn 14L/32R ist auf dem ersten Drittel (TDZ) mit Wasser kontaminiert, daher wird als RCC-Wert die 5 zu (75 % Bedeckung) im SNOWTAM angegeben, die Ablagerung wurde mit (< = 03 mm) NR angegeben. Im zweiten Drittel (MIDPOINT) ist die Start- und Landebahn 14L/32R mit nassem Schnee kontaminiert, daher wird der RCC-Wert mit 3 zu 75 % Bedeckung angegeben, die Ablagerung wurde hier mit 06 mm angegeben. Das letzte Drittel (STOPEND) ist zu 100 % mit einer Ablagerung von (< = 03 mm) mit Wasser kontaminiert. Der RCC-Wert wird mit 5 angegeben.

Start- und Landebahn 14R/32L
Die Start- und Landebahn 14R/32L und deren Kontrollfahrt wurde am 23. November um 10:15 UTC durchgeführt. Die Start- und Landebahn 14R/32L ist auf dem ersten Drittel (TDZ) mit nassem Schnee (WET SNOW) kontaminiert, daher wird als RCC-Wert die 3 mit einer Bedeckung von 75 % und eine Ablagerung von 06 mm angegeben. Im zweiten Drittel (MIDPOINT) ist die Start-

und Landebahn 14R/32L mit nassem Schnee kontaminiert (Ablagerung 08 mm) und bis zu 50 % bedeckt, daher wird der RCC-Wert mit 3 angegeben. Im letzten Drittel (STOPEND) ist die 14R/32L ebenfalls mit nassem Schnee kontaminiert, daher wird als RCC-Wert 3 mit einer Bedeckung von 100 % und eine Ablagerung von 06 mm angegeben.

Start- und Landebahn 06/24
Die Start- und Landebahn 06/24 und deren Kontrollfahrt wurde am 23. November um 10:30 UTC durchgeführt. Die Start- und Landebahn 06/24 ist auf dem ersten Drittel (TDZ) mit Matsch (SLUSH) kontaminiert, daher wird als RCC-Wert die 2 mit einer Bedeckung von 75 % und eine Ablagerung von 08 mm angegeben. Im zweiten Drittel (MIDPOINT) ist die Start- und Landebahn ebenfalls mit Matsch (SLUSH) kontaminiert (Ablagerung 06 mm) und bis zu 75 % bedeckt, daher wird der RCC-Wert mit 2 angegeben. Im letzten Drittel (STOPEND) ist die 06/24 ebenfalls mit Matsch (SLUSH) kontaminiert (Ablagerung 09 mm) und bis zu 100 % bedeckt. Der RCC ist ebenfalls mit 2 angegeben.

Aufgabe 47)
Folgende Information wurde als SNOWTAM für den Flughafen Köln/Bonn veröffentlicht. Entschlüsseln Sie die einzelnen Angaben der SNOWTAM. Es ist zu beachten, dass die Luftaußentemperatur zum Zeitpunkt der Kontrollfahrt −15 Grad betrug.
EDDK SNOWTAM
02101100 14L 2/3/3 75/100/100 08/10/10 SLUSH/WET SNOW/WET SNOW
02101130 14R 4/4/4 75/75/75 03/03/03 COMPACTED SNOW/COMPACTED SNOW/COMPACTED SNOW
02101200 06 3/3/3 75/100/75 06/14/16 WET SNOW/WET SNOW/WET SNOW

Start- und Landebahn 14L/32R
Die Start- und Landebahn 14L/32R und deren Kontrollfahrt wurde am 10. Februar um 11:00 UTC durchgeführt. Die Start- und Landebahn 14L/32R ist auf dem ersten Drittel (TDZ) mit Matsch kontaminiert, daher wird als RCC-Wert die 2 zu (75 % Bedeckung) im SNOWTAM angegeben, die Ablagerung wurde mit 08 mm angegeben. Im zweiten Drittel (MIDPOINT) ist die Start- und Landebahn 14L/32R mit nassem Schnee kontaminiert, daher wird der RCC-Wert mit 3 zu 100 % Bedeckung angegeben, die Ablagerung wurde hier mit 10 mm angegeben. Das letzte Drittel (STOPEND) ist zu 100 % mit einer Ablagerung von 10 mm nassem Schnee (WET SNOW) kontaminiert, der RCC-Wert wird mit 3 angegeben.

Start- und Landebahn 14R/32L

Die Start- und Landebahn 14R/32L und dessen Kontrollfahrt wurde am 10. Februar um 11:30 UTC durchgeführt.

Die Start- und Landebahn 14R/32L ist auf dem ersten Drittel (TDZ) mit kompaktem Schnee kontaminiert, daher wird als RCC-Wert die 4 mit einer Bedeckung von 75 % und eine Ablagerung von 03 mm angegeben. Es ist hier zu beachten, dass, wenn die Luftaußentemperatur mehr als −15 Grad beträgt, sich der RCC auf 3 herabsetzt. Im zweiten Drittel (MIDPOINT) ist die Start- und Landebahn 14R/32L mit kompaktem Schnee kontaminiert (Ablagerung 03 mm) und bis zu 75 % bedeckt, daher wird der RCC-Wert mit 4 angegeben. Im letzten Drittel (STOPEND) ist die 14R/32L ebenfalls mit kompaktem Schnee kontaminiert, daher wird als RCC-Wert 4 mit einer Bedeckung von 75 % und eine Ablagerung von 03 mm angegeben.

Start- und Landebahn 06/24

Die Start- und Landebahn 06/24 und deren Kontrollfahrt wurde am 10. Februar um 12:00 UTC durchgeführt.

Die Start- und Landebahn 06/24 ist auf dem ersten Drittel (TDZ) mit nassem Schnee kontaminiert, daher wird als RCC-Wert die 3 mit einer Bedeckung von 75 % und eine Ablagerung von 06 mm angegeben. Im zweiten Drittel (MIDPOINT) ist die Start- und Landebahn ebenfalls mit nassem Schnee (WET SNOW) kontaminiert (Ablagerung 14 mm) und bis zu 100 % bedeckt, daher wird der RCC-Wert mit 3 angegeben.
Im letzten Drittel (STOPEND) ist die 06/24 ebenfalls mit nassem Schnee (WET SNOW) kontaminiert (Ablagerung 16 mm) und bis zu 75 % bedeckt. Der RCC ist ebenfalls mit 3 angegeben.

Aufgabe 48)

Folgende Information wurde als SNOWTAM für den Flughafen Köln/Bonn veröffentlicht. Entschlüsseln Sie die einzelnen Angaben der SNOWTAM.
EDDK SNOWTAM
12011030 14L 5/5/5 100/75/75 NR/NR/03 WET/WET/SLUSH
12011100 14R 5/2/2 100/50/75 NR/06/06 WET/SLUSH/SLUSH
12011130 06 2/3/3 75/100/100 06/12/12 SLUSH/WET SNOW/WET SNOW
RWY 14L CHEMICALLY TREATED

Lösung:
Start- und Landebahn 14L/32R
Die Start- und Landebahn 14L/32R und deren Kontrollfahrt wurde am 01. Dezember um 10:30 UTC durchgeführt. Die Start- und Landebahn 14L/32R ist auf dem ersten Drittel (TDZ) mit Wasser kontaminiert, daher wird als RCC-Wert die 5 zu (100 % Bedeckung) im SNOWTAM angegeben. Die Ablagerung wurde mit NR (not reported < = 03 mm) gekennzeichnet. Im zweiten Drittel (MIDPOINT) ist die Start- und Landebahn 14L/32R ebenfalls mit Wasser kontaminiert, daher wird der RCC-Wert mit 5 zu 75 % Bedeckung angegeben. Die Ablagerung ist hier ebenfalls mit NR verzeichnet, daher gilt: not reported. Das letzte Drittel (STOPEND) ist zu 75 % mit einer Ablagerung von 03 mm Matsch (SLUSH) kontaminiert. Es wird der RCC-Wert mit 5 angegeben.

Es wird zusätzlich im SNOWTAM darauf hingewiesen, dass die Start- und Landebahn 14L/32R einer chemischen Behandlung unterzogen wurde, um Vereisung infolge ungünstiger Wetterbedingungen zu verhindern.

Start- und Landebahn 14R/32L
Die Start- und Landebahn 14R/32L und deren Kontrollfahrt wurde am 01. Dezember um 11:00 UTC durchgeführt. Die Start- und Landebahn 14R/32L ist auf dem ersten Drittel (TDZ) mit Wasser kontaminiert, daher wird als RCC-Wert die 5 mit einer Bedeckung von 100 % und eine Ablagerung NR (not reported) angegeben. Im zweiten Drittel (MIDPOINT) ist die Start- und Landebahn 14R/32L mit Matsch (SLUSH) kontaminiert (Ablagerung 06 mm) und bis zu 50 % bedeckt, daher wird der RCC-Wert mit 2 angegeben. Im letzten Drittel (STOPEND) ist die 14R/32L ebenfalls mit Matsch (SLUSH) kontaminiert, daher wird als RCC-Wert 2 mit einer Bedeckung von 75 % und eine Ablagerung von 06 mm angegeben.

Start- und Landebahn 06/24
Die Start- und Landebahn 06/24 und deren Kontrollfahrt wurde am 01. Dezember um 11:30 UTC durchgeführt. Die Start- und Landebahn 06/24 ist auf dem ersten Drittel (TDZ) mit Matsch (SLUSH) kontaminiert, daher wird als RCC-Wert die 2 mit einer Bedeckung von 75 % und eine Ablagerung von 06 mm angegeben. Im zweiten Drittel (MIDPOINT) ist die Start- und Landebahn mit nassem Schnee (WET SNOW) kontaminiert (Ablagerung 12 mm) und bis zu 100 % bedeckt, daher wird der RCC-Wert mit 3 angegeben. Im letzten Drittel (STOPEND) ist die 06/24 ebenfalls mit nassem Schnee (WET SNOW) kontaminiert (Ablagerung 12 mm) und bis zu 100 % bedeckt. Der RCC-Wert ist mit 3 angegeben.

Aufgabe 49)

Folgende Information wurde als SNOWTAM für den Flughafen Köln/Bonn veröffentlicht. Entschlüsseln Sie die einzelnen Angaben der SNOWTAM.

EDDK SNOWTAM
01201030 14L 4/5/4 100/75/100 03/NR/03 COMPACTED SNOW/WET/COMPACTED SNOW
01201100 14R 5/2/5 50/75/100 NR/06/03 WET/SLUSH/SLUSH
01201130 06 3/5/3 75/75/75 06/NR/06 WET SNOW/WET/WET SNOW

Lösung:
Start- und Landebahn 14L/32R

Die Start- und Landebahn 14L/32R und deren Kontrollfahrt wurde am 20. Januar um 10:30 Uhr UTC durchgeführt. Die Start- und Landebahn 14L/32R ist auf dem ersten Drittel (TDZ) mit kompaktem Schnee kontaminiert, daher wird als RCC-Wert die 4 zu (100 % Bedeckung) im SNOWTAM angegeben, die Ablagerung wurde mit 03 mm angegeben. Im zweiten Drittel (MIDPOINT) ist die Start- und Landebahn 14L/32R nass, daher wird der RCC-Wert mit 5 zu 75 % Bedeckung angegeben, die Ablagerung wurde hier mit NR angegeben, somit not reported. Das letzte Drittel (STOPEND) ist zu 100 % mit einer Ablagerung von 03 mm kompaktem Schnee kontaminiert, der RCC-Wert wird mit 4 angegeben. Luftaußentemperatur zum Zeitpunkt der Kontrollfahrt −15 Grad.

Start- und Landebahn 14R/32L

Die Start- und Landebahn 14R/32L und deren Kontrollfahrt wurde am 20. Januar um 11:00Uhr UTC durchgeführt. Die Start- und Landebahn 14R/32L ist auf dem ersten Drittel (TDZ) mit Wasser kontaminiert, daher wird als RCC-Wert die 5 mit einer Bedeckung von 50 % und eine Ablagerung NR (not reported < 03 mm) angegeben. Im zweiten Drittel (MIDPOINT) ist die Start- und Landebahn 14R/32L mit Matsch (SLUSH) kontaminiert (Ablagerung 06 mm) und bis zu 75 % bedeckt, daher wird der RCC-Wert mit 2 angegeben. Im letzten Drittel (STOPEND) ist die 14R/32L ebenfalls mit Matsch (SLUSH) kontaminiert, daher wird als RCC-Wert 5 mit einer Bedeckung von 100 % und eine Ablagerung von 03 mm angegeben. (Merke! Wenn die Ablagerung = oder < 03 mm beträgt bei der Kontamination mit SLUSH, dann wird der RCC mit 5 angegeben.)

Start- und Landebahn 06/24

Die Start- und Landebahn 06/24 und deren Kontrollfahrt wurde am 20. Januar um 11:30 Uhr UTC durchgeführt. Die Start- und Landebahn 06/24 ist auf dem ersten Drittel (TDZ) mit nassem Schnee kontaminiert, daher wird als RCC-Wert die 3 mit einer Bedeckung von 75 % und eine Ablagerung von 06 mm angegeben. Im zweiten Drittel (MIDPOINT) ist die Start- und Landebahn mit Wasser kontaminiert und bis zu 75 % bedeckt, daher wird der RCC-Wert 5 mit der Angabe NR (not reported < 03 mm) für die Ablagerung angegeben. Im letzten Drittel (STOPEND) ist die 06/24 mit nassem Schnee (WET SNOW) kontaminiert (Ablagerung 06 mm) und bis zu 75 % bedeckt. Der RCC-Wert ist mit 3 angegeben.

Aufgabe 50)
In der vorliegenden Abbildung ist die Start- und Landebahn 14L/32R dargestellt. Zu berücksichtigen ist, dass jedes Drittel eine bestimmte Kontamination aufweist. Es findet eine Kontrollfahrt am 20.08.2022 um 16:30 Uhr UTC auf der Start- und Landebahn 14L/32R statt.
Bestimmen Sie für die Start- und Landebahn den RCC (Runway Condition Code) für jedes Drittel (TDZ, MID POINT, STOP END) und verfassen Sie bei Bedarf ein SNOWTAM.

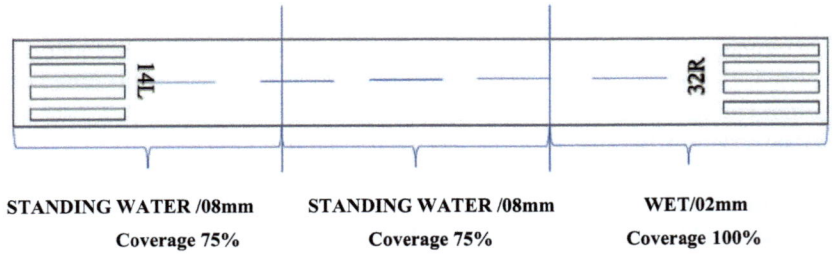

| STANDING WATER /08mm | STANDING WATER /08mm | WET/02mm |
| Coverage 75% | Coverage 75% | Coverage 100% |

Lösung:
08201630 14L 2/2/5 75/75/100 08/08/NR STANDING WATER/STANDING WATER/WET.
Es ist zwingend erforderlich, bei STANDING WATER ein SNOWTAM zu veröffentlichen.

Aufgabe 51)
In der vorliegenden Abbildung ist die Start- und Landebahn 06/24 dargestellt. Zu berücksichtigen ist, dass jedes Drittel eine bestimmte Kontamination aufweist. Es findet eine Kontrollfahrt am 10.12.2022 um 03:50 Uhr UTC auf der Start- und Landebahn statt. Bestimmen Sie für die Start- und Landebahn die RCC (Runway Condition Code) für jedes Drittel (TDZ, MID POINT, STOP END) und verfassen Sie bei Bedarf ein SNOWTAM.

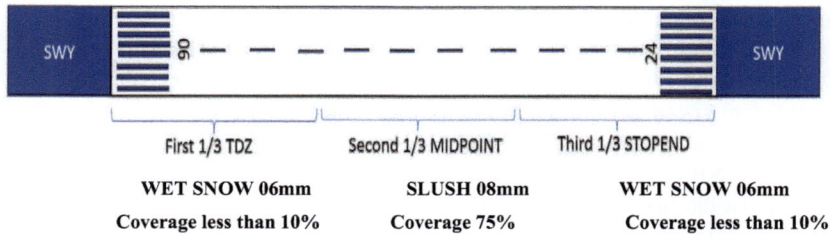

Lösung:
RCC: 6/2/6
SNOWTAM
12100350 06 6/2/6 25/75/25 06/08/06 WET SNOW/SLUSH/WET SNOW

Aufgabe 52)
Folgende Information wurde als SNOWTAM für den Flughafen Köln/Bonn veröffentlicht. Entschlüsseln Sie die einzelnen Angaben der SNOWTAM.
EDDK SNOWTAM
12280055 14L 5/5/6 100/100/25 NR/NR/03 WET/WET/WET SNOW
12280110 14R 5/3/3 100/50/75 NR/06/06 WET/WET SNOW /WET SNOW
12280130 06 3/5/3 100/100/100 06/03/12 WET SNOW/WET SNOW/WET SNOW

Lösung:
Start- und Landebahn 14L/32R
Die Start- und Landebahn 14L/32R und deren Kontrollfahrt wurde am 28. Dezember um 00:55 Uhr UTC durchgeführt. Die Start- und Landebahn 14L/32R ist auf dem ersten Drittel (TDZ) mit Wasser kontaminiert (WET), daher wird als RCC-Wert die 5 zu (100 % Bedeckung) im SNOWTAM angegeben. Die Ablagerung wurde mit NR angegeben, somit gilt: (< = 03 mm) not reported. Im zweiten Drittel (MIDPOINT) ist die Start- und Landebahn 14L/32R ebenfalls mit Wasser kontaminiert, daher wird der RCC-Wert mit 5 zu 100 % Bedeckung angegeben. Die Ablagerung wurde hier mit ebenfalls NR angegeben, somit gilt: (< = 03 mm) not reported. Das letzte Drittel (STOPEND) ist zu 25 % mit nassem Schnee kontaminiert, die Ablagerung wurde mit 03 mm angegeben. Der RCC-Wert mit 6 angegeben.

Start- und Landebahn 14R/32L
Die Start- und Landebahn 14R/32L und deren Kontrollfahrt wurde am 28. Dezember um 01:10 Uhr UTC durchgeführt. Die Start- und Landebahn 14R/32L ist auf dem ersten Drittel (TDZ) mit Wasser kontaminiert, daher wird als RCC-Wert die 5 zu (100 % Bedeckung) im SNOWTAM angegeben die Ablagerung wurde mit NR (< = 03 mm) not reported angegeben. Im zweiten Drittel (MID-POINT) ist die Start- und Landebahn 14R/32L mit nassem Schnee kontaminiert, daher wird der RCC-Wert mit 3 zu 50 % Bedeckung angegeben, die Ablagerung wurde hier mit 06 mm angegeben, somit resultiert der RCC 3. Das letzte Drittel (STOPEND) der Start- und Landebahn 14R/32L ist ebenfalls mit nassem Schnee kontaminiert, daher wird der RCC-Wert mit 3 zu 75 % Bedeckung angegeben, die Ablagerung wurde hier mit 06 mm angegeben, daraus resultiert der RCC 3.

Start- und Landebahn 06/24
Die Start- und Landebahn 06/24 und deren Kontrollfahrt wurde am 28. Dezember um 01:30 Uhr UTC durchgeführt. Die Start- und Landebahn 06/24 ist auf dem ersten Drittel (TDZ) mit nassem Schnee kontaminiert, daher wird als RCC-Wert die 3 mit einer Bedeckung zu 100 % und eine Ablagerung von 06 mm angegeben. Im zweiten Drittel (MIDPOINT) ist die Start- und Landebahn ebenfalls mit nassem Schnee kontaminiert und bis zu 100 % bedeckt, die Ablagerung liegt bei 03 mm, daher wird der RCC-Wert mit 5 angegeben.
Im letzten Drittel (STOPEND) ist die 06/24 ebenfalls mit nassem Schnee (WET SNOW) kontaminiert (Ablagerung 12 mm) und bis zu 100 % bedeckt. Der RCC-Wert ist mit 3 angegeben.

Aufgabe 53)
In der vorliegenden Abbildung ist die Start- und Landebahn 14L/32R dargestellt. Zu berücksichtigen ist, dass jedes Drittel eine bestimmte Kontamination aufweist. Es findet eine Kontrollfahrt am 20.08.2022 um 16:30 Uhr UTC auf der Start- und Landebahn 14L/32R statt.
Bestimmen Sie für die Start- und Landebahn den RCC (Runway Condition Code) für jedes Drittel (TDZ, MID POINT, STOP END) und verfassen Sie bei Bedarf ein SNOWTAM.

10 NOTAM Test – Lernzielkontrolle

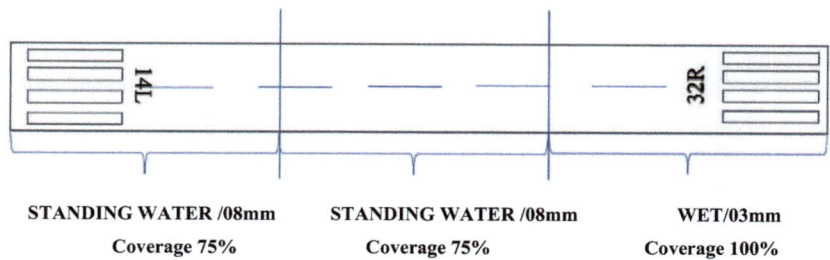

Lösung:
08201630 14L 2/2/5 75/75/100 08/08/NR STANDING WATER/STANDING WATER/WET
Es ist zwingend erforderlich, bei STANDING WATER ein SNOWTAM zu veröffentlichen.

Aufgabe 54)
Folgende Information wurde als SNOWTAM für den Flughafen Köln/Bonn veröffentlicht. Entschlüsseln Sie die einzelnen Angaben der SNOWTAM.
EDDK SNOWTAM
12280055 14L 5/5/5 100/100/100 NR/NR/03 WET/WET/WET SNOW
12280110 14R 5/3/3 100/50/75 NR/06/06 WET/WET SNOW /WET SNOW
12280130 06 3/5/3 100/100/100 06/03/12 WET SNOW/WET SNOW/WET SNOW

Lösung:
Start- und Landebahn 14L/32R
Die Start- und Landebahn 14L/32R und deren Kontrollfahrt wurde am 28. Dezember um 00:55 Uhr UTC durchgeführt. Die Start- und Landebahn 14L/32R ist auf dem ersten Drittel (TDZ) mit Wasser kontaminiert (WET), daher wird als RCC-Wert, die 5 zu (100 % Bedeckung) im SNOWTAM angegeben. Die Ablagerung wurde mit NR angegeben, somit gilt: (< = 03 mm) not reported. Im zweiten Drittel (MIDPOINT) ist die Start- und Landebahn 14L/32R ebenfalls mit Wasser kontaminiert, daher wird der RCC-Wert mit 5 mit bis zu 100 % Bedeckung angegeben. Die Ablagerung wurde hier mit ebenfalls NR angegeben, somit gilt: (< = 03 mm) not reported. Das letzte Drittel (STOPEND) ist zu 100 % mit nassem Schnee kontaminiert. Die Ablagerung wurde mit 03 mm angegeben, somit wird der RCC-Wert mit 5 verzeichnet.

Start- und Landebahn 14R/32L
Die Start- und Landebahn 14R/32L und deren Kontrollfahrt wurde am 28. Dezember um 01:10 Uhr UTC durchgeführt. Die Start- und Landebahn 14R/32L ist auf dem ersten Drittel (TDZ) nass, daher wird als RCC-Wert die 5 zu (100 % Bedeckung) im SNOWTAM angegeben, die Ablagerung wurde mit NR not reported angegeben. Im zweiten Drittel (MIDPOINT) ist die Start- und Landebahn 14R/32L mit nassem Schnee kontaminiert, daher wird der RCC-Wert mit 3 zu 50 % Bedeckung angegeben, die Ablagerung wurde hier mit 06 mm angegeben, somit resultiert der RCC 3. Das letzte Drittel (STOPEND) der Start- und Landebahn 14R/32L ist ebenfalls mit nassem Schnee kontaminiert, daher wird der RCC-Wert mit 3 zu 75 % Bedeckung angegeben, die Ablagerung wurde hier mit 06 mm angegeben, somit resultiert der RCC 3.

Start- und Landebahn 06/24
Die Start- und Landebahn 06/24 und deren Kontrollfahrt wurde am 28. Dezember um 01:30 Uhr UTC durchgeführt. Die Start- und Landebahn 06/24 ist auf dem ersten Drittel (TDZ) mit nassem Schnee kontaminiert, daher wird als RCC-Wert die 3 mit einer Bedeckung zu 100 % und eine Ablagerung von 06 mm angegeben. Im zweiten Drittel (MIDPOINT) ist die Start- und Landebahn ebenfalls mit nassem Schnee kontaminiert und bis zu 100 % bedeckt, die Ablagerung liegt bei 03 mm, daher wird der RCC-Wert mit 5 angegeben. Im letzten Drittel (STOPEND) ist die 06/24 ebenfalls mit nassem Schnee (WET SNOW) kontaminiert (Ablagerung 12 mm) und bis zu 100 % bedeckt. Der RCC-Wert ist mit 3 angegeben.

Aufgabe 55)
In der vorliegenden Abbildung ist die Start- und Landebahn 06/24 dargestellt. Zu berücksichtigen ist, dass jedes Drittel eine bestimmte Kontamination aufweist. Es findet eine Kontrollfahrt am 18.01.2022 um 12:50 Uhr UTC auf der Start- und Landebahn statt. Bestimmen Sie für die Start- und Landebahn die RCC (Runway Condition Code) für jedes Drittel (TDZ, MID POINT, STOP END) und verfassen Sie bei Bedarf ein SNOWTAM.

10 NOTAM Test – Lernzielkontrolle

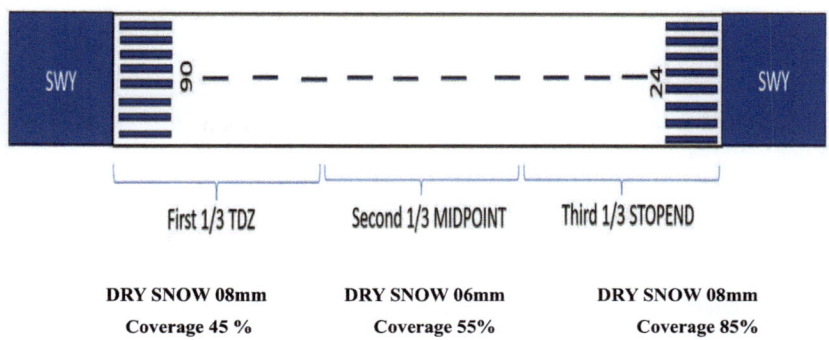

First 1/3 TDZ	Second 1/3 MIDPOINT	Third 1/3 STOPEND
DRY SNOW 08mm	**DRY SNOW 06mm**	**DRY SNOW 08mm**
Coverage 45 %	Coverage 55%	Coverage 85%

Lösung:
RCC: 3/3/3

SNOWTAM
01181250 06 3/3/3 50/75/100 08/06/08 DRY SNOW/DRY SNOW/DRY SNOW

Aufgabe 56)
In der vorliegenden Abbildung ist die Start- und Landebahn 14L/32R dargestellt. Zu berücksichtigen ist, dass jedes Drittel eine bestimmte Kontamination aufweist. Es findet eine Kontrollfahrt am 02.03.2022 um 14:30 Uhr UTC auf der Start- und Landebahn 14L/32R statt.
Bestimmen Sie für die Start- und Landebahn den RCC (Runway Condition Code) für jedes Drittel (TDZ, MID POINT, STOP END) und verfassen Sie bei Bedarf ein SNOWTAM.

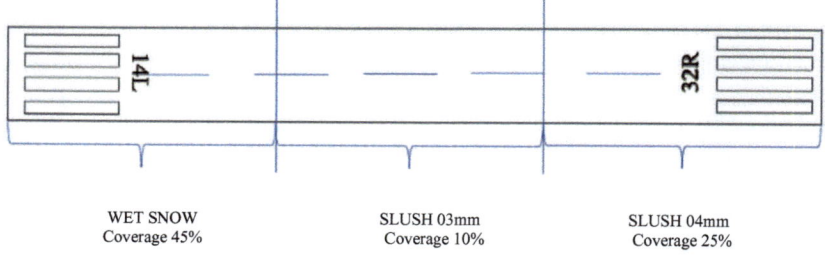

WET SNOW	SLUSH 03mm	SLUSH 04mm
Coverage 45%	Coverage 10%	Coverage 25%

Lösung:
RCC 5/6/6
03021430 14L 5/6/6 50/25/25 03/03/04 WET SNOW/SLUSH/SLUSH
Es ist zwingend erforderlich, bei Kontaminationen ein SNOWTAM zu veröffentlichen.

Aufgabe 57)
In der vorliegenden Abbildung ist die Start- und Landebahn 14L/32R dargestellt. Zu berücksichtigen ist, dass jedes Drittel eine bestimmte Kontamination aufweist. Es findet eine Kontrollfahrt am 20.09.2022 um 16:30 Uhr UTC auf der Start- und Landebahn 14L/32R statt.
Bestimmen Sie für die Start- und Landebahn den RCC (Runway Condition Code) für jedes Drittel (TDZ, MID POINT, STOP END) und verfassen Sie bei Bedarf ein SNOWTAM.

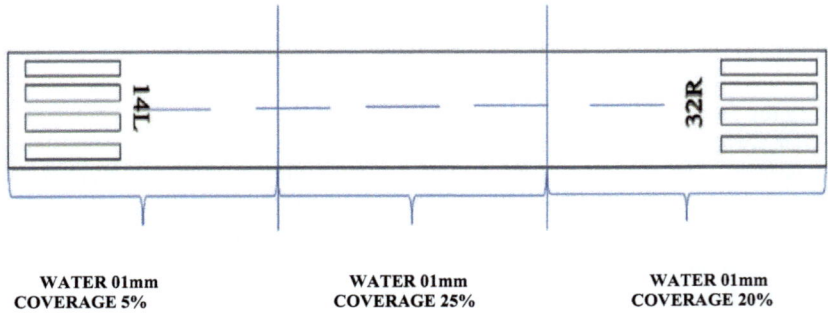

Lösung:
09201630 14L 6/6/6 NR/25/25 NR/NR/NR DRY/WET/WET
Es ist nicht erforderlich, ein SNOWTAM zu veröffentlichen

Aufgabe 58)
In der vorliegenden Abbildung ist die Start- und Landebahn 14L/32R dargestellt. Zu berücksichtigen ist, dass jedes Drittel eine bestimmte Kontamination aufweist. Es findet eine Kontrollfahrt am 26.01.2022 um 16:30 Uhr UTC auf der Start- und Landebahn 14L/32R statt.
Bestimmen Sie für die Start- und Landebahn den RCC (Runway Condition Code) für jedes Drittel (TDZ, MID POINT, STOP END) und verfassen Sie bei Bedarf ein SNOWTAM.

10 NOTAM Test – Lernzielkontrolle

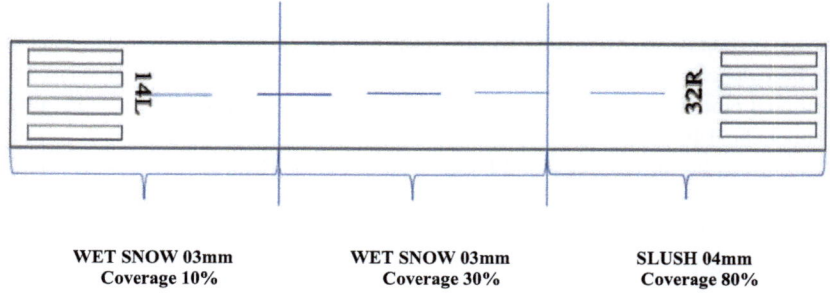

WET SNOW 03mm Coverage 10%
WET SNOW 03mm Coverage 30%
SLUSH 04mm Coverage 80%

Lösung:
01261630 14L 6/5/2 25/50/100 03/03/04 WET SNOW/WET SNOW/SLUSH
Es ist zwingend erforderlich, bei Kontaminationen ein SNOWTAM zu veröffentlichen.

Aufgabe 59)
In der vorliegenden Abbildung ist die Start- und Landebahn 14L/32R dargestellt. Zu berücksichtigen ist, dass jedes Drittel eine bestimmte Kontamination aufweist. Es findet eine Kontrollfahrt am 22.01.2022 um 06:30 Uhr UTC auf der Start- und Landebahn 14L/32R statt.
Bestimmen Sie für die Start- und Landebahn den RCC (Runway Condition Code) für jedes Drittel (TDZ, MID POINT, STOP END) und verfassen Sie bei Bedarf ein SNOWTAM.

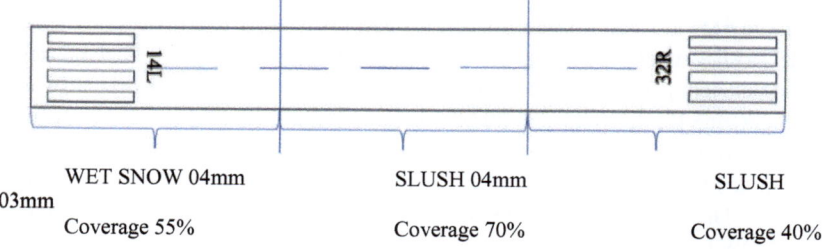

WET SNOW 03mm / 04mm Coverage 55%
SLUSH 04mm Coverage 70%
SLUSH Coverage 40%

Lösung:
01220630 14L 3/2/5 75/75/50 04/04/03 WET SNOW/SLUSH/SLUSH
Es ist zwingend erforderlich, bei Kontaminationen ein SNOWTAM zu veröffentlichen.

Aufgabe 60)
In der vorliegenden Abbildung ist die Start- und Landebahn 14L/32R dargestellt. Zu berücksichtigen ist, dass jedes Drittel eine bestimmte Kontamination aufweist. Es findet eine Kontrollfahrt am 23.08.2022 um 18:30 Uhr UTC auf der Start- und Landebahn 14L/32R statt.
Bestimmen Sie für die Start- und Landebahn den RCC (Runway Condition Code) für jedes Drittel (TDZ, MID POINT, STOP END) und verfassen Sie bei Bedarf ein SNOWTAM.

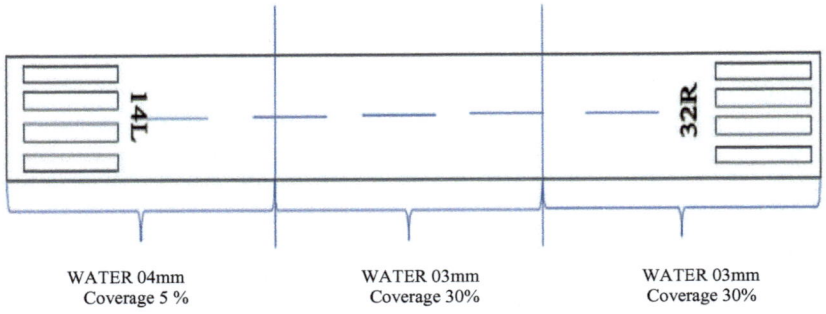

| WATER 04mm | WATER 03mm | WATER 03mm |
| Coverage 5 % | Coverage 30% | Coverage 30% |

Lösung:
RCC 6/5/5
08231830 14L 6/5/5 NR/50/50 NR/NR/NR DRY/WET/WET
Es ist NICHT erforderlich, ein SNOWTAM zu veröffentlichen.

Aufgabe 61)
In der vorliegenden Abbildung ist die Start- und Landebahn 05L/23R dargestellt. Zu berücksichtigen ist, dass jedes Drittel eine bestimmte Kontamination aufweist. Es findet eine Kontrollfahrt am 20.02.2022 um 11:30 Uhr UTC auf der Start- und Landebahn 05L/32R statt.
Bestimmen Sie für die Start- und Landebahn den RCC (Runway Condition Code) für jedes Drittel (TDZ, MID POINT, STOP END) und verfassen Sie bei Bedarf ein SNOWTAM.

10 NOTAM Test – Lernzielkontrolle

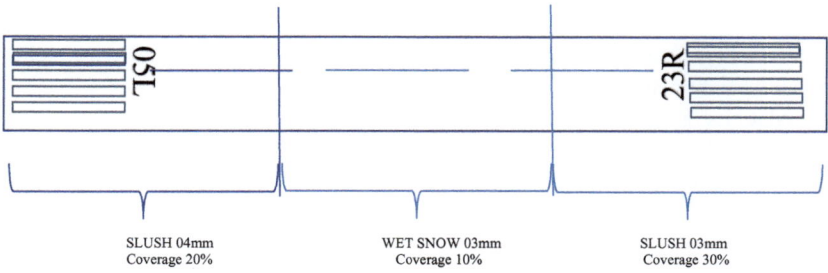

Lösung:
02201130 05L 6/6/5 25/25/50 04/03/03 SLUSH/WET SNOW/SLUSH.

Aufgabe 62)
In der vorliegenden Abbildung ist die Start- und Landebahn 05L/23R dargestellt. Zu berücksichtigen ist, dass jedes Drittel eine bestimmte Kontamination aufweist. Es findet eine Kontrollfahrt am 18.09.2023 um 16:30 Uhr UTC auf der Start- und Landebahn 05L/23R statt.
Bestimmen Sie für die Start- und Landebahn den RCC (Runway Condition Code) für jedes Drittel (TDZ, MID POINT, STOP END) und verfassen Sie bei Bedarf ein SNOWTAM.

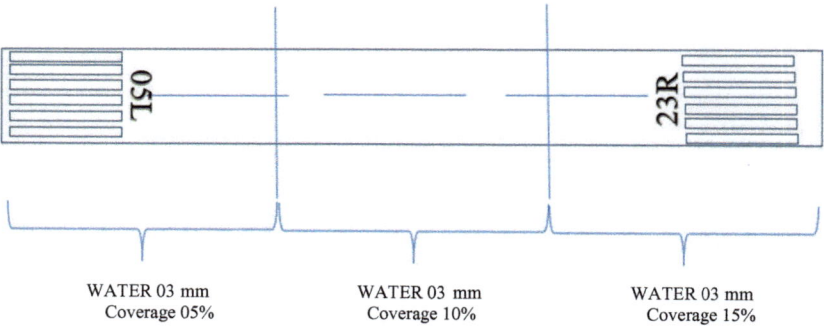

Lösung:
09181630 05L 6/6/6 NR/25/25 NR/NR/NR DRY/WET/WET
Es ist nicht erforderlich, ein SNOWTAM zu veröffentlichen.

Aufgabe 63)
In der vorliegenden Abbildung ist die Start- und Landebahn 05L/23R dargestellt. Zu berücksichtigen ist, dass jedes Drittel eine bestimmte Kontamination aufweist. Es findet eine Kontrollfahrt am 18.01.2023 um 16:30 Uhr UTC auf der Start- und Landebahn 05L/23R statt. Bestimmen Sie für die Start- und Landebahn den RCC (Runway Condition Code) für jedes Drittel (TDZ, MID POINT, STOP END) und verfassen Sie bei Bedarf ein SNOWTAM.

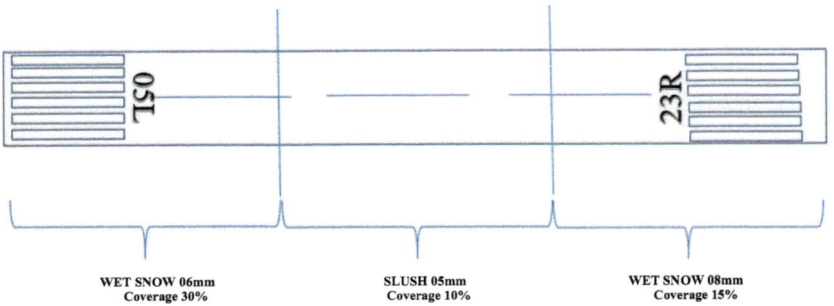

Lösung:
01181630 05L 3/6/6 50/25/25 06/05/08 WET SNOW/SLUSH/WET SNOW
Es ist zwingend erforderlich, ein SNOWTAM zu veröffentlichen.

Literatur

Airbus Deutschland (2023) Airbus Deutschland GmbH, Hamburg
Boeing (2023) Boeing Commercial Airplane Company. Seattle, USA
Bundesminister für Verkehr, Bau und Stadtentwicklung (2022) Berlin und Bonn
Bundeszentrale für politische Bildung (2022) *Datenreport 2021*, bpb.de. Available at: https://www.bpb.de/kurz-knapp/zahlen-und-fakten/datenreport-2021
Birdtam (2023) Available at: https://www.notams.faa.gov/common/birdtam.html
DFS Deutsche Flugsicherung (2023) Büro Nachrichten für Luftfahrer, Allgemeine Verwaltungsvorschrift zur Kennzeichnung von Luftfahrthindernissen, NfL Teil I, 5/05. DFS Deutsche Flugsicherung GmbH, Langen
DFS Deutsche Flugsicherung (2023) Luftfahrthandbuch der Bundesrepublik Deutschland, AIP
DFS Deutsche Flugsicherung GmbH, Langen; DFS Deutsche Flugsicherung (2022) Luftverkehrsrecht, Gesetze, Verordnungen, Verwaltungsvorschriften, Sonderdruck der DFS Deutsche Flugsicherung GmbH, Langen

Literatur

DFS Deutsche Flugsicherung (2022) Flugsicherungsausrüstungs-Verordnung (FSAV). DFS
DFS Deutsche Flugsicherung (2023) Richtlinien für die Anlage und den Betrieb für Flugplätze im Sichtflug- und Instrumentenflugbetrieb für die Bundesrepublik Deutschland. DFS Deutsche Flugsicherung GmbH, Langen
EASA (2023) Europäische Agentur für Flugsicherheit, Köln
EASA (2023) Europäische Agentur für Flugsicherheit, OPS 1.430, Abschnitt E, Allwetterflugbetrieb, Köln
EG (2002) EG-Verordnung Nr. 2320/2002 des Europäischen Parlaments und des Rates vom 16.12.2002, ABl. Nr. L 355/1, zur Festlegung gemeinsamer Vorschriften für die Sicherheit in der Zivilluftfahrt, Brüssel, Belgien
EG (2003) Verordnung (EG) Nr. 2042/2003 der Kommission vom 20. November 2003 über die Aufrechterhaltung der Lufttüchtigkeit von Luftfahrzeugen und luftfahrttechnischen Erzeugnissen, Teilen und Ausrüstungen und die Erteilung von Genehmigungen für Organisationen und Personen, die diese Tätigkeiten ausführen, Amtsblatt Nr. L 315 vom 28/11/2003 S. 0001–0165, Brüssel, Belgien
EG (2004) Verordnung (EG) Nr. 793/2004 des Europäischen Parlaments und des Rates vom 21. April 2004 zur Änderung der Verordnung (EWG) Nr. 95/93 des Rates über gemeinsame Regeln für die Zuweisung von Zeitnischen auf Flughäfen der Gemeinschaft (Konsolidierter Text), Brüssel, Belgien
Eurocontrol (2012) Europäische Organisation zur Sicherung der Luftfahrt, Brüssel, Belgien
Eurocontrol (2012) Central Office for Delay Analysis (CODA), Brüssel, Belgien
IATA (2023) Airport terminal reference manual, 6. Aufl. IATA, Montreal
ICAO-Annex 3 (2010) Meteorological Service for International Air Navigation 20th Edition Amendment 80, International Civil Aviation Organisation, Montreal
ICAO-Annex 4 (2009) Aeronautical charts 11th Edition Amendment 61, International Civil Aviation Organisation, Montreal
ICAO-Annex 5 (2010) Units of Measurement to be Used in Air and Ground Operations 5th Edition Amendment 17, International Civil Aviation Organisation, Montreal
ICAO-Annex 6 (2022) Operation of Aircraft Part I 12th Edition Amendment 48, International Civil Aviation Organisation, Montreal
ICAO-Annex 6 (2022) Operation of Aircraft Part II 11th Edition Amendment 40, International Civil Aviation Organisation, Montreal
ICAO-Annex 8 (2018) Airworthiness of Aircraft 13th Edition Amendment 109, International Civil Aviation Organisation, Montreal
ICAO-Annex 10 (2023) Aeronautical Telecommunications Volume I Radio Navigation aids 7th Edition Amendment 92, International Civil Aviation Organisation, Montreal
ICAO-Annex 10 (2023) Aeronautical Telecommunications Volume II Radio Navigation aids 7th Edition Amendment 92, International Civil Aviation Organisation, Montreal
ICAO-Annex 11 (2001) Air Traffic Services Fifteenth Edition – Amendment 52, International Civil Aviation Organisation, Montreal
ICAO-Annex 14 (2018) Aerodromes, Volume I Aerodrome Design and Operations 9th edition Amendment 17, International Civil Aviation Organisation, Montreal
ICAO-Annex 14 (2020) Aerodromes, Volume II Aerodrome Design and Operations Fifth edition Amendment 9, International Civil Aviation Organisation, Montreal
ICAO-Annex 15 (2018) Aeronautical Information Services Sixteenth Edition – Amendment 42, International Civil Aviation Organisation, Montreal

ICAO doc 8126 (2021) Aeronautical Information Service 7th Edition, International Civil Aviation Organisation, Montreal

ICAO doc 8400 (2007) ICAO Abbreviations and Codes Eighth Edition, International Civil Aviation Organisation, Montreal

ICAO (2023) Advisory circular issue no.1, microwave landing system, ICAO Circular 165-AN/104, International Civil Aviation Organisation, Montreal

ICAO (2021) Aerodrome design manual, Doc 9157-AN/901, Part 1, Runways, 2. Aufl. ICAO, Montreal

ICAO (2021) Aerodrome design manual, Doc 9157-AN/901, Part 2, Taxiways, aprons and holding bays, 4. Aufl. ICAO, Montreal

ICAO (2021) Aerodrome design manual, Doc 9157-AN/901, Part 3, pavements, 2. Aufl. ICAO, Montreal

ICAO (2021) Aerodrome design manual, Doc 9157-AN/901, Part 4, visual aids. 4. Aufl. ICAO, Montreal

ICAO (2021) Aerodrome design manual, Doc 9157-AN/901, Part 5, Electrical systems, 1. Aufl. Montreal

ICAO (2021) Airport planning manual, Doc 9184-AN/902, Part 1, Master planning, 2. Aufl. ICAO, Montreal

ICAO (2002) Airport planning manual, Doc 9184-AN/902, Part 2, Land use and evironmental control, 3. Aufl. ICAO, Montreal

ICAO (2011) Airport planning manual, Doc 9184-AN/902, Part 3, Guidelines for consultant/construction services, 1. Aufl. ICAO, Montreal

ICAO (2011) Airport services manual, Doc 9137-AN/898, Part 1, Rescue, and firefighting, 3. Aufl. ICAO, Montreal

ICAO (2011) Airport services manual, Doc 9137-AN/898, Part 2, Pavement surface conditions, 4 Aufl. ICAO, Montreal

ICAO (2021) Airport services manual, Doc 9137-AN/898, Part 3, Bird control and reduction, 4. Aufl. ICAO, Montreal

ICAO (2011) Airport services manual, Doc 9137-AN/898, Part 5, Removal of disabled aircraft, 4. Aufl. ICAO Montreal

ICAO (2011) Airport services manual, Doc 9137-AN/898, Part 6, Control of obstacles, 4. Aufl. ICAO, Montreal

ICAO (2011) Airport services manual, Doc 9137-AN/898, Part 7, Airport emergency planning, 4. Aufl. ICAO, Montreal

ICAO (2011) Airport services manual, Doc 9137-AN/898, Part 8, Airport operational services, 4. Aufl. ICAO, Montreal

ICAO (2015) Airport services manual, Doc 9137-AN/898, Part 9, Airport maintenance practices, 4. Aufl. ICAO, Montreal

ICAO (2011) Annex 2, Rules of the air. International civil aviation organisation, Montreal

ICAO (2011) Annex 6, Operation of aircraft, Part I, International commercial air transport – aeroplanes. International civil aviation organisation, Montreal

ICAO (2011) Annex 8, Airworthiness of aircraft. International civil aviation organisation, Montreal

ICAO (2011) Annex 10, Aeronautical telecommunications. International civil aviation organisation, Montreal

ICAO (2011) Annex 14, Volume I, Aerodrome design and operations, 3. Aufl. International civil aviation organisation, Montreal

ICAO (2011) Annex 14, Volume II, Heliports, 2. Aufl. International civil aviation organisation, Montreal

ICAO (2011) Annex 14, Bd. II, Hubschrauberflugplätze, Sonderdruck des Büros Nachrichten für Luftfahrer, DFS Deutsche Flugsicherung GmbH, Langen

ICAO (2011) Annex 16, Volume I, Environmental protection, aircraft noise, 3. Aufl. International civil aviation organisation, Montreal

ICAO (2011) Annex 16, Volume II, Environmental protection, aircraft engine emissions, 2. Aufl. International civil aviation organisation, Montreal

ICAO (2011) Annex 17, 8. Ausgabe, Luftsicherheit (Übersetzung), Sonderdruck des Büros Nachrichten für Luftfahrer, DFS Deutsche Flugsicherung GmbH, Langen (Hessen)

ICAO (2004) Annual report of the council, International Civil Aviation Organisation, Montreal

ICAO (2004) Guidance on the balanced approach to noise management, Doc 9829/AN451, 1. Aufl. International civil aviation organisation, Montreal

ICAO (2011) Heliport manual, 3. Aufl., Doc 9261-AN/903. International civil aviation organisation, Montreal

ICAO (2001) Manual on certification of aerodromes, Doc 9774, AN/969, 2001. International civil aviation organisation, Montreal

ICAO (2018) Procedures for air navigation services, aircraft operations, Volume I, Flight procedures, 4. Aufl., Doc 8168-OPS/611. International civil aviation organisation, Montreal

ICAO (2006) Procedures for air navigation services, aircraft operations, Volume II, Constructi- on of visual and instrument flight procedures, 5. Aufl., Doc 8168-OPS/611. International civil aviation organisation, Montreal

ICAO (2005) Safety management, Document Doc 9774 AN/969. International civil aviation organisation, Montreal

ICAO (2005) Safety management manual, Doc 9859-AN/460, Part 1–Part 3. International civil aviation organisation, Montreal

ICAO (2005) Security manual for safeguarding civil aviation against acts of unlawful interface, 4. Aufl., Doc 8973/4-Restricted. International civil aviation organisation, Montreal

Mensen., H (2013) Planung, Anlage und Betrieb von Flugplätzen. 2 Aufl., Berlin-Heidelberg: Springer Vieweg.

RICHTLINIE 2008/101/EG DES EUROPÄISCHEN PARLAMENTS UND DES RATES (18.11.2020) vom 18. November 2020 zur Änderung der Richtlinie 2003/87/EG zwecks Einbeziehung des Luftverkehrs in den Handel mit Treibhausgasemissionszertifikaten in der Gemeinschaft, Brüssel, Belgien

Erratum zu: Handbuch NOTAM, SNOWTAM, GRF, RCC

Erratum zu:
A. Montazeri und E. Montazeri, *Handbuch NOTAM, SNOWTAM, GRF, RCC,*
https://doi.org/10.1007/978-3-658-44620-8

Die Originalversion dieses Titels wurde aufgrund von Produktionsfehlern überarbeitet: Der Titel wurde veröffentlicht, bevor bestimmte Korrekturen vorgenommen worden sind, z. B. korrekte Zuordnung der institutionellen Zugehörigkeit der Autoren. Außerdem wurden in einigen Kapiteln Tabellen ersetzt und falsche Dezimalstellen entfernt.

Die aktualisierte Version des Buches finden Sie unter
https://doi.org/10.1007/978-3-658-44620-8

© Der/die Autor(en), exklusiv lizenziert an Springer Fachmedien Wiesbaden
GmbH, ein Teil von Springer Nature 2025
A. Montazeri und E. Montazeri, *Handbuch NOTAM, SNOWTAM, GRF, RCC,*
https://doi.org/10.1007/978-3-658-44620-8_11

MIX
Papier aus verantwortungsvollen Quellen
Paper from responsible sources
FSC® C105338

If you have any concerns about our products,
you can contact us on
ProductSafety@springernature.com

In case Publisher is established outside the EU,
the EU authorized representative is:
**Springer Nature Customer Service Center GmbH
Europaplatz 3, 69115 Heidelberg, Germany**

Printed by Libri Plureos GmbH
in Hamburg, Germany